U0805929

21世纪先进制造技术丛书

非圆齿轮设计制造与应用

韩 江 夏 链 田晓青 著

科 学 出 版 社

北 京

内 容 简 介

非圆齿轮传动具有变速比等特点，但长期以来其传动优势与使用推广状况并不相称，主要原因为非圆齿轮设计复杂、制造困难，缺乏精度评价与测量标准。全书共6章，主要介绍非圆齿轮传动基本概念，非圆齿轮节曲线设计，非圆齿轮齿廓/齿面设计，非圆齿轮 CAD/CAM 系统开发，非圆齿轮副与其他机构的组合应用和非圆齿轮轮系的应用，非圆齿轮数控加工理论和基于柔性电子齿轮箱的连续展成加工，非圆齿轮数控加工技术与实现，以及非圆齿轮精度评价与测量等。

本书可以作为高等院校机械工程、机械传动、机械电子工程等相关学科研究生教材，也可以作为相关领域工程技术人员和科研人员的参考用书。

图书在版编目(CIP)数据

非圆齿轮设计制造与应用 / 韩江，夏链，田晓青著. -- 北京 : 科学出版社, 2025. 6. -- (21世纪先进制造技术丛书). -- ISBN 978-7-03-081984-0

Ⅰ. TH132.424

中国国家版本馆CIP数据核字第2025CG5576号

责任编辑：裴 育 / 责任校对：任苗苗
责任印制：肖 兴 / 封面设计：有道文化

科 学 出 版 社 出版
北京东黄城根北街 16 号
邮政编码: 100717
http://www.sciencep.com
北京九州迅驰传媒文化有限公司印刷
科学出版社发行 各地新华书店经销
*
2025 年 6 月第 一 版 开本：720 × 1000 1/16
2025 年 9 月第二次印刷 印张：13 1/2
字数：272 000

定价：118.00 元

(如有印装质量问题，我社负责调换)

“21世纪先进制造技术丛书”编委会

主　编　熊有伦（华中科技大学）

编　委　（按姓氏笔画排序）

丁　汉（华中科技大学）
王　煜（香港中文大学）
王田苗（北京航空航天大学）
王立鼎（大连理工大学）
王国彪（国家自然科学基金委员会）
王越超（中国科学院理化技术研究所）
冯　刚（香港城市大学）
冯培恩（浙江大学）
任露泉（吉林大学）
刘洪海（朴次茅斯大学）
江平宇（西安交通大学）
孙立宁（哈尔滨工业大学）
李泽湘（香港科技大学）
李涤尘（西安交通大学）
李涵雄（香港城市大学/中南大学）
宋玉泉（吉林大学）
张玉茹（北京航空航天大学）
张宪民（华南理工大学）
周仲荣（西南交通大学）
赵淳生（南京航空航天大学）
查建中（北京交通大学）
柳百成（清华大学）
钟志华（同济大学）
顾佩华（汕头大学）
徐滨士（陆军装甲兵学院）
黄　田（天津大学）
黄　真（燕山大学）
黄　强（北京理工大学）
管晓宏（西安交通大学）
雒建斌（清华大学）
谭　民（中国科学院自动化研究所）
谭建荣（浙江大学）
熊蔡华（华中科技大学）
翟婉明（西南交通大学）

“21世纪先进制造技术丛书”序

21世纪，先进制造技术呈现出精微化、数字化、信息化、智能化和网络化的显著特点，同时也代表了技术科学综合交叉融合的发展趋势。高技术领域如光电子、纳电子、机器视觉、控制理论、生物医学、航空航天等学科的发展，为先进制造技术提供了更多更好的新理论、新方法和新技术，出现了微纳制造、生物制造和电子制造等先进制造新领域。随着制造学科与信息科学、生命科学、材料科学、管理科学、纳米科技的交叉融合，产生了仿生机械学、纳米摩擦学、制造信息学、制造管理学等新兴交叉科学。21世纪地球资源和环境面临空前的严峻挑战，要求制造技术比以往任何时候都更重视环境保护、节能减排、循环制造和可持续发展，激发了产品的安全性和绿色度、产品的可拆卸性和再利用、机电装备的再制造等基础研究的开展。

“21世纪先进制造技术丛书”旨在展示先进制造领域的最新研究成果，促进多学科多领域的交叉融合，推动国际间的学术交流与合作，提升制造学科的学术水平。我们相信，有广大先进制造领域的专家、学者的积极参与和大力支持，以及编委们的共同努力，本丛书将为发展制造科学，推广先进制造技术，增强企业创新能力做出应有的贡献。

先进机器人和先进制造技术一样是多学科交叉融合的产物，在制造业中的应用范围很广，从喷漆、焊接到装配、抛光和修理，成为重要的先进制造装备。机器人操作是将机器人本体及其作业任务整合为一体的学科，已成为智能机器人和智能制造研究的焦点之一，并在机械装配、多指抓取、协调操作和工件夹持等方面取得显著进展，因此，本系列丛书也包含先进机器人的有关著作。

最后，我们衷心地感谢所有关心本丛书并为丛书出版尽力的专家们，感谢科学出版社及有关学术机构的大力支持和资助，感谢广大读者对丛书的厚爱。

熊有伦

华中科技大学

2008 年 4 月

前　言

齿轮是重要的基础件，齿轮传动在机械传动中占有重要地位，它具有传动稳定、工作可靠、效率高且寿命长等优点。非圆齿轮节曲线非圆形，具有变速比传动等特点，在轻工纺织、造纸印刷、仪器仪表、航空航天、包装机械、农业机械、运输机械等领域的应用日益广泛。非圆齿轮的设计复杂、制造困难，缺乏必要的精度评价与测量标准。因此，研究非圆齿轮传动设计、制造、评价、测量与应用非常必要。非圆齿轮的高效高精度数控加工理论与技术一直是国内外研究热点，也是推广非圆齿轮应用必须攻克的难点。

本书第一作者带领的合肥工业大学机械工程学院智能制造装备与技术(IMET)研究所(原CIMS研究所)从上世纪80年代初就一直从事齿轮(包括非圆齿轮)传动设计及应用、高效高精度数控加工理论与技术、齿轮数控机床及数控系统研究开发等工作。先后主持或参与研发国内第一台微机控制非圆齿轮铣齿机、第一台总线控制的非圆齿轮数控插齿机、第一台非圆齿轮全功能数控滚齿机、第一套柔性电子齿轮箱齿轮机床数控系统等。在国家科技攻关、国家科技重大专项和国家自然科学基金、企业委托新产品开发等项目的支持下，研究所开展了非圆齿轮传动新产品设计开发及应用、非圆齿轮数控加工系统研发及应用、非圆齿轮CAD/CAM 系统开发等科研工作，发明了柔性电子齿轮箱，并对其理论、技术及应用展开了研究，进行基于柔性电子齿轮箱的非圆齿轮高效高精度数控加工理论与技术研发、齿轮机床数控系统研究开发及产品应用推广，取得了丰富的成果。

目前，国内外已有多部非圆齿轮方面的专著出版，但未见系统深入介绍非圆齿轮数控加工理论与技术，尤其是介绍基于柔性电子齿轮箱实现非圆齿轮高效高精度数控加工方面的专著。基于此，本书作者总结了四十多年来研究开发成果，并广泛参考了国内外相关代表性论著，力图在书中系统介绍非圆齿轮设计、制造与应用，特别介绍基于柔性电子齿轮箱实现非圆齿轮高效高精度数控加工技术，为读者学习掌握相关知识和技术提供参考和指导，也希望能够从根本上突破非圆齿轮高效高精度数控加工技术瓶颈。

全书共 6 章，第 1 章绪论，主要介绍非圆齿轮、非圆齿轮传动原理等；第 2 章非圆齿轮设计，主要介绍非圆齿轮节曲线设计、齿廓/齿面设计和 CAD/CAM 系统开发；第 3 章非圆齿轮传动的应用，主要介绍非圆齿轮副与其他机构的组合应用和非圆齿轮轮系的应用；第 4 章非圆齿轮数控加工理论，主要介绍非圆齿轮制造方法、基于离散节曲线的逐步展成加工和基于柔性电子齿轮箱的连续展成加工；第 5 章非圆齿轮数控加工技术与实现，主要介绍非圆齿轮滚齿、插齿、剃齿、磨齿、珩齿加工技术；第 6 章非圆齿轮精度评价与测量，主要介绍非圆齿轮精度评价标准与偏差测量等。本书内容图文并茂，系统详尽，注重理论、技术及实现和工程应用的结合，对非圆齿轮(传动)设计、制造及应用具有重要促进作用。

本书相关研究开发工作先后得到了多项国家科技攻关、国家科技重大专项、国家自然科学基金(重点)项目的支持。合肥工业大学机械工程学院 IMET 研究所博士、安徽工程大学李大柱老师，安徽建筑大学高婷老师为本书作出了重要贡献。IMET 研究所博士、安徽工程大学刘有余教授也为本书做出了贡献。安徽省智能数控技术与装备工程实验室韩夏阳同志参与后期工作。在此一并表示衷心感谢。书中引用他人的研究成果时已做出标记，在此向各位作者表示感谢。如有遗漏，敬请谅解。

全书写作历时多年，终于与读者见面。受专业和水平所限，本书在论述中难免有不足之处，敬请读者提出宝贵意见。

作　者

2025 年 3 月

目　　录

第1章　绪　论

1.1　非圆齿轮与传动

1.1.1　非圆齿轮

齿轮传动在机械传动中占有重要地位，具有效率高、结构紧凑、工作可靠、寿命长以及传动比稳定等优点。在齿轮传动的设计中，如果按照定传动比进行设计，齿轮节曲线为圆形；如果按照非匀速变传动比(简称变速比)进行设计，齿轮节曲线为非圆形。圆柱齿轮是非圆齿轮的一个特例。

非圆齿轮传动虽具有独特的优点，但长期以来其传动优势与使用推广状况并不相称，主要原因为非圆齿轮设计复杂、制造困难。近年来，随着计算机技术的不断进步，计算机辅助设计(computer aided design, CAD)/计算机辅助制造(computer aided manufacturing, CAM)得到了长足的发展，非圆齿轮设计和制造中的难题有了较好的解决方案，其在轻工纺织、造纸印刷、包装机械、农业机械、仪器仪表、航空航天等行业的应用也日益广泛。

非圆齿轮可分为非圆柱齿轮、非圆锥齿轮和非圆面齿轮等。非圆柱齿轮的分度曲面为非圆柱面，可以看作一条长度与齿宽相等的线段在保持与齿轮回转轴线平行的情况下，沿一条非圆曲线运动所形成的曲面，该非圆曲线所在平面与齿轮回转轴线垂直。非圆柱齿轮可以分为非圆柱直齿轮和非圆柱斜齿轮，用于传递两平行轴或交错轴之间的变速比运动。非圆柱直齿轮和非圆柱斜齿轮如图1.1所示。

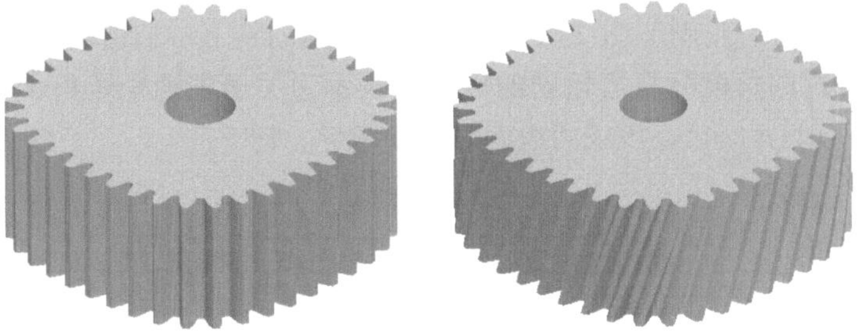

(a) 非圆柱直齿轮　　(b) 非圆柱斜齿轮

图1.1　非圆柱齿轮示意图

1.1.2　非圆齿轮传动原理

适用于圆柱齿轮传动的基本啮合定理(Willis 定理)同样也适用于非圆齿轮传动，Willis 定理表述如下[1]：按给定角速比变化规律传递两平行轴间回转运动的两齿形，其接触点处的公法线应通过瞬时啮合节点。下面以图 1.2 中椭圆齿轮副啮合传动为例，对该定理加以说明。

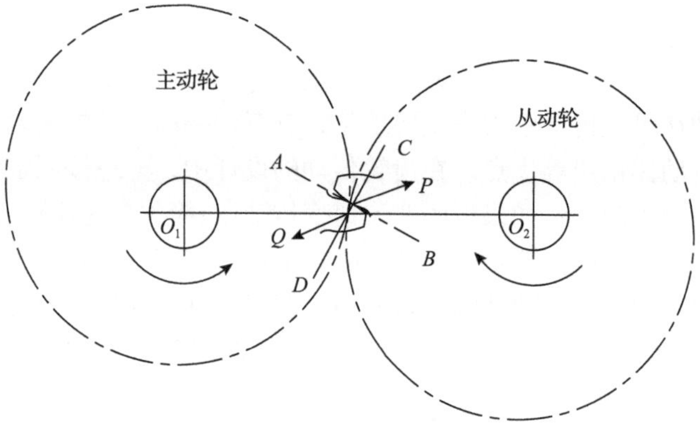

图 1.2　椭圆齿轮副啮合传动示意图

如图 1.2 所示，主动轮和从动轮的回转中心分别为 O_1 和 O_2，在啮合传动中的某一时刻，主动轮和从动轮的节曲线相切于点 Q(该点为齿轮副的瞬时啮合节点)，齿廓相切于点 P。直线 AB 为主动轮和从动轮齿廓在点 P 的公切线，CD 为主动轮和从动轮齿廓在点 P 的公法线。由三心定理(做平面平行运动的三个构件共有三个瞬心，其瞬心位于同一直线上)可知，点 Q 位于 O_1 和 O_2 的连线上，同时由 Willis 定理可知，直线 CD 与 O_1O_2 的交点即为点 Q。

主动轮和从动轮在图 1.2 所示位置的瞬时传动比为 $i_{21}(Q) = O_1Q/O_2Q$，设主动轮和从动轮节曲线的极坐标方程分别为 $r_1 = r_1(\varphi_1)$ 和 $r_2 = r_2(\varphi_2)$，其中 φ_1 和 φ_2 可以分别理解为齿轮副节曲线从初始相切位置运动到下一个相切位置时，主动轮和从动轮转过的角度。将齿轮副的传动比表示为关于主动轮转角 φ_1 的函数，即 $i_{21}(\varphi_1) = r_1(\varphi_1)/r_2(\varphi_2)$，该式两边同时对 φ_1 求导，得

$$\frac{\mathrm{d}i_{21}}{\mathrm{d}\varphi_1} = \frac{1}{r_2(\varphi_2)}\frac{\mathrm{d}r_1}{\mathrm{d}\varphi_1} - \frac{r_1(\varphi_1)}{r_2^{\,2}(\varphi_2)}\frac{\mathrm{d}r_2}{\mathrm{d}\varphi_2}\frac{\mathrm{d}\varphi_2}{\mathrm{d}\varphi_1} \tag{1.1}$$

式中，$i_{21}(\varphi_1) = \mathrm{d}\varphi_2/\mathrm{d}\varphi_1$，式(1.1)可化简为

$$\frac{\mathrm{d}i_{21}}{\mathrm{d}\varphi_1} = \frac{1}{r_2(\varphi_2)}\frac{\mathrm{d}r_1}{\mathrm{d}\varphi_1} - \frac{r_1^{\,2}(\varphi_1)}{r_2^{\,3}(\varphi_2)}\frac{\mathrm{d}r_2}{\mathrm{d}\varphi_2} \tag{1.2}$$

由式(1.2)可知，若要保证齿轮副传动比曲线光滑，则主动轮和从动轮的极坐标方程 $r_1 = r_1(\varphi_1)$ 和 $r_2 = r_2(\varphi_2)$ 应均为可导函数；考虑非圆齿轮副节曲线的纯滚动特性，主动轮和从动轮的极坐标方程还应满足式(1.3)，式(1.3)的示意图如图 1.3 所示。

$$
\begin{cases}
\varphi_2 = \int_0^{\varphi_1} i_{21}(\varphi_1)\mathrm{d}\varphi_1 \\
\int_0^{\varphi_1} \sqrt{r_1^{\,2} + (\mathrm{d}r_1 / \mathrm{d}\varphi_1)^2}\,\mathrm{d}\varphi_1 = \int_0^{\varphi_2} \sqrt{r_2^{\,2} + (\mathrm{d}r_2 / \mathrm{d}\varphi_2)^2}\,\mathrm{d}\varphi_2
\end{cases} \tag{1.3}
$$

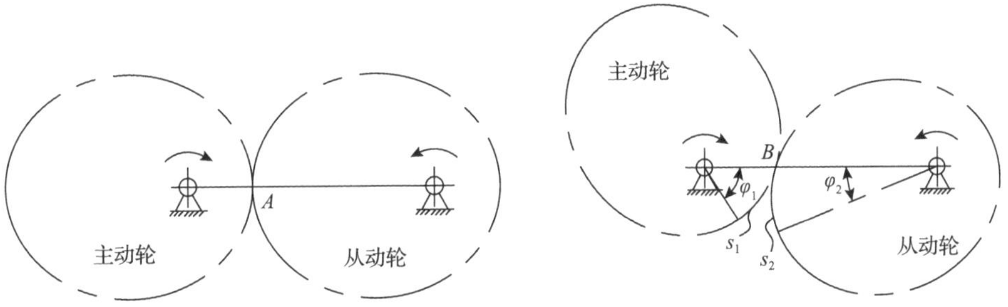

(a) 初始啮合位置　　(b) 传动中的某一啮合位置

图 1.3　式(1.3)的示意图

在图 1.3(a)中，一对非圆齿轮副在初始啮合位置时，主动轮和从动轮节曲线相切于点 A。当齿轮副运动到图 1.3(b)所示位置时，主动轮和从动轮节曲线相切于点 B，φ_1 和 φ_2 分别为主动轮和从动轮转过的角度，二者满足式(1.3)所示的积分关系；s_1 和 s_2 分别为主动轮和从动轮节曲线滚过的弧长，二者相等。

1.2 非圆齿轮制造与应用

1.2.1 非圆齿轮制造

非圆齿轮的制齿原理与圆柱齿轮类似，适用于圆柱齿轮的成形法(线切割、铣齿、粉末冶金等)和展成法(滚齿、插齿、剃齿、磨齿等)对非圆齿轮均适用。其中成形法基于齿廓/齿面数模开展，在获取非圆齿轮高精度齿廓/齿面数据的基础上进行制造。非圆齿轮的展成法尽管与圆柱齿轮原理类似，是基于展成插齿刀节圆与非圆齿轮节曲线的纯滚动原理开展，但由于节曲线的非圆形特征，在展成运动模型、机床运动控制、切削过程特性等方面与圆柱齿轮存在较大不同。

1. 成形法制造

非圆齿轮的齿廓/齿面具有较高的复杂度，且节曲线各个位置的齿形存在各异性，这给非圆齿轮的数模创建带来一定难度。当前，随着设计方法的改进、计算机技术和软件技术的发展，非圆齿轮的齿形设计难题已得到攻克。但目前尚未有一款可以高效解决形状各异非圆齿轮设计及验证的 CAD 软件。在齿廓的类型方面，符合 Willis 定理的齿廓曲线对非圆齿轮同样具有适用性，如渐开线齿廓、微线段齿廓[2]、摆线齿廓等。需注意的是，非圆齿轮副的齿廓在节曲线周向的分布需满足主动轮和从动轮的对号啮合需求，成形法制造易于控制非圆齿轮的轮齿分布。按照广义渐开线定义的非圆齿轮齿廓形成与对号啮合如图 1.4 所示。

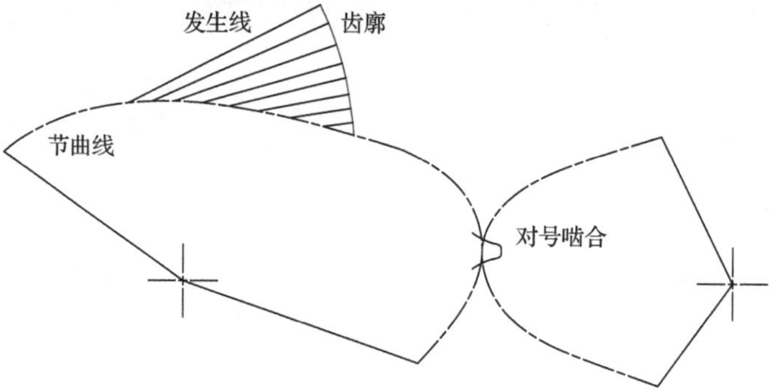

图 1.4　按照广义渐开线定义的非圆轮齿齿廓形成与对号啮合

2. 展成法制造

展成法制造相比于成形法制造，在加工效率、成本控制、齿面精度、空间齿面加工等方面具有优势。非圆齿轮的展成法相比圆柱齿轮的展成法具有下列不同。

1)展成加工运动模型

以插齿为例，为实现插齿刀节圆与圆柱齿轮节圆、非圆齿轮节曲线的纯滚动，插齿刀将增加相对齿坯回转中心往复移动的联动轴，以补偿节曲线极径的长短变化。为了达到较好的齿面切削效果同时提升切削过程的稳定性，在插齿刀节圆相对于非圆齿轮节曲线的切线方向，往往还需要插齿刀与齿坯产生相对运动。此外，相比于圆柱齿轮展成，非圆齿轮展成最大的不同在于，多联动轴之间需保持变速比的展成运动关系，变速比运动的数学模型将由非圆齿轮节曲线数学方程和加工联动方式约束。插齿刀节圆与圆柱齿轮节圆和非圆齿轮节曲线的对滚如图 1.5 所示。

插齿刀节圆与非圆齿轮节曲线的纯滚动过程，除刀具与齿坯各自绕其回转中

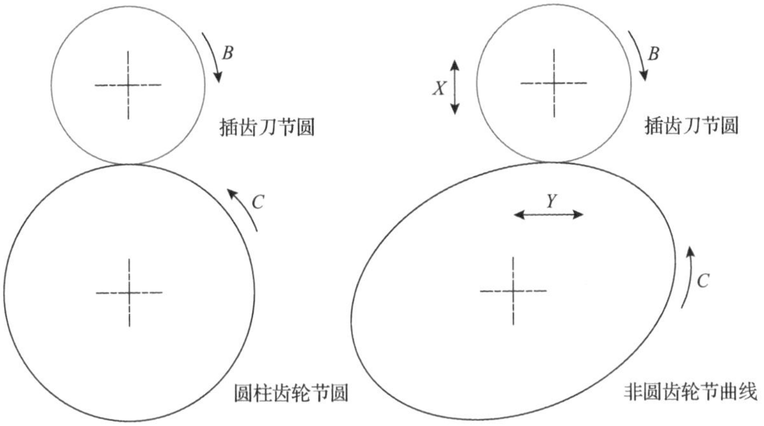

图 1.5 插齿刀节圆与圆柱齿轮节圆和非圆齿轮节曲线的对滚

心的自转外，刀具还需产生相对齿坯在 X 轴方向的往复移动，同时为了较好地回避退刀干涉现象及保证齿面在不同位置加工精度的一致性，齿坯还应具有 Y 轴方向的往复移动能力。当前的圆柱齿轮插齿机无 Y 轴移动功能，但也可以开展非圆齿轮插削加工，只是需要注意退刀干涉问题[3]。

2) 机床运动控制

对非圆齿轮制造的展成法而言，在机床运动控制方面需实现多轴间非线性运动关系的高速、高精度同步控制，同时为适应不同形状非圆齿轮的灵活制造，运动控制方式还需具备良好的柔性，柔性电子齿轮箱技术可以较好地完成该类型的运动控制。柔性电子齿轮箱可以在多轴同步运动控制方面实现复杂的多轴耦合联动关系，且具有传动比范围宽、传动精度高、调整方便等优点[4]。相比于圆柱齿轮的展成加工，非圆齿轮展成加工需重点考虑的是变速比电子齿轮箱的位置控制精度和同步控制精度问题，还需考虑变速比条件下的插补方法及其误差控制问题。

3) 切削过程特性

非圆齿轮在展成过程的切削力、齿面精度、工艺特征等方面与圆柱齿轮加工制造也存在较大不同。从切削力方面分析，由于非圆齿轮节曲线存在变极径、变曲率半径的特点，而且适应不同传动工况的非圆齿轮节曲线存在较大差异，在展成切削加工开展过程中，刀具在不同啮合位置的切削力将出现较大波动，从而影响切削过程的平稳性和加工精度；从齿面精度方面分析，加工联动模型、工艺参数的变化在节曲线不同位置产生不同密度的包络加工轨迹线，从而影响非圆齿轮整周齿面精度的一致性，以及造成部分轮齿齿面制造精度的不合理超差；从工艺特征方面分析，非圆齿轮展成法制造过程存在诸多不确定性，在制造开始前需进行充分的分析评估工作，以验证刀具参数、进刀参数、机床参数、工装参数等制造系统参数的适用性。

1.2.2　非圆齿轮应用

非圆齿轮的应用可以追溯到20世纪初。1910年邓克利(Dunkerley)在其著作*Mechanism*一书中对椭圆齿轮的设计及应用进行了阐述。20世纪40年代到60年代，非圆齿轮传动技术发展比较迅速，各国学者对此进行了大量的研究，形成了比较完整的理论体系。其中，代表性的有20世纪50年代苏联学者李特文(Litvin)编著的一系列非圆齿轮相关著作，反映了当时苏联在非圆齿轮领域的研究水平，但受到当时加工水平的限制，非圆齿轮的加工精度及加工效率都较低，限制了其推广应用。20世纪60年代到70年代，非圆齿轮的研究一度陷入低谷。20世纪80年代以来，随着计算机技术及数控技术的快速发展，各国学者在非圆齿轮的设计、加工、应用等方面进行了更加深入的研究，不断地丰富并完善了非圆齿轮传动理论，使非圆齿轮传动技术更加成熟和实用。

国内对非圆齿轮传动的研究起步较晚。1975年李福生[5]编译了苏联学者李特文的著作，以《非圆齿轮》出版，该书是国内最早全面、系统地介绍非圆齿轮的著作。1983年李福生[6]又编著了《非圆齿轮与特种齿轮传动设计》，对我国非圆齿轮的发展起到了积极的推动作用。20世纪80年代到90年代末，国内很多学者从非圆齿轮的不同侧面进行了研究，使我国在非圆齿轮的设计、制造和应用方面有了长足的发展。1997年吴序堂等[7]在总结国内外先进经验和技术的基础上编著了《非圆齿轮及非匀速比传动》，该书较为全面地反映了当时非圆齿轮的研究成果，并广泛介绍了非圆齿轮的各种实际应用，标志着我国在非圆齿轮传动理论，尤其是在应用方面迈上了一个新台阶。2013年姚文席[8]编著了《非圆齿轮设计》，该书从非圆齿轮的几何设计、动态设计和强度设计等方面对非圆齿轮的设计方法进行了论述。

非圆齿轮是一种用来实现变速比传动的机械传动部件，相比于传统的凸轮机构和连杆机构，其在实现速比改变方面具有更大的灵活性。非圆齿轮副还可以与其他传统机构组合应用，以实现传统机构难以达到的运动要求。例如，非圆齿轮副与曲柄滑块机构串联组合，可以实现滑块的推程匀速、回程急回，并可以设置推程匀速区间和机构急回系数等参数；用非圆齿轮副封闭双自由度五杆机构，可以使五杆机构精确地通过预先设定点或实现预定轨迹等。另外，非圆齿轮也可以组成轮系，并可以实现圆齿轮轮系无法达到的效果，例如，当一个原动件连续运动时，可以实现从动件的间歇运动、往复摆动等。

精梳机是纺织产业的重要设备，可以将纤维中的杂质和粗短纤维进行排除，以提高织物的质感、耐洗度与耐用度。在精梳工艺中，锡林梳理、分离接合及梳理阶段时间对出条质量影响不大，但分离前准备阶段时间对工艺影响较大。为了提高出条质量，需要让锡林实现变速梳理，以缩短锡林梳理阶段时间，延长分离前准备阶段时间。锡林变速机构所用到的是非圆齿轮定轴轮系，如图 1.6 所示。图中，齿轮 1 轴为输入轴，齿轮 4 轴为输出轴，齿轮 2 和齿轮 3 同轴，当齿轮 1 恒速输入时，齿轮 4 变速输出，以满足精梳工艺要求。

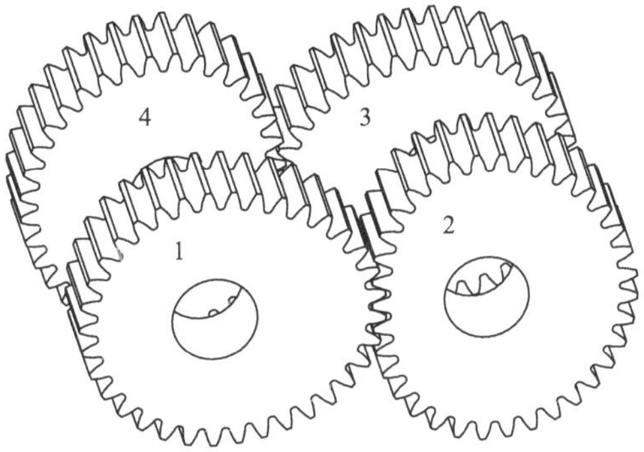

图 1.6 精梳机锡林变速机构传动

在插齿机的传统设计中，插齿刀的上下往复运动采用对心曲柄滑块机构实现，该机构无急回特性，同时插齿刀在插削行程的速度波动较大，容易产生较大的切削冲击，影响齿面质量的一致性以及齿面精度。为了减小插齿刀在插削行程的速度波动，同时使其具有急回特性以提高生产率，现已有不少企业开始采用非圆齿轮副和曲柄滑块机构串联的方式，提高插齿机的工作性能。非圆齿轮副和曲柄滑块机构的串联使用如图 1.7 所示。

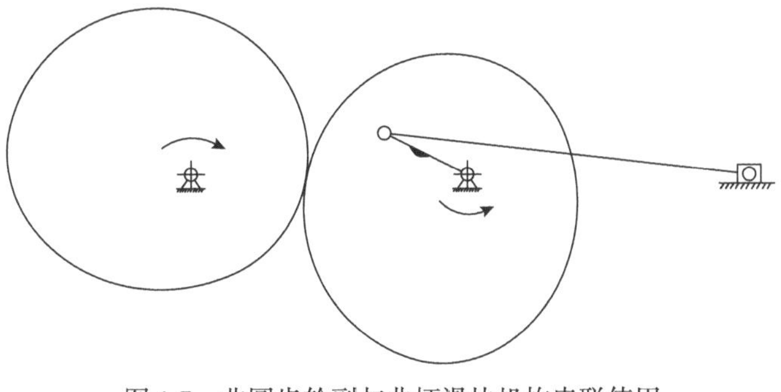

图 1.7 非圆齿轮副与曲柄滑块机构串联使用

基于非圆齿轮行星轮系传动原理制成的低速大扭矩液压马达具有尺寸小、质量轻、低速性能好、容积效率和机械效率高、承载能力强、可无级变速等诸多优点，目前该产品已广泛用于工程机械、船舶机械、注塑机械、煤矿机械、纺织机械、石化机械等场合。低速大扭矩液压马达的工作原理是通过非圆外齿轮、行星齿轮和非圆内齿轮所组成密闭容腔体积的周期性变化，同时结合适当的配流设置，

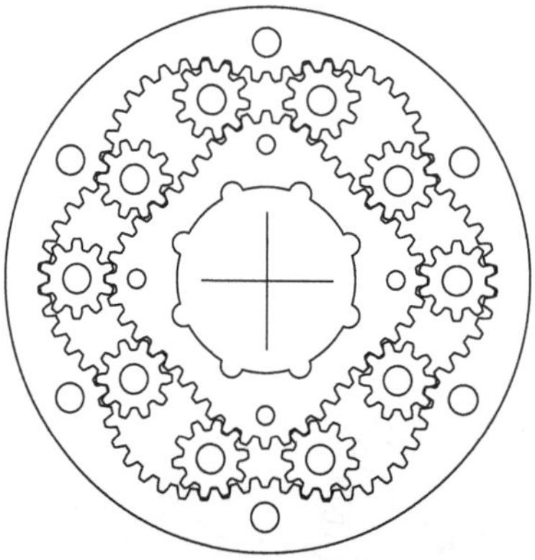

图 1.8 四六型变中心距非圆齿轮行星轮系的结构

来实现非圆外齿轮的持续旋转。一种四六型变中心距非圆齿轮行星轮系的结构如图 1.8 所示。

近年来，关于非圆齿轮及其衍生机构的创新应用开发仍然较为活跃，涉及航空航天[9]、机器人[10]、车辆传动[11]、先进农机[12]、自动化设备[13]、流体泵与马达[14]等诸多领域。如基于非圆齿轮开发的空间网状天线被动式展开驱动器、车辆顺滑变速器、全地形越野车辆差速器、高性能连铸机、自动取苗移栽农机、高压微型恒流泵等，在这些应用场合中非圆齿轮均发挥了出色的传动优势。此外，非圆齿轮传动形式的发展也体现出诸多创新，如非圆面齿轮、非圆线齿轮、非匀速端面活齿机构等，这些新兴传动形式的出现进一步拓宽了非圆齿轮传动的应用领域。

1.3 本章小结

本章对非圆齿轮的概念进行阐述，引出本书的具体研究对象，并简要介绍了其传动原理；对非圆齿轮制造方法及其特点进行阐述，并结合非圆齿轮技术的发展历程，举例说明了非圆齿轮的应用场合。

参考文献

[1] 李特文. 齿轮啮合原理[M]. 2 版. 卢贤占, 高业田, 王树人, 译. 上海: 上海科学技术出版社, 1984.

[2] 谭伟明, 余泽洋. 微线段齿廓的非圆齿轮齿廓曲线及其图形仿真[J]. 现代制造工程, 2004, (5): 35-37.

[3] 熊镇芹, 吴序堂, 毛世民, 等. 非圆齿轮插齿加工中的退刀干涉机理及规避方法研究[J].机械工程学报, 2002, 38(3): 152-155.

[4] 田晓青. 柔性电子齿轮箱设计及精度控制方法研究[D]. 合肥: 合肥工业大学, 2014.

[5] 李福生. 非圆齿轮[M]. 北京: 机械工业出版社, 1975.

[6] 李福生. 非圆齿轮与特种齿轮传动设计[M]. 北京: 机械工业出版社, 1983.

[7] 吴序堂, 王贵海. 非圆齿轮及非匀速比传动[M]. 北京: 机械工业出版社, 1997.

[8] 姚文席. 非圆齿轮设计[M]. 北京: 机械工业出版社, 2013.

[9] 赵治华, 李萌. 一种基于非圆齿轮的空间网状天线被动式展开驱动器[P]: 中国, CN105757208A, 2016-07-13.

[10] Okada M, Takeda Y. Synthesis and evaluation of non-circular gear that realizes optimal gear ratio for jumping robot[C]. IEEE/RSJ International Conference on Intelligent Robots and Systems, 2013.

[11] 宋洪舟, 郑继贵, 侍威, 等. 基于螺旋非圆齿轮变速装置设计研究[J]. 机械工程学报, 2017, 53(23): 101-107.

[12] 周梅芳, 徐建军, 童俊华, 等. 花卉穴盘苗取栽一体式自动移栽机构设计与试验[J]. 农业工程学报, 2018, 34(20): 44-51.

[13] 李立顺, 蔡锦者. 模切机的送纸传动装置[P]: 中国, CN207903574U, 2018-09-25.

[14] 魏爽, 李殿起, 刘光辉. 非圆行星齿轮液压马达的动力学研究[J]. 机械传动, 2017, 41(9): 18-24.

第 2 章　非圆齿轮设计

2.1　非圆齿轮节曲线设计

2.1.1　自由节曲线设计

设计非圆齿轮的首要任务是确定其节曲线。节曲线就是一对相互啮合的齿轮在其啮合过程中实现纯滚动的共轭曲线，这里将根据传动工况要求进行反推设计的节曲线称为自由节曲线。下面介绍根据传动比函数、再现函数计算节曲线的两种方法。

1. 根据传动比函数计算节曲线

设齿轮副的中心距为 a（图 2.1），主动轮 1 的转角为 φ_1，瞬时角速度为 ω_1，径切角为 μ_1。从动轮 2 的转角为 φ_2，瞬时角速度为 ω_2，径切角为 μ_2。齿轮副传递的转角函数关系为

$$\varphi_2 = F(\varphi_1) \tag{2.1}$$

齿轮副的传动比和传动比函数分别为

$$i_{12} = \frac{\omega_1}{\omega_2} = \frac{\mathrm{d}\varphi_1 / \mathrm{d}t}{\mathrm{d}\varphi_2 / \mathrm{d}t} = \frac{\mathrm{d}\varphi_1}{\mathrm{d}\varphi_2} = f(\varphi_1) \tag{2.2}$$

$$f(\varphi_1) = \frac{1}{F'(\varphi_1)} \tag{2.3}$$

在 φ_1 的变化范围内，传动比函数 $f(\varphi_1)$ 应该是有限正值光滑函数。

可以证明，两齿轮在任一瞬时，总有一个相对运动速度等于零的点 P，称为瞬时回转中心(简称瞬心)。它位于连心线 O_1O_2 上，且满足条件 $\omega_1 \cdot O_1P = \omega_2 \cdot O_2P$，分别用 r_1、r_2 表示 O_1P 及 O_2P，则传动比又可表示为

$$i_{12} = \frac{\omega_1}{\omega_2} = \frac{r_2}{r_1} = \frac{a - r_1}{r_1} \tag{2.4}$$

当传动比 i_{12} 是变数时，瞬心 P 的位置及 r_1、r_2 是变化的。瞬心在齿轮 1、2 回转平面上的轨迹称为两齿轮的瞬心线，也就是齿轮的节曲线。

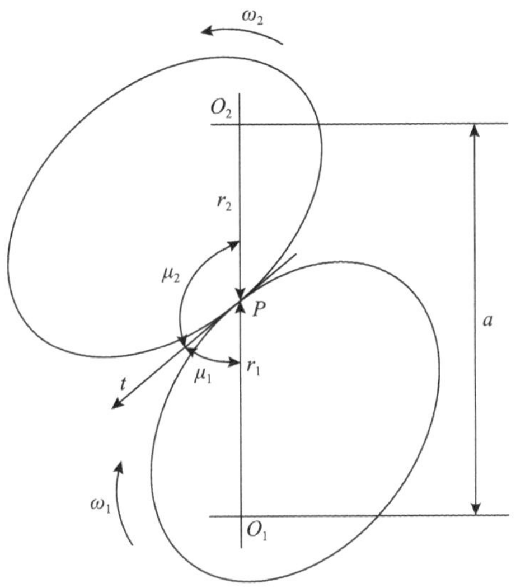

图 2.1　外齿轮传动及其节曲线

由式(2.4)可得主动轮 1 的节曲线方程为

$$r_1(\varphi_1)=\frac{a}{1+i_{12}}=\frac{a}{1+f(\varphi_1)} \tag{2.5}$$

由式(2.2)和式(2.4)可得从动轮 2 的节曲线方程为

$$\begin{cases} r_2=a-r_1(\varphi_1)=\dfrac{ai_{12}}{1+i_{12}} \\ \varphi_2=\displaystyle\int_0^{\varphi_1}\frac{1}{i_{12}}\mathrm{d}\varphi_1=\int_0^{\varphi_1}\frac{1}{f(\varphi_1)}\mathrm{d}\varphi_1 \end{cases} \tag{2.6}$$

式(2.5)和式(2.6)以极坐标形式表示外啮合非圆齿轮副节曲线方程。当传动比 i_{12} 是常数时，r_1、r_2 都是常数，这就是普通的圆柱齿轮。

若给定的条件是齿轮副的中心距 a 及主动轮 1 的节曲线方程 $r_1=r_1(\varphi_1)$，则传动比函数为

$$i_{12}=f(\varphi_1)=\frac{a-r_1(\varphi_1)}{r_1(\varphi_1)} \tag{2.7}$$

从动轮 2 的节曲线方程为

$$\begin{cases} r_2=a-r_1(\varphi_1) \\ \varphi_2=\displaystyle\int_0^{\varphi_1}\frac{1}{i_{12}}\mathrm{d}\varphi_1=\int_0^{\varphi_1}\frac{r_1(\varphi_1)}{a-r_1(\varphi_1)}\mathrm{d}\varphi_1 \end{cases} \tag{2.8}$$

若齿轮 2 是内齿轮，则回转瞬时角速度 ω_1 和 ω_2 的方向相同，用同样的方法可以求得主从动轮 1 和 2 的节曲线方程分别为

$$r_1 = \frac{a}{i_{12} - 1} = \frac{a}{f(\varphi_1) - 1} \tag{2.9}$$

$$\begin{cases} r_2 = a + r_1 = \dfrac{a i_{12}}{i_{12} - 1} \\ \varphi_2 = \displaystyle\int_0^{\varphi_1} \frac{1}{i_{12}} \mathrm{d}\varphi_1 = \int_0^{\varphi_1} \frac{1}{f(\varphi_1)} \mathrm{d}\varphi_1 \end{cases} \tag{2.10}$$

2. 根据再现函数计算节曲线

设要求非圆齿轮传动再现某个函数 $y = f(x)$，x 在闭区间 $[x_1, x_2]$ 内连续可导。可以令主动轮 1 的转角 φ_1 与 $f(x)$ 成正比，即

$$\begin{cases} \varphi_1 = k_1(x - x_1) \\ \varphi_2 = k_2[f(x) - f(x_1)] \end{cases} \tag{2.11}$$

则传动比为

$$i_{12} = \frac{\mathrm{d}\varphi_1}{\mathrm{d}\varphi_2} = \frac{k_1}{k_2 f'(x)} \tag{2.12}$$

式中，k_1、k_2 为比例常数；$f'(x)$ 为函数 $f(x)$ 对 x 的一阶导数。自变量 x 的变化区间为 $[x_1, x_2]$，则 φ_1、φ_2 的最大值分别为

$$\varphi_{1\max} = k_1(x_2 - x_1)$$

$$\varphi_{2\max} = k_2[f(x_2) - f(x_1)]$$

为了提高函数的再现精度，在结构许可的条件下，应该将转角 φ_1、φ_2 设计得大些，由此确定比例常数 k_1、k_2 的值。

由式(2.5)、式(2.6)、式(2.11)及式(2.12)，可得到外啮合主从动轮 1 和 2 的节曲线方程分别为

$$\begin{cases} \varphi_1 = k_1(x - x_1) \\ r_1 = \dfrac{a k_2 f'(x)}{k_1 + k_2 f'(x)} \end{cases} \tag{2.13}$$

$$\begin{cases}\varphi_2 = k_2\left[f(x) - f(x_1)\right] \\ r_2 = a - r_1 = \dfrac{ak_1}{k_1 + k_2 f'(x)}\end{cases} \tag{2.14}$$

设齿轮 1 的节曲线在点 P 的切线与 r_1 的夹角为 μ_1，即径切角(图 2.1)，则由节曲线方程可知

$$\tan\mu_1 = \frac{r_1}{\mathrm{d}r_1 / \mathrm{d}\varphi_1} \tag{2.15}$$

对于传递传动比函数 $i_{12} = f(\varphi_1)$ 的非圆齿轮副，由式(2.5)可得

$$\tan\mu_1 = -\frac{i_{12}+1}{i'_{12}}$$

式中，$i'_{12} = f'(\varphi_1)$ 为传动比函数 $f(\varphi_1)$ 对 φ_1 的一阶导数。

对于再现函数 $y = f(x)$ 的非圆齿轮副，由式(2.12)可得

$$\tan\mu_1 = \frac{f'(x)\left[k_1 + k_2 f'(x)\right]}{f''(x)}$$

式中，$f''(x)$ 为函数 $f(x)$ 对 x 的二阶导数。

同样设齿轮 2 的节曲线在点 P 的切线与 r_2 的夹角用 μ_2 表示，则由节曲线方程 $r_2 = r_2(\varphi_2)$ 可知

$$\tan\mu_2 = \frac{r_2}{\mathrm{d}r_2 / \mathrm{d}\varphi_2} \tag{2.16}$$

由式(2.15)和式(2.16)均可得 $\tan\mu_2 = -\tan\mu_1$，即 $\mu_1 + \mu_2 = 180°$。这也证明了两齿轮的节曲线在点 P 有共同的切线，它们在点 P 相切。此外，还可以证明两节曲线在传动过程中做纯滚动，在同一时间内，两节曲线上滚过的弧长相等。

2.1.2　公式节曲线设计

根据传动工况需求进行节曲线设计获得自由节曲线的过程可理解为变速比传动正向设计。在繁多的非圆形曲线中，存在一些公式约束的图形可以满足非圆齿轮传动条件，如对数螺线、帕斯卡蜗线、椭圆曲线等。根据既有的公式约束曲线所产生的传动特性匹配特定工况传动需求的过程，可理解为变速比传动反向设计(或者匹配设计)。下面给出高阶椭圆齿轮节曲线的设计过程。

高阶椭圆齿轮端面节曲线极坐标方程[1]为

$$\begin{cases} r_1 = \dfrac{p_1}{1 - k_1 \cos(n_1\theta_1)} \\ p_1 = A_1\left(1 - k_1{}^2\right) \end{cases} \tag{2.17}$$

式中，r_1为主动轮极径；k_1为主动轮偏心率；n_1为主动轮椭圆阶数；θ_1为主动轮极角；A_1为主动轮椭圆半长轴。当n_1=1 时，式(2.17)为一阶椭圆齿轮。由非圆齿轮理论可知，对于高阶椭圆齿轮，为使轮齿能在节曲线上均匀分布，当主动轮的法向模数m_{n}、阶数n_1、齿数z_1、螺旋角β_{c}、偏心率k_1确定后，节曲线周长L_1必须满足下列条件：

$$L_1 = m_{\mathrm{t}}\pi z_1 = \frac{m_{\mathrm{n}}\pi z_1}{\cos\beta_{\mathrm{c}}} \tag{2.18}$$

式中，m_{t}为端面模数。

另外，高阶椭圆齿轮节曲线周长又可表示为

$$\begin{cases} L_1 = 4n_1A_1M_1\displaystyle\int_0^{\frac{\pi}{2}}\sqrt{1 - K_1\sin^2\theta_1}\,\mathrm{d}\theta_1 \\ M_1 = \dfrac{\sqrt{1 + k_1^2\left(n_1^2 - 1\right)}}{n_1} \\ K_1 = \dfrac{n_1^2k_1^2}{1 + k_1^2\left(n_1^2 - 1\right)} \end{cases} \tag{2.19}$$

联立式(2.18)和式(2.19)，采用 MATLAB 的 quadl(L,0,π/2,tol)[2]命令进行数值积分，即可确定主动轮半长轴A_1。

主动轮 1 和从动轮 2 构成的非圆齿轮副的传动比为

$$i_{12} = \frac{\omega_1}{\omega_2} = \frac{\mathrm{d}\theta_1}{\mathrm{d}\theta_2} = \frac{a \pm r_1}{r_1} = \frac{a \pm p_1 - ak_1\cos(n_1\theta_1)}{p_1} = \frac{a \pm p_1 - ak_1\cos(n_1\theta_1)}{p_1} \tag{2.20}$$

式中，符号“±”对外啮合齿轮传动取“–”，对内啮合齿轮传动取“+”，以下类似。

设从动轮 2 的节曲线为封闭曲线，其阶数为n_2，则封闭条件为

$$\frac{2\pi}{n_2} = \int_0^{\frac{2\pi}{n_1}}\frac{1}{i_{12}}\mathrm{d}\theta_1 = \int_0^{\frac{2\pi}{n_1}}\frac{p_1}{a \pm ak_1\cos(n_1\theta_1) - p_1}\mathrm{d}\theta_1 = \frac{1}{n_1}\frac{2\pi p_1}{\sqrt{(a \pm p_1)^2 - a^2k_1^2}} \tag{2.21}$$

令相对椭圆阶数$n = n_2 / n_1$，对内啮合齿轮副而言，$n > 1$。式(2.21)化简得

$$a = A_1\sqrt{n^2 - k_1^2\left(n^2 - 1\right)} \pm A_1 \tag{2.22}$$

据非圆齿轮传动原理[1]，从动轮 2 的节曲线方程为

$$\begin{cases} r_2 = a \pm r_1 \\ \theta_2 = \displaystyle\int_0^{\theta_1} \frac{1}{i_{12}} \mathrm{d}\theta_1 \end{cases} \tag{2.23}$$

式中，r_2 为从动轮极径；θ_2 为从动轮极角。

将式(2.17)、式(2.20)代入式(2.23)，得

$$\begin{cases} r_2 = A_1\sqrt{n^2 - k_1^2\left(n^2 - 1\right)} \pm A_1 \pm \dfrac{p_1}{1 - k_1\cos\left(n_1\theta_1\right)} \\ n_2\theta_2 = n_1\displaystyle\int_0^{\theta_1} \frac{p_1}{a \pm p_1 - ak_1\cos\left(n_1\theta_1\right)} \mathrm{d}\theta_1 \end{cases} \tag{2.24}$$

由式(2.24)得

$$\tan\frac{n_2\theta_2}{2} = \sqrt{\frac{a \pm p_1 + ak_1}{a \pm p_1 - ak_1}}\tan\frac{n_1\theta_1}{2} \tag{2.25}$$

联立式(2.24)、式(2.25)，得到从动轮 2 的节曲线方程：

$$\begin{cases} r_2 = \dfrac{p_2}{1 \mp k_2\cos\left(n_2\theta_2\right)} \\ \theta_2 = \dfrac{2}{n_2}\arctan\left(\sqrt{\dfrac{a \pm p_1 + ak_1}{a \pm p_1 - ak_1}}\tan\dfrac{n_1\theta_1}{2}\right) \\ p_2 = \dfrac{n^2 p_1}{\sqrt{n^2 - k_1^2\left(n^2 - 1\right)}} \\ k_2 = \dfrac{k_1}{\sqrt{n^2 - k_1^2\left(n^2 - 1\right)}} \end{cases} \tag{2.26}$$

可见，从动轮的节曲线为 n_2 阶椭圆。

将式(2.17)、式(2.22)代入式(2.20)，得高阶椭圆齿轮副传动比为

$$i_{12} = \frac{\sqrt{n^2 - k_1^2\left(n^2 - 1\right)} \mp k_1{}^2 - \left[\sqrt{n^2 - k_1^2\left(n^2 - 1\right)} \mp 1\right]k_1\cos\left(n_1\theta_1\right)}{1 - k_1{}^2} \tag{2.27}$$

当$\theta_1=\dfrac{2\pi(i-1)}{n_1}$时，$\cos(n_1\theta_1)=1$，$i_{12}$的最小值为

$$i_{12\min}=\frac{\sqrt{n^2-k_1^2\left(n^2-1\right)}\pm k_1}{1+k_1} \tag{2.28}$$

当$\theta_1=\dfrac{2\pi(i-1)}{n_1}$时，$\cos(n_1\theta_1)=-1$，$i_{12}$的最大值为

$$i_{12\max}=\frac{\sqrt{n^2-k_1^2\left(n^2-1\right)}\mp k_1}{1-k_1} \tag{2.29}$$

据式(2.28)、式(2.29)，得

$$i_{12\min}i_{12\max}=n^2 \tag{2.30}$$

由式(2.30)可见，相对于椭圆齿轮，高阶椭圆齿轮传动可方便调整最大传动比与最小传动比，并可获得较大的调速范围。

椭圆阶数n_1和n_2为正整数，且工程实践中n_1和n_2一般小于等于5才有实际应用价值，因此$n=n_2/n_1$只能是有限量的可选数值，往往难以满足设计条件指定的最大传动比与最小传动比要求。设计中，可据式(2.30)整定最大传动比与最小传动比$i_{12\max}$与$i_{12\min}$，同时确定n和k_1，并确定n_1和n_2。

传动过程中，主动轮一般为匀速转动，从动轮为变速转动。从动轮转速为$\omega_2=\omega_1/i_{12}$，其角加速度为

$$\alpha_2=-\frac{\omega_1^2}{i_{12}^2}\cdot\frac{\mathrm{d}i_{12}}{\mathrm{d}\theta_1}=-\frac{\left(\sqrt{n^2-k_1^2\left(n^2-1\right)}\mp 1\right)k_1n_1\omega_1^2\left(1-k_1{}^2\right)\sin(n_1\theta_1)}{\left[\sqrt{n^2-k_1^2\left(n^2-1\right)}\mp k_1{}^2-\left(\sqrt{n^2-k_1^2\left(n^2-1\right)}\mp 1\right)k_1\cos(n_1\theta_1)\right]^2} \tag{2.31}$$

2.1.3 节曲线特性分析

在获取可传动节曲线的基础上，为进一步评估其传动可行性和相关特性，还需对节曲线的封闭性、凹凸性、压力角、啮合重合度等开展校验。

1. 节曲线的封闭性

用于传递回转运动的非圆齿轮副，其节曲线必须都是封闭曲线。下面根据不

同的给定条件来分析节曲线的封闭性。

1) 实现传动比函数 $i_{12}=f(\varphi_1)$ 的非圆齿轮副

由式(2.5)及式(2.6)可以看出，主动轮 1 节曲线封闭的条件是：$i_{12}=f(\varphi_1)$ 是转角 φ_1 的周期函数，而且在 $\varphi_1=0\sim2\pi$ 内，i_{12} 变化的周期数为整数(以 n_1 表示)。这样，在此范围内，r_1 也变化 n_1 个周期，而且 r_1 在 $\varphi_1=0$ 及 $\varphi_1=2\pi$ 时相等，节曲线能够封闭。

同样，从动轮 2 节曲线封闭的条件是：在 $\varphi_2=0\sim2\pi$ 内，i_{12} 变化的周期数为整数(以 n_2 表示)。这样，在此范围内，n_2 也变化 n_2 个周期，而且 r_2 在 $\varphi_2=0$ 及 $\varphi_2=2\pi$ 时相等，节曲线能够封闭。当 i_{12} 变化一个周期时，主动轮 1 的转角为 $2\pi/n_1$，从动轮 2 的转角为 $2\pi/n_2$。这两个转角是在同一时间内完成的，应该符合关系式：$\varphi_2=\int_0^{\varphi_1}\frac{1}{f(\varphi_1)}\mathrm{d}\varphi_1$，所以从动轮 2 节曲线封闭的条件为

$$\frac{2\pi}{n_2}=\int_0^{\frac{2\pi}{n_1}}\frac{1}{f(\varphi_1)}\mathrm{d}\varphi_1=\int_0^{\frac{2\pi}{n_1}}\frac{r_1(\varphi_1)}{a-r_1(\varphi_1)}\mathrm{d}\varphi_1 \tag{2.32}$$

2) 再现函数 $y=f(x)$ 的非圆齿轮副

由式(2.13)及式(2.14)可以看出，节曲线封闭的条件为：

①比例常数 k_1、k_2 满足

$$\begin{cases} k_1=\dfrac{2\pi}{x_2-x_1} \\ k_2=\dfrac{2\pi}{f(x_2)-f(x_1)} \end{cases} \tag{2.33}$$

②函数 $f(x)$ 的导数 $f'(x)$ 是周期函数，且在区间 $[x_1,x_2]$ 内的周期数 n_1 为整数。

2. 节曲线的凹凸性

非圆齿轮的节曲线不是圆，其上各点处的曲率半径是不同的。前面推导的式(2.5)和式(2.6)，都是用极坐标表示的，可以概括成 $r=r(\varphi)$ 的形式。根据微分几何，各点曲率半径为

$$\rho=\frac{\left[r^2+\left(\dfrac{\mathrm{d}r}{\mathrm{d}\varphi}\right)^2\right]^{3/2}}{r^2+2\left(\dfrac{\mathrm{d}r}{\mathrm{d}\varphi}\right)^2-r\dfrac{\mathrm{d}^2r}{\mathrm{d}\varphi^2}} \tag{2.34}$$

对于主动轮 1 的节曲线，由式(2.5)得

$$r_1 = \frac{a}{1+i_{12}} = \frac{a}{1+f(\varphi_1)} = r_1(\varphi_1)$$

$$\frac{\mathrm{d}r_1}{\mathrm{d}\varphi_1} = -\frac{a}{(1+i_{12})^2} i'_{12}$$

$$\frac{\mathrm{d}^2 r_1}{\mathrm{d}\varphi_1^2} = -\frac{a\left[(1+i_{12})i''_{12} - 2\left(i'_{12}\right)^2\right]}{(1+i_{12})^3}$$

式中，$i'_{12} = f'(\varphi_1)$、$i''_{12} = f''(\varphi_1)$，分别为传动比函数 $f(\varphi_1)$ 对 φ_1 的一阶导数及二阶导数。将上式代入式(2.34)，化简得

$$\rho_1 = \frac{a\left[1+\left(\frac{i'_{12}}{1+i_{12}}\right)^2\right]^{\frac{3}{2}}}{1+i_{12}+i''_{12}} \tag{2.35}$$

对于从动轮 2 的节曲线，由式(2.6)得

$$r_2 = \frac{a i_{12}}{1+i_{12}}$$

$$\frac{\mathrm{d}r_2}{\mathrm{d}\varphi_2} = \frac{\mathrm{d}r_2}{\mathrm{d}\varphi_1} \cdot \frac{\mathrm{d}\varphi_1}{\mathrm{d}\varphi_2} = \frac{a i_{12} i'_{12}}{(1+i_{12})^2}$$

$$\frac{\mathrm{d}^2 r_2}{\mathrm{d}\varphi_2^2} = a i_{12} \frac{(1+i_{12})\left[i_{12}i''_{12} + \left(i'_{12}\right)^2\right] - 2i_{12}\left(i'_{12}\right)^2}{(1+i_{12})^3}$$

将上式代入式(2.34)，化简得

$$\rho_2 = \frac{a i_{12}\left[1+\left(\frac{i'_{12}}{1+i_{12}}\right)^2\right]^{\frac{3}{2}}}{1+i_{12}-i_{12}i''_{12}+\left(i'_{12}\right)^2} \tag{2.36}$$

根据微分几何，按式(2.35)和式(2.36)计算的 ρ_1 和 ρ_2 若是正值，则节曲线在

相应点处是外凸的；反之，当 ρ_1 或 ρ_2 是负值时，节曲线在相应点处是内凹的。节曲线的内凹部分是不能用齿条刀具或齿轮滚刀加工的，只能用适当直径的插齿刀插制，所以设计非圆齿轮时，要对节曲线的凹凸性进行必要的校验。

如上所述，节曲线上没有内凹部分的条件，整条节曲线上各点的曲率半径都大于零。式(2.34)的分子是恒大于零的，因此条件就成为该式的分母大于或等于零。对于要求传递传动比函数 $i_{12}=f(\varphi_1)$ 的齿轮副，主动轮 1 节曲线上无内凹部分的条件为

$$r_1^2+2\left(\frac{\mathrm{d}r_1}{\mathrm{d}\varphi_1}\right)^2-r_1\frac{\mathrm{d}^2r_1}{\mathrm{d}\varphi_1^2}\geqslant 0 \text{ 或 } 1+i_{12}+i''_{12}\geqslant 0 \tag{2.37}$$

从动轮 2 节曲线上无内凹部分的条件为

$$r_2^2+2\left(\frac{\mathrm{d}r_2}{\mathrm{d}\varphi_2}\right)^2-r_2\frac{\mathrm{d}^2r_2}{\mathrm{d}\varphi_2^2}\geqslant 0 \text{ 或 } 1+i_{12}-i_{12}i''_{12}+\left(i'_{12}\right)^2\geqslant 0 \tag{2.38}$$

对于要求再现函数 $y=f(x)$ 的齿轮副，将 $i_{12}=\dfrac{k_1}{k_2f'(x)}$ 代入式(2.37)及式(2.38)，还可进一步得到主动轮 1 节曲线上无内凹部分的条件为

$$k_1k_2\left[f'(x)\right]^3+k_1^2\left[f'(x)\right]^2+2\left[f''(x)\right]^2-f'''(x)f'(x)\geqslant 0 \tag{2.39}$$

从动轮 2 节曲线上无内凹部分的条件为

$$k_2\left[f'(x)\right]^3\left[k_1+k_2f'(x)\right]+f'''(x)f'(x)-\left[f''(x)\right]^2\geqslant 0 \tag{2.40}$$

对高阶椭圆而言，其凹凸性校验可根据式(2.17)，得

$$\begin{cases}\dfrac{\mathrm{d}r}{\mathrm{d}\theta_1}=-\dfrac{n_1p_1k_1\sin(n_1\theta_1)}{\left[1-k_1\cos(n_1\theta_1)\right]^2}\\[2ex]\dfrac{\mathrm{d}^2r}{\mathrm{d}\theta_1^2}=\dfrac{n_1^2p_1k_1^2\sin^2(n_1\theta_1)+n_1^2p_1k_1^2-n_1^2p_1k_1\cos(n_1\theta_1)}{\left[1-k_1\cos(n_1\theta_1)\right]^3}\end{cases} \tag{2.41}$$

将式(2.41)代入式(2.35)得

$$\rho_1=p_1\frac{\left\{\left[1-k_1\cos(n_1\theta_1)\right]^2+k_1^2n_1^2\sin^2(n_1\theta_1)\right\}^{\frac{3}{2}}}{\left[1-k_1\cos(n_1\theta_1)\right]^3\left[1+k_1\left(n_1^2-1\right)\cos(n_1\theta_1)\right]} \tag{2.42}$$

由式(2.42)可见，其分子恒大于零。若使节曲线全部外凸，其分母也要大于零，由于 $0<k_1<1$ 、$-1\leqslant\cos(n_1\theta_1)\leqslant 1$ ，则 $\left[1-k_1\cos(n_1\theta_1)\right]^3>0$ ，故节曲线外凸条件为

$$F=1+k_1\left(n_1^2-1\right)\cos(n_1\theta_1)\geqslant 0 \tag{2.43}$$

当 $\cos(n_1\theta_1)=-1$ 时，式(2.43)最难满足，可知主动轮 1 的节曲线外凸条件为

$$k_1\leqslant\frac{1}{n_1^2-1} \tag{2.44}$$

满足式(2.44)的非圆齿轮可以采用滚齿方法进行加工。

当 $\cos(n_1\theta_1)=1$ 时，式(2.42)值最小，可知主动轮 1 的最小曲率半径为

$$\rho_{1\min}=\frac{p_1}{1+k_1\left(n_1^2-1\right)} \tag{2.45}$$

考虑到式(2.26)中 k_1 和 k_2 的关系，同理可得从动轮 2 的节曲线的外凸条件及最小曲率半径分别为

$$k_2\leqslant\frac{1}{n_2^2-1} \tag{2.46}$$

$$\rho_{2\min}=\frac{n^2p_1}{\sqrt{n^2-k_1^2\left(n^2-1\right)}+k_1\left(n^2n_1^2-1\right)} \tag{2.47}$$

由式(2.46)可得从动轮 2 的节曲线不出现内凹的阶数为

$$n_2\leqslant\sqrt{\frac{1-k_1^2}{n_1^2k_1^2}+2} \tag{2.48}$$

3. 压力角校验计算

主动轮 1 与从动轮 2 在节曲线上的点 P 处接触，点 P 处的压力角 α_{12} 是从动轮 2 在点 P 处的绝对速度方向与其齿廓法向力方向之间的夹角[3]：

$$\alpha_{12}=\mu_1+\alpha_t-\frac{\pi}{2} \tag{2.49}$$

式中，α_t 为展成刀具压力角；μ_1 为主动轮径切角，即节曲线上点的切线正方向（θ_1 角加大的方向）与极径间的夹角，且有

$$\tan\mu_1 = \frac{r_1}{\mathrm{d}r_1 / \mathrm{d}\theta_1} = \frac{k_1\cos(n_1\theta_1) - 1}{n_1 k_1 \sin(n_1\theta_1)}, \quad 0 \leqslant \mu_1 < \pi \tag{2.50}$$

在 μ_1 的取值范围内，$\sin\mu_1 \geqslant 0$，$\cos\mu_1$ 与 $\tan\mu_1$ 同号，考虑到 r_1 取正，可得

$$\cos\mu_1 = \frac{\mathrm{d}r_1 / \mathrm{d}\theta_1}{\sqrt{r^2 + (\mathrm{d}r_1 / \mathrm{d}\theta_1)^2}} = \frac{-n_1 k_1 \sin(n_1\theta_1)}{\sqrt{[1 - k_1\cos(n_1\theta_1)]^2 + n_1^2 k_1^2 \sin^2(n_1\theta_1)}}$$

因此有

$$\mu_1 = \arccos\frac{-n_1 k_1 \sin(n_1\theta_1)}{\sqrt{[1 - k_1\cos(n_1\theta_1)]^2 + n_1^2 k_1^2 \sin^2(n_1\theta_1)}} \tag{2.51}$$

利用式(2.51)求出的 μ_1 值可满足$[0, \pi]$的区间要求；代入式(2.49)可求出压力角 α_{12}。

压力角 α_{12} 较大时，作用力的力臂较小，传递同样的扭矩时作用力大，作用在轴承上的载荷也就相应地加大；过大的 α_{12} 甚至可能导致自锁，使齿轮副无法传动。为了避免这种现象，通常要求 α_{12} 不超过 65°，此时的 μ_1 为 45°～135°。

4. 啮合重合度计算

在加工非圆齿轮时，与圆柱齿轮一样，非圆齿轮啮合时的重合度定义为有效啮合线的长度与齿轮基圆齿距之比。设在某个瞬时，两节曲线相切在点 P，主动轮 1 和从动轮 2 的节曲线在点 P 处的曲率半径分别为 ρ_1、ρ_2，可近似地用 ρ_1、ρ_2 为节圆半径的圆柱齿轮副代替非圆齿轮副来计算重合度。由文献[4]可知重合度 ε 为

$$\varepsilon = \frac{\mu_1 + \mu_2}{\pi m_\mathrm{t}\cos\alpha_\mathrm{t}} = \frac{(\mu_1 + \mu_2)\sqrt{\tan^2\alpha_\mathrm{n} + \cos^2\beta_\mathrm{c}}}{\pi m_\mathrm{n}} \tag{2.52}$$

式中，μ_1 为主动轮 1 的径切角；μ_2 为从动轮 2 的径切角；m_t 为端面模数；m_n 为法向模数；α_n 为法面压力角；β_c 为螺旋角。其中，外啮合时 μ_1、μ_2 分别为

$$\begin{cases} \mu_1 = \sqrt{(\rho_1 + h_{\mathrm{a}1})^2 - \dfrac{\rho_1^2\cos^2\beta_\mathrm{c}}{\tan^2\alpha_\mathrm{n} + \cos^2\beta_\mathrm{c}}} - \rho_1\sqrt{\dfrac{\tan^2\alpha_\mathrm{n}}{\tan^2\alpha_\mathrm{n} + \cos^2\beta_\mathrm{c}}} \\ \mu_2 = \sqrt{(\rho_2 + h_{\mathrm{a}2})^2 - \dfrac{\rho_2^2\cos^2\beta_\mathrm{c}}{\tan^2\alpha_\mathrm{n} + \cos^2\beta_\mathrm{c}}} - \rho_2\sqrt{\dfrac{\tan^2\alpha_\mathrm{n}}{\tan^2\alpha_\mathrm{n} + \cos^2\beta_\mathrm{c}}} \end{cases} \tag{2.53}$$

内啮合时 μ_1、μ_2 分别为

$$\begin{cases} \mu_1 = \sqrt{(\rho_1 + h_{a1})^2 - \dfrac{\rho_1^2 \cos^2 \beta_c}{\tan^2 \alpha_n + \cos^2 \beta_c}} - \rho_1 \sqrt{\dfrac{\tan^2 \alpha_n}{\tan^2 \alpha_n + \cos^2 \beta_c}} \\ \mu_2 = \sqrt{\rho_2^2 - \dfrac{(\rho_2 - h_{a2})^2 \cos^2 \beta_c}{\tan^2 \alpha_n + \cos^2 \beta_c}} - (\rho_2 - h_{a2}) \sqrt{\dfrac{\tan^2 \alpha_n}{\tan^2 \alpha_n + \cos^2 \beta_c}} \end{cases} \tag{2.54}$$

式中，h_{a1}为主动轮齿顶高系数；h_{a2}为从动轮齿顶高系数。

与圆柱齿轮一样，非圆齿轮连续传动的条件为：重合度$\varepsilon > 1$。非圆齿轮节曲线上各点的曲率半径ρ_1、ρ_2不同，所以啮合过程中重合度ε也是变化的。因此，设计时应验证每对齿轮的重合度。

2.1.4　椭圆族曲线的演变

前面给出了高阶椭圆节曲线的设计过程，下面在高阶椭圆基础上依次给出高阶二段变性椭圆、一阶多段变性椭圆和高阶多段变性椭圆节曲线的设计过程。

1. 高阶二段变性椭圆

将两个阶数不同(且可以不是整数)的椭圆组成连续封闭的曲线，可以形成传统的变性椭圆(实质为本书所指的二段变性椭圆)，如式(2.55)所示，以其为节曲线构成的齿轮为传统的变性椭圆齿轮[5](本书称为二段变性椭圆齿轮)。

$$\begin{cases} r_{11} = \dfrac{p_1}{1 - k_1 \cos(m_{11}\theta_1)}, & \theta_1 \leqslant \dfrac{2\pi}{m_{11}} \\ r_{12} = \dfrac{p_1}{1 - k_1 \cos\left[m_{12}\left(\theta_1 - \dfrac{2\pi}{n_1 m_{11}}\right) + \dfrac{2\pi}{n_1}\right]}, & \dfrac{2\pi}{m_{11}} < \theta_1 \leqslant 2\pi \\ p_1 = A_1\left(1 - k_1{}^2\right) \end{cases} \tag{2.55}$$

式中，变性系数m_{11}、m_{12}满足式(2.56)，且$m_{11} > 1/2$、$m_{12} > 1/2$。

$$\frac{1}{m_{11}} + \frac{1}{m_{12}} = 2 \tag{2.56}$$

综合高阶椭圆和二段变性椭圆的概念，将高阶椭圆每个周期内的曲线按照相同规律分成两段进行变性，组成连续封闭的曲线，可以形成高阶二段变性椭圆。基于高阶椭圆方程(式 2.17)和二段变性椭圆方程(式 2.55)拓展而成的高阶二段变性椭圆极坐标方程，如式(2.57)所示：

$$\begin{cases} r_{1i1} = \dfrac{p_1}{1 - k_1 \cos\left\{ n_1 m_{11} \left[\theta_1 - \dfrac{2\pi(i-1)}{n_1} \right] \right\}}, & \dfrac{2\pi(i-1)}{n_1} \leqslant \theta_1 \leqslant \dfrac{2\pi(i-1)}{n_1} + \dfrac{\pi}{n_1 m_{11}} \\ r_{1i2} = \dfrac{p_1}{1 - k_1 \cos\left\{ n_1 m_{12} \left[\theta_1 - \dfrac{2\pi}{n_1} - \dfrac{2\pi(i-1)}{n_1} \right] \right\}}, & \dfrac{2\pi(i-1)}{n_1} + \dfrac{\pi}{n_1 m_{11}} < \theta_1 \leqslant \dfrac{2\pi i}{n_1} \\ p_1 = A_1\left(1 - k_1^2\right) \end{cases} \tag{2.57}$$

式中，$i = 1, 2, \cdots, n_1$；r_{1i1} 为第 i 周期第 1 变性段极径；r_{1i2} 为第 i 周期第 2 变性段极径。m_{11}、m_{12} 也须满足式(2.56)。由式(2.57)可知，当 $\theta_1 = \dfrac{2\pi(i-1)}{n_1} + \dfrac{\pi}{n_1 m_{11}}$ 时，有

$$r_{1i1} = r_{1i2} = A_1(1 - k_1) \tag{2.58}$$

当 $\theta_1 = \dfrac{2\pi(i-1)}{n_1}$ 和 $\dfrac{2\pi i}{n_1}$ 时，有

$$r_{1i1} = r_{1i2} = A_1(1 + k_1) \tag{2.59}$$

因此，各段曲线在连接处连续，形成极角 2π 范围内首尾相接、以 $2\pi/n_1$ 为周期的封闭曲线。

以高阶二段变性椭圆为节曲线的非圆齿轮称为高阶二段变性椭圆齿轮。本节分析高阶二段变性椭圆齿轮传动特征，针对传动应用中最大传动比与最小传动比要求，研究高阶二段变性椭圆齿轮的实用设计方法及校验方法，并提供应用实例。

根据非圆齿轮理论[3]，对于高阶二段变性椭圆齿轮，为了使齿轮能在节曲线上均匀分布，当主动轮 1 的 m_n、z_1、β_c 及 m_{11}、m_{12}、k_1 确定后，节曲线周长 L_1 必须满足式(2.18)。另外，节曲线同时须满足式(2.32)。

将式(2.57)代入式(2.19)，可得

$$L_1 = \int_0^{\frac{\pi}{n_1 m_{11}}} \frac{n_1 p_1}{1 - k_1 \cos(n_1 m_{11} \theta_1)} \sqrt{1 + \left\{ \frac{k_1 n_1 m_{11} \sin(n_1 m_{11} \theta_1)}{1 - k_1 \cos(n_1 m_{11} \theta_1)} \right\}^2} \, \mathrm{d}\theta_1 + \int_{\frac{\pi}{n_1 m_{11}}}^{\frac{2\pi i}{n_1}} \frac{n_1 p_1}{1 - k_1 \cos\left[n_1 m_{12} \left(\theta_1 - \dfrac{2\pi}{n_1} \right) \right]} \sqrt{1 + \left\{ \frac{k_1 n_1 m_{12} \sin\left[n_1 m_{12} \left(\theta_1 - \dfrac{2\pi}{n_1} \right) \right]}{1 - k_1 \cos\left[n_1 m_{12} \left(\theta_1 - \dfrac{2\pi}{n_1} \right) \right]} \right\}^2} \, \mathrm{d}\theta_1 \tag{2.60}$$

联立式(2.18)和式(2.60)，采用 MATLAB 的 quadl(L,0,π/2,tol)命令进行数值积分，即可确定主动轮半长轴 A_1。

从动轮 2 的节曲线周长 L_2 为

$$L_2 = \frac{L_1 n_2}{n_1} \tag{2.61}$$

主动轮 1 和从动轮 2 构成的非圆齿轮副传动比为

$$i_{12} = \begin{cases} \dfrac{a \pm p_1 - ak_1 \cos\left\{n_1 m_{11}\left[\theta_1 - \dfrac{2\pi(i-1)}{n_1}\right]\right\}}{p_1}, & \dfrac{2\pi(i-1)}{n_1} < \theta_1 \leqslant \dfrac{2\pi(i-1)}{n_1} + \dfrac{2\pi}{N_1 n_1 m_{11}} \\ \dfrac{a \pm p_1 - ak_1 \cos\left\{n_1 m_{12}\left[\theta_1 - \dfrac{2\pi}{n_1} - \dfrac{2\pi(i-1)}{n_1}\right]\right\}}{p_1}, & \dfrac{2\pi(i-1)}{n_1} + \dfrac{2\pi}{N_1 n_1 m_{11}} < \theta_1 \leqslant \dfrac{2\pi i}{n_1} \end{cases} \tag{2.62}$$

从动轮 2 的封闭条件为

$$\begin{aligned} \frac{2\pi}{n_2} &= \int_0^{\frac{2\pi}{n_1}} \frac{1}{i_{12}} \mathrm{d}\theta_1 = \int_0^{\frac{\pi}{n_1 m_{11}}} \frac{p_1}{a \pm p_1 - ak_1 \cos(n_1 m_{11} \theta_1)} \mathrm{d}\theta_1 + \int_{\frac{\pi}{n_1 m_{11}}}^{\frac{2\pi}{n_1}} \frac{p_1}{a \pm p_1 - ak_1 \cos\left[n_1 m_{12}\left(\theta - \dfrac{2\pi}{n_1}\right)\right]} \mathrm{d}\theta_1 \\ &= \frac{\pi p_1}{n_1 m_{11}\sqrt{(a \pm p_1)^2 - a^2 k_1^2}} + \frac{\pi p_1}{n_1 m_{12}\sqrt{(a \pm p_1)^2 - a^2 k_1^2}} \\ &= \frac{2\pi p_1}{n_1\sqrt{(a \pm p_1)^2 - a^2 k_1^2}} \end{aligned} \tag{2.63}$$

令 $n = n_2 / n_1$，式(2.63)化简得

$$n p_1 = \sqrt{(a \pm p_1)^2 - a^2 k_1^2} \tag{2.64}$$

从动轮 2 的节曲线方程为式(2.24)，由式(2.24)和式(2.64)得

$$n_2 \theta_2 = \begin{cases} 2\pi(j-1) + \displaystyle\int_0^{\theta_1} \frac{p_1}{a \pm p_1 - ak_1 \cos(n_1 m_{11} \theta_1)} \mathrm{d}\theta_1, & 0 < \theta_1 \leqslant \dfrac{2\pi}{N_1 n_1 m_{11}} \\ 2\pi j + \displaystyle\int_{\frac{2\pi}{N_1 n_1 m_{11}}}^{\theta_1} \frac{p_1}{a \pm p_1 - ak_1 \cos\left[n_1 m_{12}\left(\theta_1 - \dfrac{2\pi}{n_1}\right)\right]} \mathrm{d}\theta_1, & \dfrac{2\pi}{N_1 n_1 m_{11}} < \theta_1 \leqslant \dfrac{2\pi}{n_1} \end{cases} \tag{2.65}$$

式中，$j=1,2,\cdots,n_2$。

由式(2.65)得

$$\begin{cases}\tan\left[\dfrac{n_2\theta_2 m_{11}}{2}-\dfrac{2\pi(j-1)m_{11}}{2}\right]=\sqrt{\dfrac{a\pm p_1+ak_1}{a\pm p_1-ak_1}}\tan\dfrac{n_1 m_{11}\theta_1}{2}, & 0<\theta_1\leqslant\dfrac{2\pi}{N_1 n_1 m_{11}}\\ \tan\left(\dfrac{n_2\theta_2 m_{12}}{2}-\dfrac{2\pi j m_{12}}{2}\right)=\sqrt{\dfrac{a\pm p_1+ak_1}{a\pm p_1-ak_1}}\tan\left[\dfrac{n_1 m_{12}}{2}\left(\theta_1-\dfrac{2\pi}{n_1}\right)\right], & \dfrac{2\pi}{N_1 n_1 m_{11}}<\theta_1\leqslant\dfrac{2\pi}{n_1}\end{cases} \tag{2.66}$$

$$\theta_2=\begin{cases}\dfrac{2\pi(j-1)}{n_2}+\dfrac{2}{m_{11}n_2}\arctan\left(\sqrt{\dfrac{a\pm p_1+ak_1}{a\pm p_1-ak_1}}\tan\dfrac{n_1 m_{11}\theta_1}{2}\right), & 0<\theta_1\leqslant\dfrac{2\pi}{N_1 n_1 m_{11}}\\ \dfrac{2\pi j}{n_2}+\dfrac{2}{m_{12}n_2}\arctan\left\{\sqrt{\dfrac{a\pm p_1+ak_1}{a\pm p_1-ak_1}}\tan\left[\dfrac{n_1 m_{12}}{2}\left(\theta_1-\dfrac{2\pi}{n_1}\right)\right]\right\}, & \dfrac{2\pi}{N_1 n_1 m_{11}}<\theta_1\leqslant\dfrac{2\pi}{n_1}\end{cases} \tag{2.67}$$

由式(2.23)、式(2.64)、式(2.67)得从动轮 2 的节曲线方程：

$$\begin{cases}r_{21}=\dfrac{p_2}{1\mp k_2\cos\left\{n_2 m_{11}\left[\theta_2-\dfrac{2\pi(j-1)}{n_2}\right]\right\}}, & \dfrac{2\pi(j-1)}{n_2}<\theta_2\leqslant\dfrac{2\pi(j-1)}{n_2}+\dfrac{\pi}{n_2 m_{11}}\\ r_{22}=\dfrac{p_2}{1\mp k_2\cos\left[n_2 m_{12}\left(\theta_2-\dfrac{2\pi j}{n_2}\right)\right]}, & \dfrac{2\pi(j-1)}{n_2}+\dfrac{\pi}{n_2 m_{11}}<\theta_2\leqslant\dfrac{2\pi j}{n_2}\\ p_2=\dfrac{n^2 p_1}{\sqrt{n^2-k_1^2\left(n^2-1\right)}}\\ k_2=\dfrac{k_1}{\sqrt{n^2-k_1^2\left(n^2-1\right)}}\end{cases} \tag{2.68}$$

可见，从动轮 2 的节曲线是 n_2 阶变性椭圆，且 $m_{21}=m_{11}=m_{11}$，$m_{22}=m_{12}$。

由式(2.57)、式(2.65)、式(2.67)得齿轮副传动比为

$$i_{12}=\begin{cases}\dfrac{\sqrt{n^2-k_1^2\left(n^2-1\right)}\mp k_1{}^2-\left(\sqrt{n^2-k_1^2\left(n^2-1\right)}\mp 1\right)k_1\cos\left[n_1m_{11}\left(\theta_1-\dfrac{2\pi(i-1)}{n_1}\right)\right]}{1-k_1^2}, \\ \qquad\qquad \dfrac{2\pi(i-1)}{n_1}<\theta_1\leqslant\dfrac{2\pi(i-1)}{n_1}+\dfrac{\pi}{n_1m_{11}} \\ \dfrac{\sqrt{n^2-k_1^2\left(n^2-1\right)}\mp k_1{}^2-\left(\sqrt{n^2-k_1^2\left(n^2-1\right)}\mp 1\right)k_1\cos\left[n_1m_{12}\left(\theta_1-\dfrac{2\pi i}{n_1}\right)\right]}{1-k_1^2}, \\ \qquad\qquad \dfrac{2\pi(i-1)}{n_1}+\dfrac{\pi}{n_1m_{11}}<\theta_1\leqslant\dfrac{2\pi i}{n_1}\end{cases} \tag{2.69}$$

当$\theta_1=\dfrac{2\pi(i-1)}{n_1}$时，$n_1m_{11}\left[\theta_1-\dfrac{2\pi(i-1)}{n_1}\right]$及$n_1m_{12}\left(\theta_1-\dfrac{2\pi i}{n_1}\right)$均为零，$i_{12}$为最小值：

$$i_{12\min}=\frac{\sqrt{n^2-k_1^2\left(n^2-1\right)}-k_1}{1+k_1} \tag{2.70}$$

当$\theta_1=\dfrac{2\pi(i-1)}{n_1}+\dfrac{\pi}{n_1m_{11}}$时，$n_1m_{11}\left[\theta_1-\dfrac{2\pi(i-1)}{n_1}\right]$及$n_1m_{12}\left(\theta_1-\dfrac{2\pi i}{n_1}\right)$均为π，$i_{12}$为最大值：

$$i_{12\max}=\frac{\sqrt{n^2-k_1^2\left(n^2-1\right)}+k_1}{1-k_1} \tag{2.71}$$

由式(2.70)和式(2.71)得

$$i_{12\min}i_{12\max}=n^2 \tag{2.72}$$

因此，可根据式(2.72)，由设计所需最大、最小传动比整定最大、最小传动比$i_{12\min}$、$i_{12\max}$，并确定k_1和n，从而确定n_1和n_2。对二段变性椭圆齿轮传动而言，高阶二段变性椭圆齿轮传动可方便调整最大传动比与最小传动比，具有较大灵活性。

根据式(2.69)，从动轮 2 的角加速度为

$$\alpha_2=\begin{cases}\dfrac{-\left[\sqrt{n^2-k_1^2\left(n^2-1\right)}\mp 1\right]k_1n_1m_{11}\omega_1^2\left(1-k_1^{\ 2}\right)\sin\left\{n_1m_{11}\left[\theta_1-\dfrac{2\pi(i-1)}{n_1}\right]\right\}}{\left(\sqrt{n^2-k_1^2\left(n^2-1\right)}\mp k_1^{\ 2}-\left[\sqrt{n^2-k_1^2\left(n^2-1\right)}\mp 1\right]k_1\cos\left\{n_1m_{11}\left[\theta_1-\dfrac{2\pi(i-1)}{n_1}\right]\right\}\right)^2}, \\ \qquad \dfrac{2\pi(i-1)}{n_1}<\theta_1\leqslant\dfrac{2\pi(i-1)}{n_1}+\dfrac{\pi}{n_1m_{11}} \\ \dfrac{-\left[\sqrt{n^2-k_1^2\left(n^2-1\right)}\mp 1\right]k_1n_1m_{12}\omega_1^2\left(1-k_1^{\ 2}\right)\sin\left[n_1m_{12}\left(\theta_1-\dfrac{2\pi i}{n_1}\right)\right]}{\left\{\sqrt{n^2-k_1^2\left(n^2-1\right)}\mp k_1^{\ 2}-\left(\sqrt{n^2-k_1^2\left(n^2-1\right)}\mp 1\right)k_1\cos\left[n_1m_{12}\left(\theta_1-\dfrac{2\pi i}{n_1}\right)\right]\right\}^2}, \\ \qquad \dfrac{2\pi(i-1)}{n_1}+\dfrac{\pi}{n_1m_{11}}<\theta_1\leqslant\dfrac{2\pi i}{n_1}\end{cases}\tag{2.73}$$

最大传动比位置偏移率 d [5]是以最小传动比位置为周期起点，在 i_{12} 变化一个周期范围内，最大传动比所在位置与该周期中心位置的角度之差与传动比变化周期的角度之比。由式(2.71)可知

$$d=\frac{\pi/\left(n_1m_{11}\right)-\pi/n_1}{2\pi/n_1}=\frac{1-m_{11}}{2m_{11}}$$

可见，$d\in\left(-0.5,0.5\right)$；当 $d<0$ 时，$m_{11}>1$，传动比曲线在最大传动比左侧比在右侧变化陡窄，从动轮角加速度左侧为负值，右侧为正值；当 $d>0$ 时，$0.5<m_{11}<1$，传动比曲线在最大传动比左侧比在右侧变化平缓，从动轮角加速度左侧为负值，右侧为正值；当 $d=0$ 时，$m_{11}=1$，传动比曲线在最大传动比左、右两侧对称，即高阶椭圆齿轮。进行传动副设计时，可根据传动所要求的 d 来确定椭圆的两段变性系数。

2. 一阶多段变性椭圆

将 N_1(为正整数)个阶数不同(且可以不是整数)的椭圆组成连续封闭的曲线，可形成 N_1 段变性椭圆，称为多段变性椭圆，其表达式可根据式(2.55)拓展为式(2.74)。相比二段变性椭圆齿轮而言，多段变性椭圆齿轮节曲线形状更加多变，可更好地调节传动比的变化，满足多种传动需求。

$$\begin{cases} r_{11}=\dfrac{p_1}{1-k_1\cos(m_{11}\theta_1)}, & \theta_1\leqslant\dfrac{2\pi}{N_1m_{11}} \\ r_{12}=\dfrac{p_1}{1-k_1\cos\left[m_{12}\left(\theta_1-\dfrac{2\pi}{N_1m_{11}}\right)+\dfrac{2\pi}{N_1}\right]}, & \dfrac{2\pi}{N_1m_{11}}<\theta_1\leqslant\dfrac{2\pi}{N_1m_{11}}+\dfrac{2\pi}{N_1m_{12}} \\ r_{1j}=\dfrac{p_1}{1-k_1\cos\left[m_{1j}\left(\theta_1-\sum\limits_{k=1}^{j-1}\dfrac{2\pi}{N_1m_{1k}}\right)+\dfrac{2\pi(j-1)}{N_1}\right]}, & \sum\limits_{k=1}^{j-1}\dfrac{2\pi}{N_1m_{1k}}<\theta_1\leqslant\sum\limits_{k=1}^{j}\dfrac{2\pi}{N_1m_{1k}} \\ p_1=A_1\left(1-k_1^2\right) \end{cases} \tag{2.74}$$

式中，$j=1,2,\cdots,N_1$；m_{1k} 为各段变性系数；r_{1k} 为各段极径。式(2.74)中 m_{1k} 需满足 $m_{1k}>1/N_1$，且

$$\sum_{k=1}^{N_1}\frac{1}{m_{1k}}=N_1 \tag{2.75}$$

由式(2.74)可知，当 $\theta_1=2\pi\sum\limits_{k=1}^{j-1}\dfrac{1}{N_1m_{1k}}$ 时，有

$$r_{1j}=r_{1(j-1)}=\frac{A_1\left(1-k_1^2\right)}{1-k_1\cos\dfrac{2\pi(j-1)}{N_1}} \tag{2.76}$$

当 θ_1=0 和 2π 时，有

$$r_{1N}=r_{11}=A_1\left(1+k_1\right) \tag{2.77}$$

可见，由式(2.74)、式(2.75)刻画的多段变性椭圆齿轮节曲线，曲线各段在 $\theta_1=2\pi\sum\limits_{k=1}^{j-1}1/\left(N_1m_{1k}\right)$ 及 $\theta_1=0(2\pi)$ 处连续，形成首尾相接的封闭曲线。通过调整 A_1、k_1、N_1 及 m_{1k}，即可在误差允许范围内逼近非周期性非圆曲线。也就是说，通过调整相关参数，非周期性非圆曲线可用多段变性椭圆曲线拟合。

多段变性椭圆齿轮节曲线周长为

$$L_1 = \int_0^{2\pi} \sqrt{r_1^2 + \left(\frac{\mathrm{d}r_1}{\mathrm{d}\theta_1}\right)^2} \mathrm{d}\theta_1 \tag{2.78}$$

为使轮齿在节曲线上均匀分布，节曲线周长须满足式(2.18)。

联立式(2.78)和式(2.18)，采用 MATLAB 的 quadl(L,0,π/2,tol)函数进行数值积分，可确定主动轮半长轴 A_1。

对于主动轮 1 和从动轮 2 构成的非圆齿轮副，主动轮 1 的阶数 $n_1 = 1$；设从动轮 2 的节曲线为封闭曲线，其阶数 $n_2 = 1$。齿轮副传动比为

$$i_{12} = \begin{cases} \dfrac{a \pm p_1 - ak_1 \cos(m_{11}\theta_1)}{p_1}, & 0 < \theta_1 \leqslant \dfrac{2\pi}{N_1 m_{11}} \\ \dfrac{a \pm p_1 - ak_1 \cos\left[m_{12}\left(\theta_1 - \dfrac{2\pi}{N_1 m_{11}}\right) + \dfrac{2\pi}{N_1}\right]}{p_1}, & \dfrac{2\pi}{N_1 m_{11}} < \theta_1 \leqslant \dfrac{2\pi}{N_1 m_{11}} + \dfrac{2\pi}{N_1 m_{12}} \\ \dfrac{a \pm p_1 - ak_1 \cos\left[m_{1j}\left(\theta_1 - \sum\limits_{k=1}^{j-1}\dfrac{2\pi}{N_1 m_{1k}}\right) + \dfrac{2\pi(j-1)}{N_1}\right]}{p_1}, & \sum\limits_{k=1}^{j-1}\dfrac{2\pi}{N_1 m_{1k}} < \theta_1 \leqslant \sum\limits_{k=1}^{j}\dfrac{2\pi}{N_1 m_{1k}} \end{cases} \tag{2.79}$$

从动轮 2 的封闭条件为

$$\begin{aligned} 2\pi = \int_0^{2\pi} \frac{1}{i_{12}} \mathrm{d}\theta_1 &= \int_0^{\frac{2\pi}{N_1 m_{11}}} \frac{p_1}{a \pm p_1 - ak_1 \cos(m_{11}\theta_1)} \mathrm{d}\theta_1 \\ &+ \sum_{j=2}^{N_1} \int_{\sum\limits_{k=1}^{j-1}\frac{2\pi}{N_1 m_{1k}}}^{\sum\limits_{k=1}^{j}\frac{2\pi}{N_1 m_{1k}}} \frac{p_1}{a \pm p_1 - ak_1 \cos\left[m_{1j}\left(\theta_1 - \sum\limits_{k=1}^{j-1}\dfrac{2\pi}{N_1 m_{1k}}\right) + \dfrac{2\pi(j-1)}{N_1}\right]} \mathrm{d}\theta_1 \end{aligned} \tag{2.80}$$

根据式(2.80)，可确定中心距 a。方法如下：指定 a 区间范围和允许误差 δ_1，采用 MATLAB 的积分函数 trapz(命令)对式(2.80)进行积分，采用一维搜索黄金分割法，在 δ_1 内搜索确定 a。

由式(2.23)和式(2.80)得

$$\theta_2=\begin{cases}\displaystyle\int_0^{\theta_1}\frac{p_1}{a\pm p_1-ak_1\cos\left(m_{11}\theta_1\right)}\mathrm{d}\theta_1, & 0<\theta_1\leqslant\dfrac{2\pi}{N_1m_{11}}\\ \displaystyle\int_0^{\frac{2\pi}{N_1m_{11}}}s_1\mathrm{d}\theta_1+\int_{\frac{2\pi}{N_1m_{11}}+\frac{2\pi}{N_1m_{12}}}^{\theta_1}s_2\mathrm{d}\theta_1, & \dfrac{2\pi}{N_1m_{11}}<\theta_1\leqslant\dfrac{2\pi}{N_1m_{11}}+\dfrac{2\pi}{N_1m_{12}}\\ \displaystyle\int_0^{\frac{2\pi}{N_1m_{11}}}s_1\mathrm{d}\theta_1+\sum_{j=2}^{N_1-1}\int_{\sum\limits_{k=1}^{j-1}\frac{2\pi}{N_1m_{1k}}}^{\sum\limits_{k=1}^{j}\frac{2\pi}{N_1m_{1k}}}s_3\mathrm{d}\theta_1+\int_{\sum\limits_{k=1}^{N_1-1}\frac{2\pi}{N_1m_{1k}}}^{\theta_1}s_3\mathrm{d}\theta_1, & \displaystyle\sum_{k=1}^{j-1}\frac{2\pi}{N_1m_{1k}}<\theta_1\leqslant\sum_{k=1}^{j}\frac{2\pi}{N_1m_{1k}}\\ s_1=\dfrac{p_1}{a\pm p_1-ak_1\cos\left(m_{11}\theta_1\right)},\quad s_2=\dfrac{p_1}{a\pm p_1-ak_1\cos\left[m_{12}\left(\theta_1-\dfrac{2\pi}{N_1m_{11}}\right)+\dfrac{2\pi}{N_1}\right]}\\ s_3=\dfrac{p_1}{a\pm p_1-ak_1\cos\left[m_{1j}\left(\theta_1-\displaystyle\sum_{k=1}^{j-1}\frac{2\pi}{N_1m_{1k}}\right)+\dfrac{2\pi(j-1)}{N_1}\right]}\end{cases}\tag{2.81}$$

由式(2.23)和式(2.74)得

$$\begin{cases}r_{21}=a\pm\dfrac{p_1}{1-k_1\cos\left(m_{11}\theta_1\right)}, & \theta_1\leqslant\dfrac{2\pi}{N_1m_{11}}\\ r_{22}=a\pm\dfrac{p_1}{1-k_1\cos\left[m_{12}\left(\theta_1-\dfrac{2\pi}{N_1m_{11}}\right)+\dfrac{2\pi}{N_1}\right]}, & \dfrac{2\pi}{N_1m_{11}}<\theta_1\leqslant\dfrac{2\pi}{N_1m_{11}}+\dfrac{2\pi}{N_1m_{12}}\\ r_{2j}=a\pm\dfrac{p_1}{1-k_1\cos\left[m_{1j}\left(\theta_1-\displaystyle\sum_{k=1}^{j-1}\frac{2\pi}{N_1m_{1k}}\right)+\dfrac{2\pi(j-1)}{N_1}\right]}, & \displaystyle\sum_{k=1}^{j-1}\frac{2\pi}{N_1m_{1k}}<\theta_1\leqslant\sum_{k=1}^{j}\frac{2\pi}{N_1m_{1k}}\end{cases}\tag{2.82}$$

由式(2.81)和式(2.82)可见，从动轮每个周期内的分段数 $N_2=N_1$。一般情形下，主动轮和从动轮节曲线各分段数不呈周期性，因此多段变性椭圆齿轮只能用于外啮合传动，上述内啮合多段变性椭圆齿轮传动情形没有实际意义，但对后面所述的高阶多段变性椭圆齿轮传动的研究有重要作用。下面按分段数 N_1 的不同进行分析。

(1) 当 $N_1=1$ 时，$m_{1k}=1$、$N_2=1$，主动轮节曲线式(2.74)退化为椭圆方程，

如式(2.17)所示，其中 $n_1=1$。由式(2.79)得传动比表达式，见式(2.83)；基于特殊条件，对式(2.80)积分得出中心距 a 表达式，见式(2.84)；由式(2.81)、式(2.82)、式(2.84)得出从动轮节曲线方程，见式(2.85)。可见，从动轮也是椭圆齿轮。此种椭圆齿轮传动属于文献[6]研究的椭圆类齿轮特例，本节研究结果与其一致。

$$i_{12}=\frac{a-p_1-ak_1\cos(n_1\theta_1)}{p_1} \tag{2.83}$$

$$a=2A_1 \tag{2.84}$$

$$\begin{cases} r_2=\dfrac{p_2}{1+k_2\cos\theta_2} \\ \theta_2=2\arctan\left(\dfrac{1+k_1}{1-k_1}\tan\dfrac{\theta_1}{2}\right) \end{cases} \tag{2.85}$$

(2) 当 $N_1=2$ 时，式(2.74)本质上是二段变性椭圆齿轮节曲线。传动副中心距 a 表达式为式(2.84)；由式(2.79)得齿轮副传动比，见式(2.86)；由式(2.81)、式(2.82)、式(2.84)得从动轮节曲线方程，见式(2.87)。可见，从动轮也是二段变性椭圆齿轮。此种二段变性椭圆齿轮传动属于文献[7]研究的变性椭圆齿轮特例，本节研究结论与其一致。

$$i_{12}=\begin{cases} \dfrac{1+k_1^2-2k_1\cos(m_{11}\theta_1)}{1-k_1^2}, & 0<\theta_1\leqslant\dfrac{\pi}{m_{11}} \\ \dfrac{1+k_1^2-2k_1\cos\left[m_{12}\left(\theta_1-\dfrac{\pi}{m_{11}}\right)+\pi\right]}{1-k_1^2}, & \dfrac{\pi}{m_{11}}<\theta_1\leqslant 2\pi \end{cases} \tag{2.86}$$

$$\begin{cases} r_{21}=\dfrac{p_1}{1+k_1\cos(m_{11}\theta_2)}, & 0<\theta_2\leqslant\dfrac{\pi}{m_{11}} \\ r_{22}=\dfrac{p_1}{1+k_1\cos\left[m_{12}(\theta_2-2\pi)\right]}, & \dfrac{\pi}{m_{11}}<\theta_2\leqslant 2\pi \end{cases} \tag{2.87}$$

(3) 当 $N_1\geqslant 3$ 时，从动轮节曲线是 N_1 段非圆齿轮，不再是多段变性椭圆齿轮。根据式(2.31)，多段变性椭圆齿轮传动的从动轮角加速度为

$$\alpha_2=\begin{cases}\dfrac{-ap_1m_{11}k_1\omega_1^2\sin(m_{11}\theta_1)}{\left[a\pm p_1-ak_1\cos(m_{11}\theta_1)\right]^2}, & 0<\theta_1\leqslant\dfrac{2\pi}{N_1m_{11}}\\ \dfrac{-ap_1m_{12}k_1\omega_1^2\sin\left[m_{12}\left(\theta_1-\dfrac{2\pi}{N_1m_{11}}\right)+\dfrac{2\pi}{N_1}\right]}{\left\{a\pm p_1-ak_1\cos\left[m_{12}\left(\theta_1-\dfrac{2\pi}{N_1m_{11}}\right)+\dfrac{2\pi}{N_1}\right]\right\}^2}, & \dfrac{2\pi}{N_1m_{11}}<\theta_1\leqslant\dfrac{2\pi}{N_1m_{11}}+\dfrac{2\pi}{N_1m_{12}}\\ \dfrac{-ap_1m_{1j}k_1\omega_1^2\sin\left[m_{1j}\left(\theta_1-\sum\limits_{k=1}^{j-1}\dfrac{2\pi}{N_1m_{1k}}\right)+\dfrac{2\pi(j-1)}{N_1}\right]}{\left[a\pm p_1-ak_1\cos\left[m_{1j}\left(\theta_1-\sum\limits_{k=1}^{j-1}\dfrac{2\pi}{N_1m_{1k}}\right)+\dfrac{2\pi(j-1)}{N_1}\right]\right]^2}, & \sum\limits_{k=1}^{j-1}\dfrac{2\pi}{N_1m_{1k}}<\theta_1\leqslant\sum\limits_{k=1}^{j}\dfrac{2\pi}{N_1m_{1k}}\end{cases}\tag{2.88}$$

因此，本书提出的多段变性椭圆齿轮及其齿轮副，涵盖了主动轮为椭圆齿轮传动、二段变性椭圆齿轮传动，并将节曲线变性段数拓展至三段以上，为设计符合精确传动要求的非圆齿轮副奠定了理论基础。

3. 高阶多段变性椭圆

高阶二段变性椭圆齿轮的节曲线在一个周期内仅分为二段，传动比调节能力有限。结合高阶二段变性椭圆齿轮和多段变性椭圆齿轮性质，提出高阶多段变性椭圆齿轮，将一个周期内节曲线分为有限多段，可更好地满足传动比多变的要求，降低非圆齿轮的设计难度，并提高传动性能。

将高阶二段变性椭圆一个周期内的曲线分为 N（$N\geqslant3$）段进行变性，每段都是变性椭圆，即可构成高阶多段变性椭圆，见式(2.89)：

$$\begin{cases}r_{1i1}=\dfrac{p_1}{1-k_1\cos\left[n_1m_{11}(\theta_1-g_1)\right]}, & g_1<\theta_1\leqslant g_1+g_2\\ r_{1i2}=\dfrac{p_1}{1-k_1\cos\left[n_1m_{12}(\theta_1-g_1-g_2)+\dfrac{2\pi}{N_1}\right]}, & g_1+g_2<\theta_1\leqslant g_1+g_2+g_3\\ r_{1ij}=\dfrac{p_1}{1-k_1\cos\left[n_1m_{1j}\left(\theta_1-g_1-\sum\limits_{k=1}^{j-1}\dfrac{2\pi}{N_1n_1m_{1k}}\right)+\dfrac{2\pi(j-1)}{N_1}\right]}, & g_1+\sum\limits_{k=1}^{j-1}\dfrac{2\pi}{N_1n_1m_{1k}}<\theta_1\leqslant g_1+\sum\limits_{k=1}^{j}\dfrac{2\pi}{N_1n_1m_{1k}}\\ p_1=A_1\left(1-k_1^2\right),\quad g_1=\dfrac{2\pi(i-1)}{n_1},\quad g_2=\dfrac{2\pi}{N_1n_1m_{11}},\quad g_3=\dfrac{2\pi}{N_1n_1m_{12}}\end{cases}\tag{2.89}$$

式中，$j=1,2,\cdots,N_1$；r_{1ij} 为第 i 周期第 j 变性段极径；变性系数 m_{1k} 也需满足式(2.75)，且 $m_{1k}>1/N_1$；其余参数含义同前述。

图 2.2 为两例高阶多段变性椭圆，图 2.2(a)和(b)的齿轮参数仅阶数不同，它们节曲线每个周期内均为三段变性椭圆曲线。

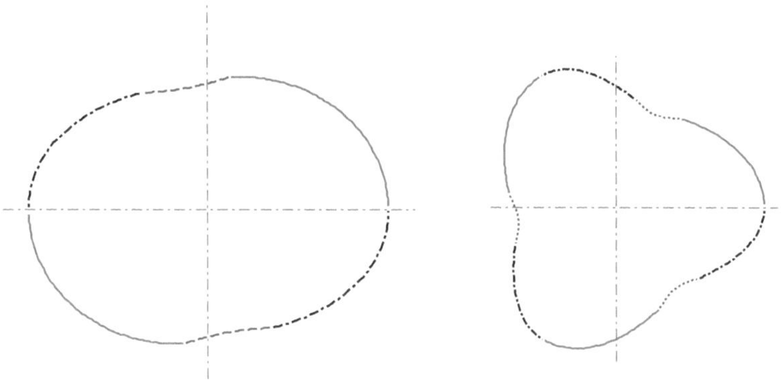

(a) m_{11}=0.75; m_{12}=1.50; m_{13}=1.00; n_1=2; A_1=150; k_1=0.20; N_1=3

(b) m_{11}=0.75; m_{12}=1.50; m_{13}=1.00; n_1=3; A_1=150; k_1=0.20; N_1=3

图 2.2　高阶多段变性椭圆曲线

由式(2.89)及图 2.2 可见，任意周期 i 内，当 $\theta_1=\dfrac{2\pi(j-1)}{n_1}+\sum\limits_{k=1}^{j-1}\dfrac{2\pi}{N_1 n_1 m_{1k}}$ 时，有

$$r_{1ij}=r_{1i(j-1)}=\frac{p_1}{1-k_1\cos\dfrac{2\pi(j-1)}{N_1}} \tag{2.90}$$

可见，周期内各段变性椭圆首尾相接。任意两周期 i 和 i–1 间，当 $\theta_1=\dfrac{2\pi(i-1)}{n_1}$ 和 $\dfrac{2\pi(i-1)}{n_1}+\sum\limits_{k=1}^{N_1}\left(\dfrac{2\pi}{N_1 n_1 m_{1k}}\right)$ 时，有

$$r_{1i1}=r_{1(i-1)N_1}=A_1(1+k_1) \tag{2.91}$$

可见，周期间各段变性椭圆也首尾相接。

因此，式(2.89)刻画的高阶多段变性椭圆，曲线各段在极角 2π 范围内首尾相接，以 $2\pi/n_1$ 为周期构成封闭曲线，是椭圆族曲线普遍的数学表达式，现有的高阶椭圆、多段变性椭圆、高阶二段变性椭圆均为高阶多段变性椭圆的特例。通过合理调整半长轴 A_1、偏心率 k_1、分段数 N、阶数 n_1 及变性系数 m_{1k} 等参数，可获

得由多段变性椭圆构成的周期性或非周期性的自由形状曲线。

由于高阶多段变性椭圆节曲线的形状是自由的，高阶多段变性椭圆齿轮副的传动比可以灵活调节，从而为机构设计带来便捷，并可拓展椭圆族封闭齿轮的应用范围。

根据非圆齿轮理论，对于高阶多段变性椭圆齿轮，为使齿轮能在节曲线上均匀分布，当主动轮的法向模数 m_n、齿数 z_1、螺旋角 β_c 及变性系数 m_{1k}、阶数 n_1、分段数 N_1、偏心率 k_1 确定后，节曲线周长 L_1 须满足式(2.18)；另外，节曲线周长又须满足式(2.78)。

联立式(2.18)和式(2.78)，代入式(2.89)，采用 MATLAB 的 quadl(L,0,π/2,tol)命令进行数值积分，即可确定主动轮半长轴 A_1。

对于主动轮 1 和从动轮 2 构成的非圆齿轮传动，传动比为

$$i_{12}=\begin{cases}\dfrac{a\pm p_1-ak_1\cos\left[n_1m_{11}(\theta_1-g_1)\right]}{p_1}, & g_1<\theta_1\leqslant g_1+g_2\\ \dfrac{a\pm p_1-ak_1\cos\left[n_1m_{12}(\theta_1-g_1-g_2)+\dfrac{2\pi}{N_1}\right]}{p_1}, & g_1+g_2<\theta_1\leqslant g_1+g_2+g_3\\ \dfrac{a\pm p_1-ak_1\cos\left[n_1m_{1j}\left(\theta_1-g_1-\sum\limits_{k=1}^{j-1}\dfrac{2\pi}{N_1n_1m_{1k}}\right)+\dfrac{2\pi(j-1)}{N_1}\right]}{p_1}, & \\ \qquad g_1+\sum\limits_{k=1}^{j-1}\dfrac{2\pi}{N_1n_1m_{1k}}<\theta_1\leqslant g_1+\sum\limits_{k=1}^{j}\dfrac{2\pi}{N_1n_1m_{1k}} & \end{cases} \tag{2.92}$$

从动轮 2 的封闭条件为

$$\frac{2\pi}{n_2}=\int_0^{\frac{2\pi}{n_1}}\frac{1}{i_{12}}\mathrm{d}\theta_1=\int_0^{\frac{2\pi}{N_1n_1m_{11}}}\frac{p_1}{a\pm p_1-ak_1\cos(n_1m_{11}\theta_1)}\mathrm{d}\theta_1$$
$$+\sum_{j=2}^{N_1}\int_{\sum\limits_{k=1}^{j-1}\frac{2\pi}{N_1n_1m_{1k}}}^{\sum\limits_{k=1}^{j}\frac{2\pi}{N_1n_1m_{1k}}}\frac{p_1}{a\pm p_1-ak_1\cos\left[n_1m_{1j}\left(\theta_1-\sum\limits_{k=1}^{j-1}\dfrac{2\pi}{N_1n_1m_{1k}}\right)+\dfrac{2\pi(j-1)}{N_1}\right]}\mathrm{d}\theta_1 \tag{2.93}$$

根据式(2.93)，可确定中心距 a。由式(2.23)和式(2.93)得

$$
\theta_2=\begin{cases}
\dfrac{2\pi(i-1)}{n_2}+\displaystyle\int_0^{\theta_1}\frac{p_1}{a\pm p_1-ak_1\cos(n_1m_{11}\theta_1)}\mathrm{d}\theta_1, \quad \theta_1\leqslant\dfrac{2\pi}{N_1n_1m_{11}}\\
\dfrac{2\pi(i-1)}{n_2}+\displaystyle\int_0^{\frac{2\pi}{N_1n_1m_{11}}}\frac{p_1}{a\pm p_1-ak_1\cos(n_1m_{11}\theta_1)}\mathrm{d}\theta_1\\
\quad+\displaystyle\int_{\frac{2\pi}{N_1n_1m_{11}}+\frac{2\pi}{N_1n_1m_{12}}}^{\theta_1}\frac{p_1}{a\pm p_1-ak_1\cos\left[n_1m_{12}\left(\theta_1-\dfrac{2\pi}{N_1n_1m_{11}}\right)+\dfrac{2\pi}{N_1}\right]}\mathrm{d}\theta_1,\\
\qquad\qquad\dfrac{2\pi}{N_1n_1m_{11}}<\theta_1\leqslant\dfrac{2\pi}{N_1n_1m_{11}}+\dfrac{2\pi}{N_1n_1m_{12}}\\
\dfrac{2\pi(i-1)}{n_2}+\displaystyle\int_0^{\frac{2\pi}{N_1n_1m_{11}}}\frac{p_1}{a\pm p_1-ak_1\cos(n_1m_{11}\theta_1)}\mathrm{d}\theta_1\\
\quad+\displaystyle\sum_{j=2}^{N_1-1}\int_{\sum_{k=1}^{j-1}\frac{2\pi}{N_1n_1m_{1k}}}^{\sum_{k=1}^{j}\frac{2\pi}{N_1n_1m_{1k}}}\frac{p_1}{a\pm p_1-ak_1\cos\left[n_1m_{1j}\left(\theta_1-\displaystyle\sum_{k=1}^{j-1}\dfrac{2\pi}{N_1n_1m_{11}}\right)+\dfrac{2\pi(j-1)}{N_1}\right]}\mathrm{d}\theta_1\\
\quad+\displaystyle\int_{\sum_{k=1}^{N_1-1}\frac{2\pi}{N_1n_1m_{1k}}}^{\theta_1}\frac{p_1}{a\pm p_1-ak_1\cos\left[n_1m_{1j}\left(\theta_1-\displaystyle\sum_{k=1}^{j-1}\dfrac{2\pi}{N_1n_1m_{1k}}\right)+\dfrac{2\pi(j-1)}{N_1}\right]}\mathrm{d}\theta_1,\\
\qquad\qquad\displaystyle\sum_{k=1}^{j-1}\frac{2\pi}{N_1n_1m_{1k}}<\theta_1\leqslant 2\pi\sum_{k=1}^{j}\frac{2\pi}{N_1n_1m_{1k}}
\end{cases}
\tag{2.94}
$$

式中，$i=1,2,\cdots,n_2$。

由式(2.23)和式(2.94)得

$$
\begin{cases}
r_{2i1}=a\pm\dfrac{p_1}{1-k_1\cos\left\{n_1m_{11}\left[\theta_1-\dfrac{2\pi(i-1)}{n_1}\right]\right\}}, \quad \dfrac{2\pi(i-1)}{n_1}<\theta_1\leqslant\dfrac{2\pi(i-1)}{n_1}+\dfrac{2\pi}{Nn_1m_{11}}\\
r_{2i2}=a\pm\dfrac{p_1}{1-k_1\cos\left\{n_1m_{12}\left[\theta_1-\dfrac{2\pi(i-1)}{n_1}-\dfrac{2\pi}{Nn_1m_{11}}\right]+\dfrac{2\pi}{N}\right\}},\\
\qquad\qquad\dfrac{2\pi(i-1)}{n_1}+\dfrac{2\pi}{Nn_1m_{11}}<\theta_1\leqslant\dfrac{2\pi(i-1)}{n_1}+\dfrac{2\pi}{Nn_1m_{11}}+\dfrac{2\pi}{Nn_1m_{12}}
\end{cases}
$$

$$\begin{cases} r_{2ij} = a \pm \dfrac{p_1}{1 - k_1 \cos\left\{ n_1 m_{1j} \left[\theta_1 - \dfrac{2\pi(i-1)}{n_1} - \sum\limits_{k=1}^{j-1} \dfrac{2\pi}{N n_1 m_{1k}} \right] + \dfrac{2\pi(j-1)}{N} \right\}}, \\ \dfrac{2\pi(i-1)}{n_1} + \sum\limits_{k=1}^{j-1} \dfrac{2\pi}{N n_1 m_{1k}} < \theta_1 \leqslant \dfrac{2\pi(i-1)}{n_1} + \sum\limits_{k=1}^{j} \dfrac{2\pi}{N n_1 m_{1k}} \end{cases} \tag{2.95}$$

可见，从动轮节曲线是n_2阶N_1段非圆齿轮，不是高阶多段变性椭圆齿轮。由式(2.94)和式(2.95)可见，从动轮每个周期内的分段数$N_2 = N_1$。下面按分段数N_1的不同进行分析。

(1) 当$N_1 = 1$时，$m_{1k} = 1$、$N_2 = 1$，主动轮节曲线本质上就是高阶椭圆。高阶多段变性椭圆齿轮传动本质上就是高阶椭圆齿轮的传动。

(2) 当$N_1 = 2$时，主动轮节曲线本质上是高阶二段变性椭圆，如式(2.57)所示。高阶多段变性椭圆齿轮传动本质上就是高阶二段变性椭圆齿轮的传动。

(3) 当$N_1 \geqslant 3$时，从动轮节曲线是n_2阶N_1段非圆齿轮，不再是多段变性椭圆齿轮。

另外，当$n_1 = 1$时，高阶多段变性椭圆齿轮传动退化为多段变性椭圆齿轮传动。

因此，本书提出的高阶多段变性椭圆齿轮及其齿轮副，具有广泛性，涵盖了高阶椭圆齿轮(包括椭圆齿轮)及其齿轮副的传动、多段变性椭圆齿轮传动(包括传统的二段变性椭圆齿轮)，并且包括了前面所述的高阶二段变性椭圆齿轮，在理论上具有更强的概括性及统一性，在实践上具有更广的实用性。

2.2　非圆齿轮齿廓/齿面设计

2.2.1　非圆齿轮齿廓构建

非圆齿轮节曲线为非圆形的特点，导致节曲线不同位置的轮齿不同，同一轮齿的左右齿形也存在差异，这些特点造成了非圆齿轮的实体模型难以创建。而非圆齿轮实体模型的创建，对于含有非圆齿轮副机构的运动学仿真分析、非圆齿轮的线切割加工和平衡结构设计等具有重要意义。目前非圆齿轮的齿廓构建方法主要有以下三种。

(1) 当量齿形法：将非圆齿轮节曲线按照等齿距方法离散为一系列离散点，求出每个离散点处的当量曲率半径，然后逐次绘制出以当量曲率半径为节圆半径的圆柱齿轮齿形。该方法的建模精度较差，所创建的模型无法实现非圆齿轮副的精确啮合。

(2) 齿廓计算法：通过计算齿廓离散点坐标来获取非圆齿轮齿廓并创建模型，计算方法可分为直接计算法和间接计算法。直接计算法根据非圆齿轮节曲线方程，推导出每个轮齿的左右齿廓方程并求解齿廓，该方法不适用于节曲线有内凹的非圆齿轮且无法对齿根过渡圆角部分进行计算[10]；间接计算法通过建立齿条插齿刀或圆齿轮插齿刀的数学模型，计算出齿条中线或插齿刀节圆在沿非圆齿轮节曲线纯滚动过程中齿条齿廓或插齿刀齿廓产生的包络点，间接确定齿廓离散点，该方法获取齿廓的过程比较复杂[8-12]。

(3) 刀具包络法：采用对机械设计三维软件的二次开发，建立齿坯和刀具的三维模型，然后通过二者布尔差的方法建立非圆齿轮的实体模型，该方法具有较高的建模效率且适用于斜齿非圆齿轮的模型创建[13]。

本节将着重论述基于刀具包络法的非圆齿轮实体建模方法，对齿条刀具和圆齿轮刀具沿非圆齿轮节曲线纯滚动数学模型的建立、齿廓建模的实施过程和误差评价进行叙述。

2.2.2　非圆齿轮齿廓图解法

1. 齿廓形成特征点获取

采用齿条刀具加工非圆齿轮的过程，从运动学方面可理解为齿条节线与非圆齿轮节曲线的纯滚动过程。根据共轭齿廓的啮合原理，可知非圆齿轮齿廓为齿条齿廓在运动过程中的直线族所产生的包络曲线。

1) 平面包络运动数学模型

齿条齿廓对非圆齿轮齿廓的包络过程，需从数学的角度描述齿条中线沿非圆齿轮节曲线的纯滚动。建立如图 2.3 所示的坐标系。

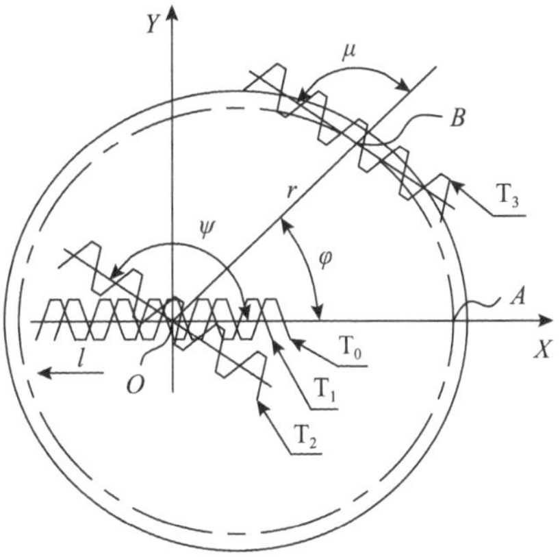

图 2.3　齿条包络运动实现示意图

如图 2.3 所示，在坐标系 $O\text{-}XY$ 中，非圆齿轮齿坯的节曲线极坐标原点与点 O 重合，齿条 T_0 的节线与 X 轴重合，点 A 为齿条节线相对于非圆齿轮节曲线纯滚动的起点，点 B 为齿条节线纯滚动至节曲线上的某一点，此时齿条记为 T_3。齿条 T_3 可由齿条 T_0 通过平面运动变换而来，齿条 T_0 向左平移距离 l 得到齿条 T_1，齿条 T_1 绕点 O 逆时针旋转角度 ψ 得到齿条 T_2，齿条 T_2 由点 O 平移至点 B 得到齿条 T_3。

设非圆齿轮节曲线极坐标方程为 $r=r(\varphi)$，齿轮模数为 m，节曲线上点 A 到

点 B 的弧长为 S_{AB}，点 B 的极切角为 μ，则齿条平面运动所需的各参量为

$$\begin{cases} l = S_{AB} - \pi m \mathrm{fix}\left(S_{AB} / (\pi m)\right) \\ \psi = \varphi + \mu \end{cases} \tag{2.96}$$

式中，fix(·)为向零取整函数。

通过在非圆齿轮节曲线上获取系列离散点，并求得各个离散点所对应的齿条包络姿态，可得到齿条对非圆齿轮的包络轨迹。由于非圆齿轮副啮合过程有对号啮合特点，即需要在节曲线特定的位置指定分布齿槽或轮齿，该问题可通过调整齿条 T_0 的齿顶中点或使齿槽中点位于 Y 轴上进行实现。

2)齿廓形成特征点的产生

非圆齿轮的理论齿廓应为齿条齿廓在包络运动中形成的直线族的包络曲线，以及齿条齿顶点所形成的长幅渐开线，但鉴于非圆齿轮各齿形的差异性较大，直接从数学层面求解理论齿廓的计算十分烦琐复杂。因此可以从形成理论齿廓的包络直线族出发，从中提取逼近理论齿廓的数据点，如此使非圆齿轮的齿廓求解过程简洁、高效。齿条齿廓对非圆齿轮的包络轨迹如图 2.4 所示。

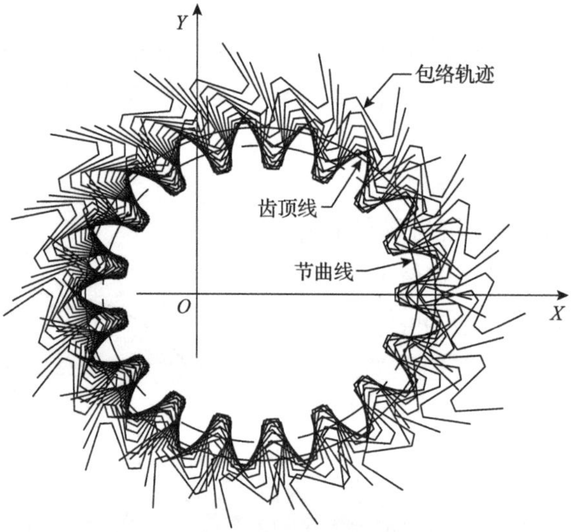

图 2.4　齿条齿廓对非圆齿轮的包络轨迹

如图 2.4 所示，齿条齿廓的运动轨迹可以包络出非圆齿轮的齿形轮廓，其中包络过程的局部放大示意图如图 2.5 所示。

如图 2.5 所示，点 P_1～P_{10} 顺序依次连接构成理论齿廓曲线的基本外形，将这些点称为齿廓形成特征点，其中点 P_1～P_6 构成齿廓曲线的啮合部分，点 P_7～P_{10} 构成齿根部分。对于这些齿廓形成特征点的产生，也可以这样理解，将齿条和齿

坯均视为实体，每当齿条运动到一个具体位置时，均用齿坯减去齿条，如此便可以在齿坯上产生齿条切削后的齿廓形状，得到齿廓形成特征点。按照该方法，借助三维建模软件的二次开发接口，完成齿条切除齿坯过程中齿坯材料的删减，以及齿廓形成特征点的产生。由齿廓形成特征点构成的齿廓外形如图 2.6 所示。

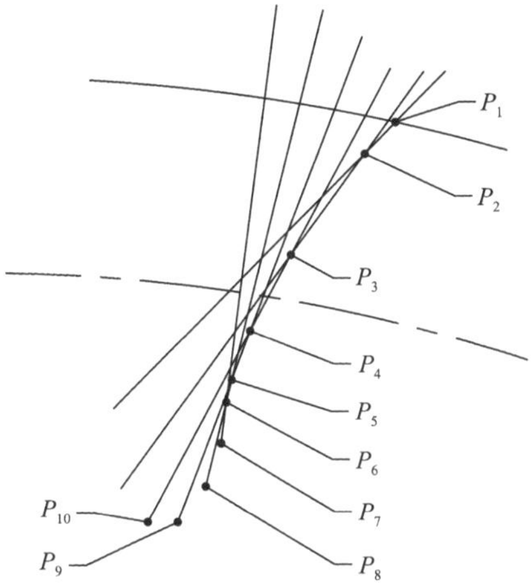

图 2.5　包络过程的局部放大示意图

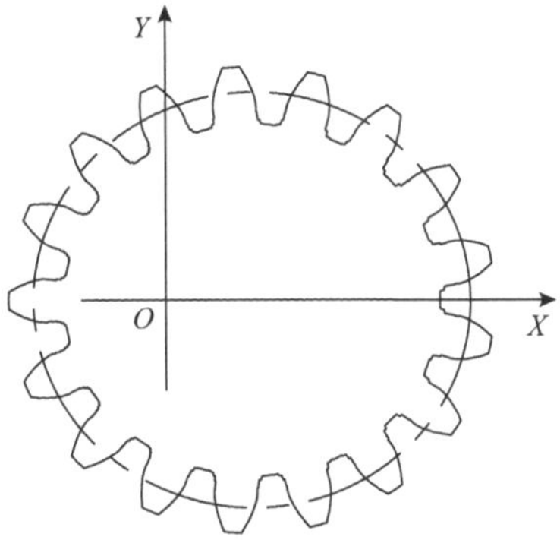

图 2.6　由齿廓形成特征点构成的齿廓外形

取图 2.6 所对应的齿廓为对象，齿廓外形的局部放大示意图如图 2.7 所示。

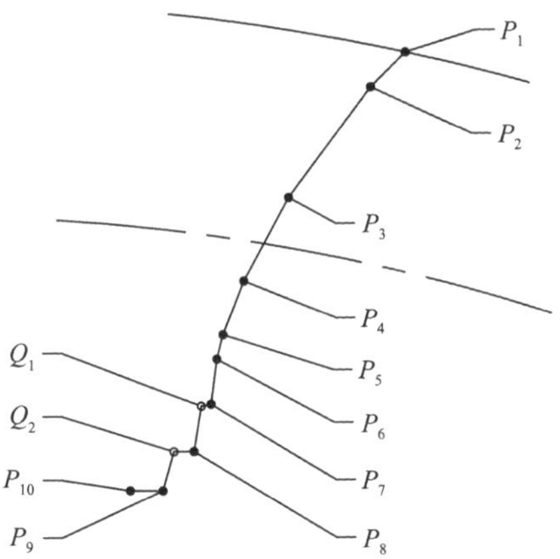

图 2.7　齿廓外形的局部放大示意图

如图 2.7 所示，在齿条切削齿坯所留下的齿廓外形上，除齿廓形成特征点外，还存在一些无效数据点(如点 Q_1 和 Q_2)，需从中提取有效的齿廓形成特征点，完成各齿槽曲线的构造。

3) 齿廓形成特征点的提取

图 2.6 所示的齿廓外形包含构成各齿槽曲线的齿廓形成特征点，为了方便程

序处理，这里将齿条切削齿坯所获取的齿廓外形以 DXF 文件格式存储。DXF 文件记录了图形中所有要素的数据点，并且可以被数据处理软件读取和处理。为了便于后续齿廓曲线生成和单齿特性分析，这里对 DXF 文件的处理分为两步：第一，区分各齿槽编号；第二，提取各齿槽中有效的齿廓形成特征点。

构成图 2.6 所示的齿廓外形的要素包含直线段和样条曲线，其中直线段构成各齿槽部分，样条曲线构成各齿槽相隔的齿顶曲线部分。通过分析可知，DXF 文件中对各图形要素的存储具有方向性，例如，齿条以逆时针方向进行包络，得到的图形各要素在 DXF 文件中以顺时针方向首尾相接地进行排列。根据各齿槽之间均由样条曲线分隔这一特点，可进行各齿槽对应数据点的划分，在此基础上，需从构成齿槽的各首尾相接的直线段特征中提取有效的齿廓形成特征点。

如图 2.7 所示，在点 P_1～P_{10} 齿廓形成特征点中，点 P_6 为啮合部分齿廓形成特征点的尾点，点 P_1 为齿条齿廓与齿顶曲线的交点，这里将点 P_6 称为齿廓分界点，P_1 为齿形顶点。点 P_1～P_6 构成的首尾相接多段线中不包含影响齿廓形状的点，理论齿廓曲线为同时与线段 P_1P_2、P_2P_3、P_3P_4、P_4P_5、P_5P_6 相切的曲线。点 P_7～P_{10} 所构成的首尾相接的多段线中，点 P_7、P_8、P_9、P_{10} 均是存在于齿根过渡曲线上的有效点，点 Q_1 和 Q_2 为包络切削过程中产生的中间点，要获取齿根曲线，需剔除点 Q_1 和 Q_2。

为了便于描述，这里将类似点 Q_1 和 Q_2 的点称为齿根形成中间点。视角从齿轮内部观察某一齿槽，位于左手边的齿廓称为左齿廓，位于右手边的齿廓称为右齿廓。构成齿槽各图形要素的局部放大示意图如图 2.8 所示。

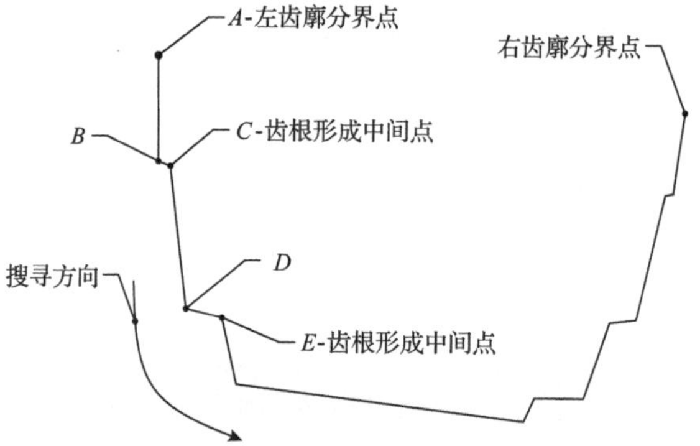

图 2.8　齿槽各图形要素的局部放大示意图

如图 2.8 所示，沿着齿廓形成特征点的搜寻方向，对左齿廓而言，点 B 和 D 是有效的齿廓形成特征点，点 C 和 D 是齿根形成中间点。为了有效地对齿廓形成特征点进行提取，以搜寻方向为前提，通过判断相邻三点所构成三角形的时针方向完成筛选。这里以点 B 的提取和点 C 的舍弃为例，对该方法进行说明，对△ABC 而言，点 A 到 B 到 C 所形成的方向为逆时针方向，对△BCD 而言，点 B 到点 C 到点 D 所形成的方向为顺时针方向。设沿搜寻方向相邻的三点坐标分别为 (x_1, y_1)、(x_2, y_2) 和 (x_3, y_3)，则判断相邻三点依次连接所形成方向的公式为

$$s = (x_1 - x_3)(y_2 - y_3) - (y_1 - y_3)(x_2 - x_3) \tag{2.97}$$

式中，$s > 0$ 表示相邻三点依次连接形成逆时针方向，则中间点为齿廓形成特征点；$s < 0$ 表示相邻三点依次连接形成顺时针方向，则中间点为齿根形成中间点。

通过对 DXF 文件进行数据读取并对各齿槽数据点进行分齿处理以及有效齿廓形成特征点的提取处理，得到的非圆齿轮各轮齿齿廓图如图 2.9 所示。齿廓形成特征点构成的齿廓图的局部放大示意图如图 2.10 所示。

如图 2.9 和图 2.10 所示，经由筛选过的有效齿廓形成特征点构成的齿槽轮廓，从图形构成上已较为接近理论齿槽曲线，若所提取齿廓形成特征点到理论齿廓的逼近误差足够小，则可依据这些点进行曲线插值获取理论齿槽曲线。在这些齿廓形成特征点中，左右齿廓分界点之间的齿廓形成特征点是齿条刀具齿廓顶点的真实位置点，这部分点和理论齿根部曲线之间没有逼近误差；左右齿廓分界点到左右齿槽顶点之间的数据点，首尾相接所构成的多段线是左右啮合部分理论齿廓曲线的相切外接多边形，这部分点到理论齿廓曲线存在大小不等的逼近误差，需对这部分点的逼近误差进行量化分析。

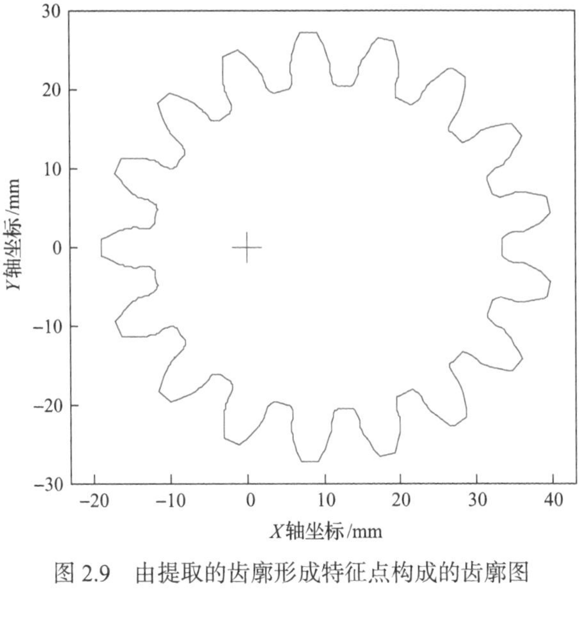

图 2.9　由提取的齿廓形成特征点构成的齿廓图

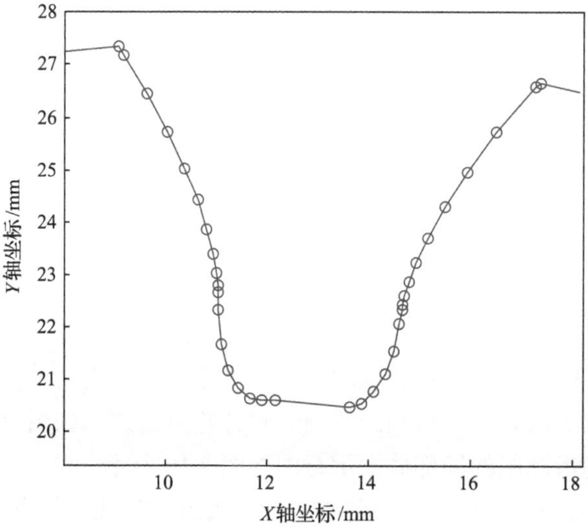

图 2.10　齿廓形成特征点构成的齿廓图的局部放大示意图

2. 特征点分布规律

非圆齿轮的各齿廓具有相异性，每个齿廓的齿廓形成特征点的逼近误差存在差异，不同的包络方法产生的同一齿廓的齿廓形成特征点也存在不同。常见的包络方法有等极角法包络和等弧长法包络，两种包络方法的不同在于节曲线上离散点的获取方法不同，等极角法包络以单位极角为步长获取离散点，等弧长法包络以节曲线上的单位弧长为步长获取离散点。为了对比两种方法对节曲线上不同位置齿廓精度的影响，选取一设计实例，以各齿槽的齿廓形成特征点数量为对比对象。

取一阶椭圆齿轮，齿数 $z=17$，模数 $m=3$，偏心率 $e=0.4$，包络次数 $n=200$，该齿轮在 0°极角位置分布齿槽，且该齿槽记为 1 号齿槽，其他齿槽的编号以逆时针方向递增。采用等极角法包络获取的各齿槽的齿廓形成特征点数量分布如图 2.11 所示。

如图 2.11 所示，等极角法包络获取的各齿槽的齿廓形成特征点数量变化幅度较大，在极径较大处较为稀疏，在极径较小处较为密集。等极角法包络产生的齿廓形成特征点分布特征，将导致在某一包络精度下，各齿槽的齿廓形成特征点对理论齿廓的收敛速度各不相同，不利于获取精度趋于一致的各齿廓，同时部分齿廓的精度达不到误差要求。

相同包络次数下，采用等弧长法包络获取的各齿槽的齿廓形成特征点数量分布如图 2.12 所示。

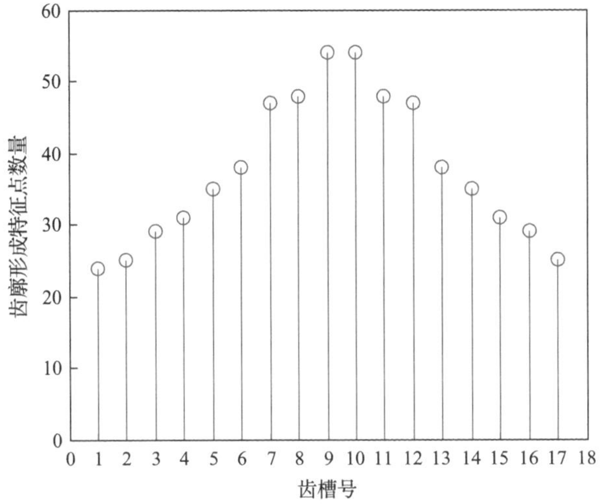

图 2.11　等极角法包络获取的各齿槽的齿廓形成特征点数量分布

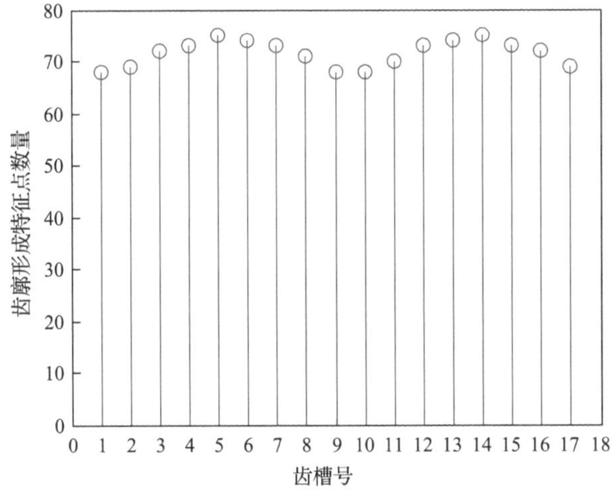

图 2.12　等弧长法包络获取的各齿槽的齿廓形成特征点数量分布

通过图 2.11 和图 2.12 的对比可知，相比于等极角法包络，等弧长法包络所获得齿条包络轨迹疏密程度的不均匀性得到改善，齿廓形成特征点极大值和极小值的差值由 30 降低为 7，有助于提高相同包络次数下，不同位置齿廓精度的一致性。本书选择等弧长法包络作为齿廓形成特征点的求解方法。

3. 齿廓逼近误差分析

1）齿廓形成特征点的精度评价模型

随着包络次数的增加，每个齿槽所包含的齿廓形成特征点也会逐渐增加，形成齿廓啮合部分的齿廓形成特征点到理论齿廓的逼近误差会逐渐变小。根据非圆齿轮的节曲线形状、齿形基本参数和预期的齿廓精度，选取合理的包络次数，是基于图解法获取非圆齿轮齿廓时需要考虑的问题。非圆齿轮的各齿廓具有相异性，在评价各齿廓的齿廓形成特征点到理论齿廓的逼近误差时，难以选取合理的齿廓作为分析对象。以非圆齿轮节曲线上某点的曲率半径为节圆半径定义的圆柱齿轮齿形，称为非圆齿轮在该位置的当量齿形，本书采用当量齿形概念，对齿廓形成特征点到理论齿廓的逼近误差进行分析。当量齿形的齿廓形成特征点求解示意图如图 2.13 所示。

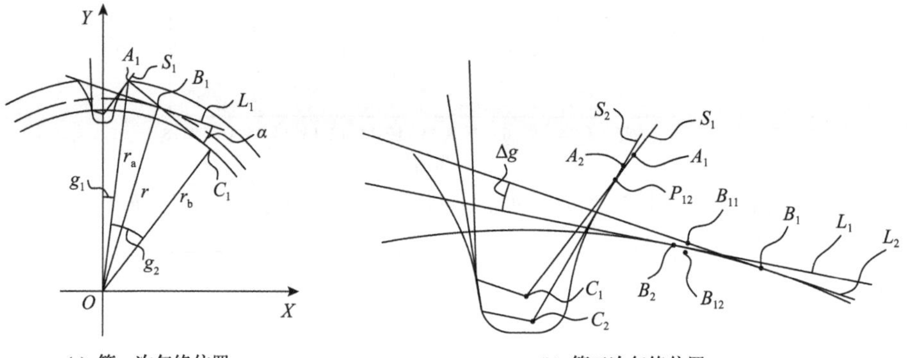

(a) 第一次包络位置　　(b) 第二次包络位置

图 2.13　当量齿形的齿廓形成特征点求解示意图

如图 2.13(a)所示，在坐标系 $O\text{-}XY$ 中，一当量齿轮的齿槽中线与 Y 轴重合，当量齿轮所对应的非圆齿轮节曲线上某点的曲率半径为 r，非圆齿轮的模数为 m，则当量齿轮诱导齿数 $z_{\mathrm{D}} = 2r/m$。设非圆齿轮齿顶高系数为 h_{a}，节曲线上的啮合压力角为 α，则图中所示齿顶圆半径 $r_{\mathrm{a}} = r + m \times h_{\mathrm{a}}$，齿根圆半径 $r_{\mathrm{b}} = r\cos\alpha$。点 A_1 是齿槽的右顶点，也是齿条齿廓 S_1 与齿槽右侧齿廓的切点，这里可以理解为齿条齿廓和齿槽的啮入点。齿条中线 L_1 与当量齿轮的节圆相切于点 B_1，过点 A_1 的当量齿形齿廓法线与当量齿轮的基圆相切于点 C_1。g_1 为 OA_1 与 Y 轴的夹角，其求解公式为

$$g_1 = 0.5\left\{2\pi/z - \left[\pi/z - 2\left(\mathrm{inv}(g_2) - \mathrm{inv}(\alpha)\right)\right]\right\} \tag{2.98}$$

式中，$g_2 = \arccos\left(r_{\mathrm{b}}/r_{\mathrm{a}}\right)$；$\mathrm{inv}(\cdot)$ 为渐开线函数。

由 g_1 和 g_2 可得齿条齿廓 S_1 的斜率 $k_{S_1} = \tan\left(\pi/2 - g_1 - g_2\right)$，结合 A_1 点坐标 $\left(x_{A_1}, y_{A_1}\right)$，可得 S_1 的方程为

$$y = k_{S_1}x + x_{A_1} - k_{S_1}y_{A_1} \tag{2.99}$$

式中，$\left(x_{A_1}, y_{A_1}\right)=\left(r_{\mathrm{a}} \sin g_1, r_{\mathrm{a}} \cos g_1\right)$。

如图 2.13(b)所示，齿条齿廓 S_1 和节线 L_1 运动到下一包络位置时，变为 S_2 和 L_2，其中位于 S_1 上的点 A_1 变为位于 S_2 上的点 A_2，点 B_2 为齿条中线 L_2 与当量齿轮节圆的切点。设在节线 L_1 上，在下一包络位置与齿轮节圆相切的点为 B_{11}，点 B_1 到点 B_{11} 的距离为 Δs，L_2 相对 L_1 转过角度 Δg，则 Δs 和 Δg 分别为

$$\begin{cases}\Delta s=\dfrac{\pi m z}{N} \\ \Delta g=\dfrac{\pi m z}{r N}\end{cases} \tag{2.100}$$

式中，z 为非圆齿轮齿数；N 为求解非圆齿轮齿廓形成特征点时所设定的等弧长包络次数。

根据齿条节线相对齿轮节圆的纯滚动条件及平面运动原理，点 A_2 和点 B_2 均可由点 A_1 和点 B_{11} 绕点 B_1 旋转角度 Δg 并平移位移量 $(\Delta x, \Delta y)$ 得到。设 X 轴与齿条节线 L_1 的夹角为 g_3，点 B_{11} 绕点 B_1 旋转 Δg 后得到点 B_{12}，点 B_{12} 在坐标系 $O\text{-}XY$ 中的坐标为

$$\begin{bmatrix}x_{B_{12}} \\ y_{B_{12}}\end{bmatrix}=\begin{bmatrix}x_{B_1} \\ y_{B_1}\end{bmatrix}+\begin{bmatrix}\cos \Delta g & -\sin \Delta g \\ \sin \Delta g & \cos \Delta g\end{bmatrix}\begin{bmatrix}\Delta s \cos g_3 \\ \Delta s \sin g_3\end{bmatrix} \tag{2.101}$$

式中，$g_3=\alpha-g_1-g_2+\pi$。

设 X 轴与 OB_1 的夹角为 g_4，由 $OB_1 \perp L_1$ 得 $g_4=\arctan\left(-1 / \tan g_3\right)$，则点 B_2 的坐标为

$$\left(x_{B_2}, y_{B_2}\right)=\left(r \cos \left(g_4+\Delta g\right), r \sin \left(g_4+\Delta g\right)\right) \tag{2.102}$$

结合式(2.101)和式(2.102)，得

$$(\Delta x, \Delta y)=\left(x_{B_2}, y_{B_2}\right)-\left(x_{B_{12}}, y_{B_{12}}\right) \tag{2.103}$$

设点 A_1 绕点 B_1 旋转角度 Δg 后得到点 A_{12}，点 A_1 到点 B_1 的距离为 $S_{A_1 B_1}$，X 轴与直线 $A_1 B_1$ 的夹角为 g_5，点 A_{12} 的坐标为

$$\begin{bmatrix}x_{A_{12}} \\ y_{A_{12}}\end{bmatrix}=\begin{bmatrix}x_{B_1} \\ y_{B_1}\end{bmatrix}+\begin{bmatrix}\cos \Delta g & -\sin \Delta g \\ \sin \Delta g & \cos \Delta g\end{bmatrix}\begin{bmatrix}S_{A_1 B_1} \cos g_5 \\ S_{A_1 B_1} \sin g_5\end{bmatrix} \tag{2.104}$$

式中，$g_5=\arctan \left[\left(y_{B_1}-y_{A_1}\right) /\left(x_{B_1}-x_{A_1}\right)\right]$。

结合式(2.103)和式(2.104)，得点 A_2 的坐标为

$$\left(x_{A_2}, y_{A_2}\right) = \left(x_{A_{12}}, y_{A_{12}}\right) + \left(\Delta x, \Delta y\right) \tag{2.105}$$

由齿条齿廓 S_1 的斜率 k_{S_1} 可得齿条齿廓 S_2 的斜率 $k_{S_2} = \tan\left(\pi/2 - g_1 - g_2 + \Delta g\right)$，然后结合式(2.105)，得齿条齿廓 S_2 的方程为

$$y = k_{S_2} x + x_{A_2} - k_{S_2} y_{A_2} \tag{2.106}$$

至此，可根据式(2.99)和式(2.106)求出齿条齿廓第二次包络位置和第一次包络位置的交点 P_{12}，依次类推，可求解后续相邻两次包络位置的齿条齿廓交点，直到齿条齿廓与当量齿轮理论齿廓脱离啮合。齿条与当量齿轮的脱啮位置，可通过后一次包络位置齿条齿廓的齿顶点 C_n 与前一次包络位置齿条齿廓 S_{n-1} 的位置关系进行判断，当 C_n 首次出现在 S_{n-1} 的左边时，表明齿条齿廓与齿轮齿廓已脱离啮合。如图 2.13(b)所示，判断第二次包络位置齿条齿廓的齿顶点 C_2 与第一次包络位置齿条齿廓 S_1 的位置关系，可参照式(2.105)通过判断点 C_1 到点 C_2 再到点 A_1 依次连接所构成的三角形的顺逆时针方向，$\triangle C_1C_2A_1$ 的方向性为逆时针，则表明 C_2 位于 S_1 的右侧，齿条齿廓与齿轮齿廓尚未脱离啮合。

根据前面所述方法，可求解构成当量齿轮啮合部分齿廓形成特征点，取 $m=3\text{mm}$、$z_D = 30$、$h_a = 1$、$\alpha = 20°$、$N_D = 200$，这里 N_D 为当量离散份数且 $N_D = \pi m z_D / \Delta s$，计算得到的当量齿轮啮合部分齿廓形成特征点如图 2.14 所示。

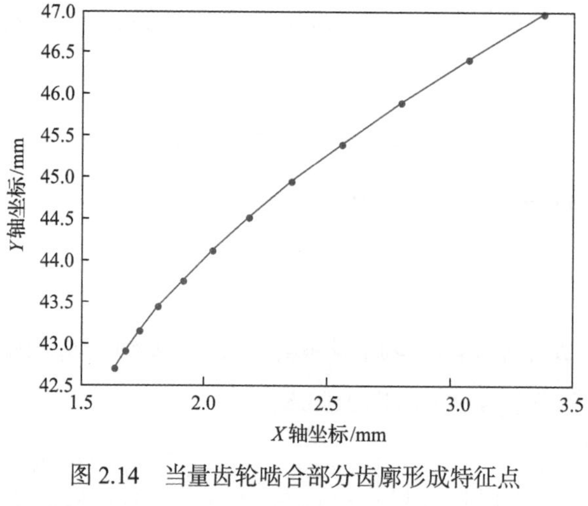

图 2.14　当量齿轮啮合部分齿廓形成特征点

在获取当量齿轮齿廓形成特征点的基础上，可对这些点到理论齿廓的逼近误差进行分析，图 2.13(a)所示齿槽右侧啮合部分齿廓上某点坐标$\left(x_1, y_1\right)$可表达为关

于该点的压力角 α_1 的函数：

$$\begin{cases} x_1 = r_b / \left[\cos\alpha_1 \sin\left(\operatorname{inv}(\alpha_1) + \Delta\theta\right)\right] \\ y_1 = r_b / \left[\cos\alpha_1 \cos\left(\operatorname{inv}(\alpha_1) + \Delta\theta\right)\right] \end{cases} \tag{2.107}$$

式中，r_b 为当量齿轮的基圆半径，并有 $\alpha_1 \in [0, g_2]$，$\Delta\theta = g_1 - \operatorname{inv}(g_2)$。

设某一齿廓形成特征点的坐标为 (x_0, y_0)，该点到理论齿廓上各点的距离可表达为关于 α_1 的函数：

$$f(\alpha_1) = \sqrt{(x_0 - x_1)^2 + (y_0 - y_1)^2} \tag{2.108}$$

这里称 $f(\alpha_1)$ 的最小值为齿廓形成特征点到理论齿廓的逼近误差，该逼近误差也是齿廓形成特征点到理论齿廓的距离。令 $f'(\alpha_1) = 0$，可求得理论齿廓上到齿廓形成特征点距离最近点的压力角 α_1，然后根据式(2.107)和式(2.108)求解逼近误差。这里令图 2.14 中 X 轴最右端的点为 1 号点，最左端的点为 12 号点，则该图所示各齿廓形成特征点到理论齿廓的逼近误差如图 2.15 所示。

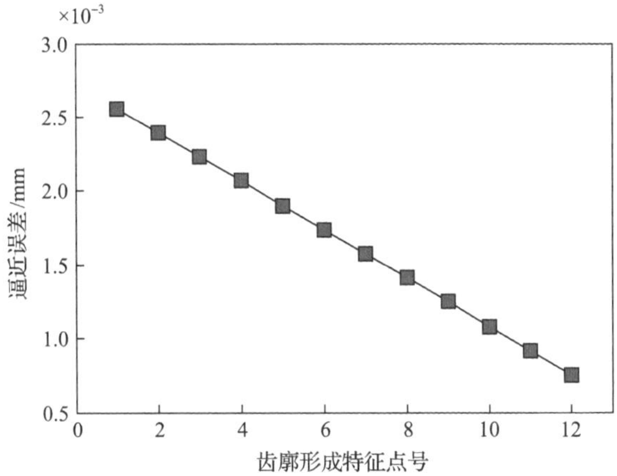

图 2.15　齿廓形成特征点到理论齿廓的逼近误差

理论齿廓是与各齿廓形成特征点首尾相连所构成的多段线相切的曲线，切点存在于两相邻齿廓形成特征点的相连线段上，齿廓形成特征点形成理论齿廓的示意图如图 2.16 所示。

如图 2.16 所示，理论齿廓分别与齿廓形成特征点构成的线段 AB 和 BC 相切，点 A、B 和 C 到理论齿廓的逼近误差大于线段 AB 和 BC 上其他点产生的逼近误差，本节选取两相邻齿廓形成特征点所连线段的中点作为新齿廓形成特征点，以提高对理论齿廓的收敛速度。图 2.14 所示各点所衍生的新齿廓形成特征点到理论齿廓的逼近误差如图 2.17 所示。

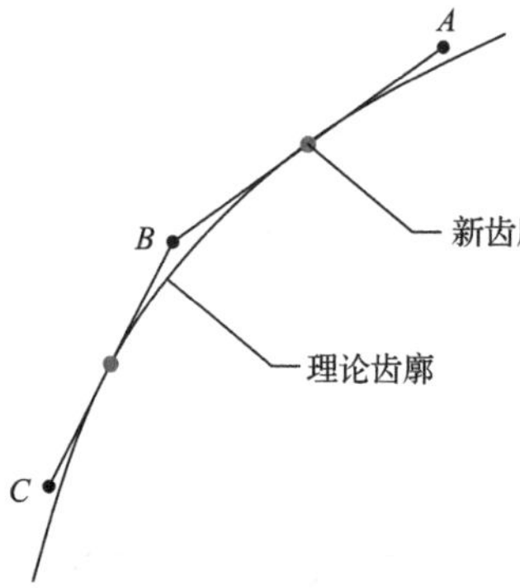

图 2.16　齿廓形成特征点形成理论齿廓的示意图

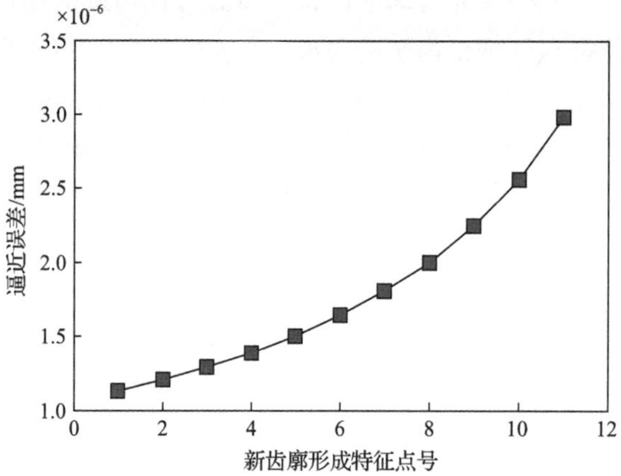

图 2.17　新齿廓形成特征点到理论齿廓的逼近误差

通过对图 2.15 和图 2.17 的对比分析可知，齿廓形成特征点到理论齿廓的逼近误差从齿顶到齿根部呈现递减趋势，新齿廓形成特征点到理论齿廓的逼近误差从齿顶到齿根部呈现递增趋势，但新齿廓形成特征点所产生的逼近误差相比于原齿廓形成特征点，降低了三个数量级，极大地提高了对理论齿廓的收敛速度。

2)包络次数的分析及选取

在确定非圆齿轮的具体设计参数后，应选择合理的包络次数，使齿廓形成特征点对理论齿廓的逼近误差达到预期要求。因此需要研究逼近误差与当量包络次数 N_D、齿数 Z_D 和模数 m 的关系。方便起见，这里引入单齿包络次数概念，记为 $n = N_D / Z_D$。

(1) Z_D 和 m 保持不变，n 不同。逼近误差的计算实例取 $m = 3\text{mm}$、$h_a = 1$、$\alpha = 20°$、$Z_D = 20$、$n = 5\sim12$，得到的最大逼近误差 δ_{max} 随单齿包络次数的变化趋势如图 2.18 所示。

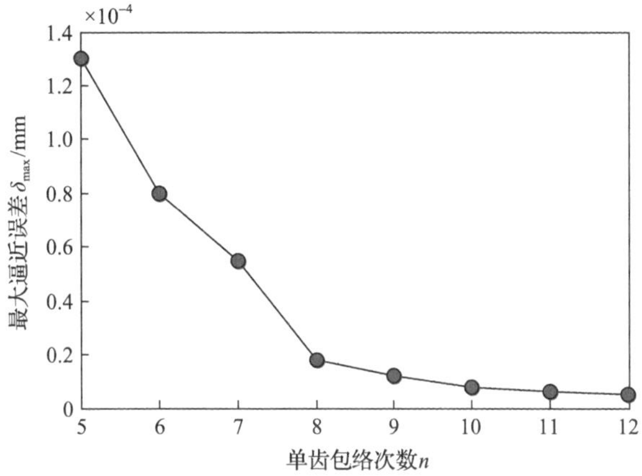

图 2.18　最大逼近误差随单齿包络次数的变化趋势

(2) Z_D 和 n 保持不变，m 不同。逼近误差的计算实例取 $n=10$ 、$h_a=1$ 、$\alpha=20°$ 、$Z_D=20$ 、$m=1\sim6$ ，得到的最大逼近误差 δ_{max} 随模数的变化趋势如图 2.19 所示。

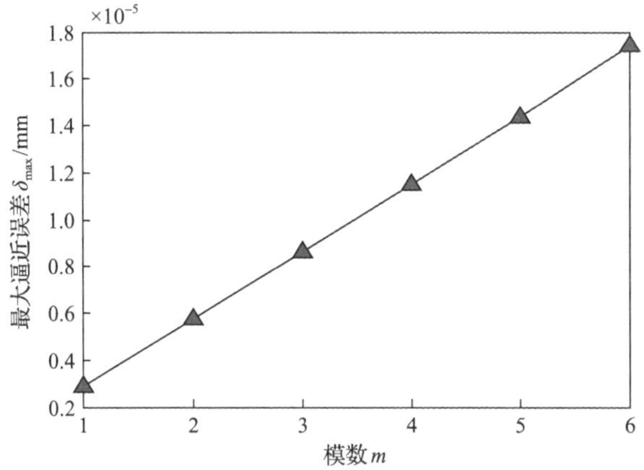

图 2.19　最大逼近误差随模数的变化趋势

(3) m 和 n 保持不变，Z_D 不同。逼近误差的计算实例取 $n=10$ 、$h_a=1$ 、$\alpha=20°$ 、$m=3$ 、$Z_D=20\sim40$ ，得到的最大逼近误差 δ_{max} 随当量齿数的变化趋势如图 2.20 所示。

根据图 2.18～图 2.20，可得出以下结论：最大逼近误差 δ_{max} 随单齿包络次数 n 的增加呈现递减特性，并且变化越来越缓，当 n 达到 10 次以上时，δ_{max} 可达到 10^{-6} 数量级；最大逼近误差 δ_{max} 随模数 m 的增加呈现线性递增特性，δ_{max} 随 m 增大的比例系数约为 2.88×10^{-6} ，m 的变化对 δ_{max} 的影响可以不作为影响包络次数

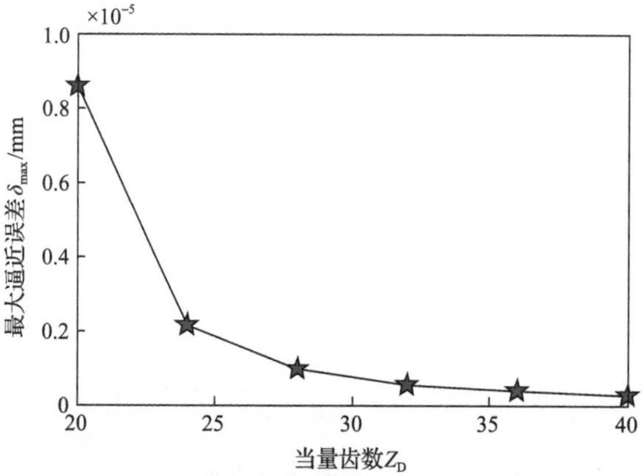

图 2.20　最大逼近误差随当量齿数的变化趋势

选取的主要因素；最大逼近误差δ_{max}随当量齿数Z_D的增加呈现递减特性，在进行包络次数选取时，需重点考虑节曲线的最小曲率半径位置。一般来讲，在单齿包络次数n达到 10 次以上时，模数m和当量齿数Z_D的变化对最大逼近误差δ_{max}的影响均可忽略不计，通常取$n=15$即可达到使δ_{max}满足10^{-6}数量级的精度要求。

3) 齿槽顶端点的误差估计

基于上述的齿廓形成特征点获取方法，可以获得高精度逼近理论齿廓曲线的数据点。在齿廓曲线啮合部分，采用提取构成齿廓微小直线段中点的方案，而齿槽曲线的两个顶端点采用实际包络过程产生的数据点。这里对实际包络过程所产生的齿槽顶端点对理论齿廓曲线的逼近误差进行估计，齿槽顶端点的形成示意图如图 2.21 所示。

如图 2.21 所示，点A为理论齿廓的顶端点，点B为包络过程所产生的顶端点，直线l_1为齿槽形成过程的最后一条包络线，点C为l_1与前一条包络线的交点，点D为线段BC的中点。在刀具的包络运动过程中，l_2是l_1的下一包络位置，其中l_2与l_1的夹角为g_{12}，交点为E。由于点E位于齿顶曲线之外，因此l_2不是形成理论齿廓的有效包络线。设l_1的下一包络位置为直线l_3，且有l_3与理论齿廓在点A相切，l_3与l_1的夹角为g_{13}。

设齿条刀具齿廓从l_1变换到l_2，齿条中线在非圆齿轮节曲线上滚过的弧长为Δs_1；从l_1变换到l_3，对应的齿条中线滚过弧长为Δs_2，根据齿条为非圆齿轮的连续啮合条件，可知$\Delta s_1 > \Delta s_2$。设非圆齿轮节曲线在点A附近的曲率半径近似不变，则可以得到$g_{12} > g_{13}$。点D作为齿廓形成特征点，在包络精度保证的情况下，可视为理论齿廓与l_1的切点，则点B到点A的距离近似估计为

$$s_{AB} \approx s_{BD} \sin g_{13} < \frac{1}{2} s_{BC} \sin g_{12} \tag{2.109}$$

根据式(2.109)可进行s_{AB}的近似计算，在单齿包络次数n达到15次或以上时，s_{BC}的数量级通常可达到 0.1mm，g_{12}的数量级可取为$360°/(15Z)$，取非圆齿轮齿数$Z \geqslant 15$，可得到s_{AB}的数量级为 0.001mm。以模数$m = 3\text{mm}$，齿数$Z_{\text{D}} = 20$，单齿包络次数$n = 15$的当量齿轮为例，包络得到$s_{BC} = 0.33\text{mm}$、$g_{12} = 1.2°$，计算可得$s_{AB} < 0.0035\text{mm}$。

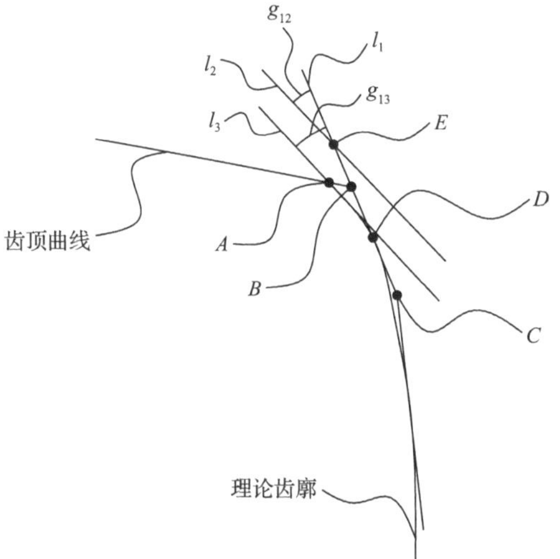

图 2.21　齿槽顶端点的形成示意图

2.2.3　非圆齿轮齿面构建

非圆齿轮节曲线的非圆形特性，导致其齿廓数据在节曲线的不同位置具有各异性。此外，其齿廓数据还需考虑轮齿分布的影响，即其中一个轮齿位置变动，将影响所有轮齿的齿廓数据。变齿厚斜齿非圆齿轮与对应齿条的啮合过程，在沿齿轮轴线的各个截面内，可视为变位直齿非圆齿轮和齿条的啮合，据此，可采用以下方法对变齿厚斜齿非圆齿轮进行齿面建模。

(1)通过构建变齿厚齿条模型，使齿条节面与非圆齿轮节曲面纯滚动，在该过程中对齿坯和齿条进行布尔差运算，从而得到变齿厚斜齿非圆齿轮的初切模型。

(2)对得到的初切模型进行分层切片，获取多层截面数据，对各层的齿廓数据进行齿廓有效点获取和拟合。

(3)基于各层的齿廓数据，通过曲面放样获取各齿槽曲面构型，从而获得变齿厚斜齿非圆齿轮实体模型。

变齿厚斜齿非圆齿轮齿面模型构建的过程如图 2.22 所示。基于该建模思路构建的变齿厚斜齿椭圆齿轮传动副数字模型如图 2.23 所示。

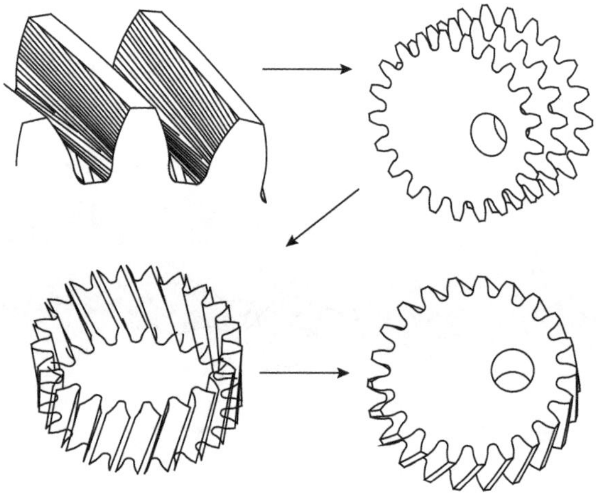

图 2.22　变齿厚斜齿非圆齿轮齿面模型构建的过程

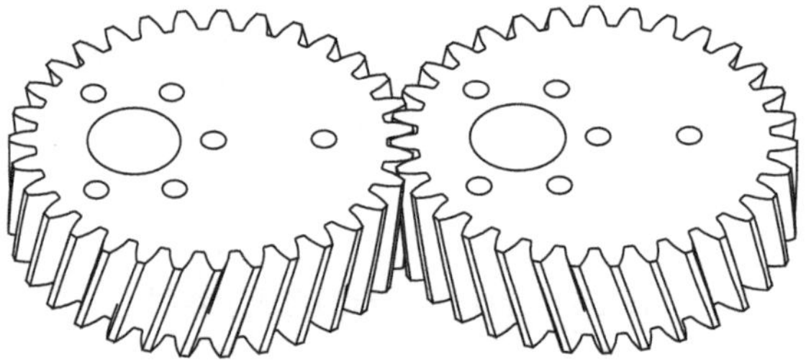

图 2.23　变齿厚斜齿椭圆齿轮传动副数字模型

在获取变齿厚斜齿非圆齿轮齿面模型的基础上，对变齿厚斜齿非圆齿轮-齿条传动的设计开发，可采用已构建的非圆齿轮作为包络工具对齿条齿坯开展齿面包络。基于该思路构建的变齿厚斜齿椭圆齿轮-齿条传动副数字模型如图 2.24 所示。

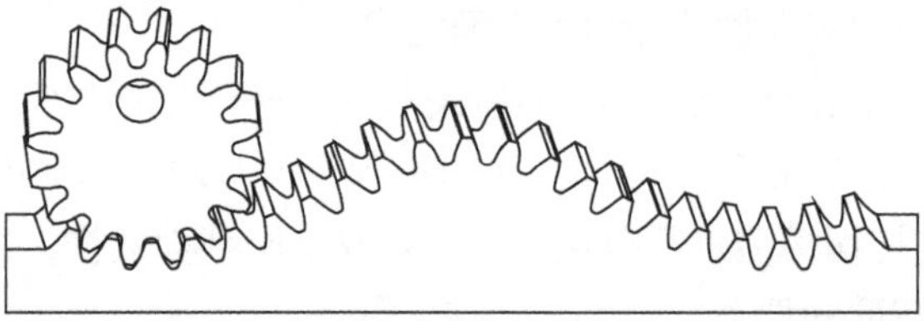

图 2.24　变齿厚斜齿椭圆齿轮-齿条传动副数字模型

2.3　非圆齿轮CAD/CAM系统软件开发

2.3.1　椭圆族齿轮设计软件

椭圆族齿轮设计软件拟完成椭圆齿轮、变性椭圆齿轮、高阶椭圆齿轮、高阶二段变性椭圆齿轮和高阶多段变性椭圆齿轮的齿轮副配对计算、校核计算和实体模型创建工作。该软件的功能设计如下。

1. 高阶变性椭圆齿轮副设计

这里的高阶变性椭圆齿轮副指高阶二段变性椭圆齿轮副，通过控制阶数和变性系数又涵盖了椭圆齿轮、变性椭圆齿轮和高阶椭圆齿轮。使用高阶变性椭圆曲线作为非圆齿轮节曲线的一大优点是，当主动轮为高阶变性椭圆齿轮时，从动轮也为高阶变性椭圆齿轮，主从动轮的阶数和偏心率可以不同，但每段的变性系数相同，这就为该类齿轮副的配对计算提供了很大方便。结合高阶变性椭圆齿轮副配对参数的严格约束关系，该模块能够实现输入主动轮参数(如齿数、模数、椭圆阶数、偏心率、变性系数、轮齿分布要求)后，根据从动轮阶数计算出主从动轮的相关参数(如从动轮齿数、偏心率、轮齿分布以及主从动轮的半长轴数值)。在此基础上，再对主从动轮节曲线对应的信息(凹凸信息、凹部和凸部的最小曲率半径、不发生根切的最大模数、插齿刀齿数范围和节曲线最大压力角等)进行校核并适当调整齿轮的设计参数。在设计参数确定后，能够创建主从动轮的实体模型以便装配进行运动分析。

2. 高阶多段变性椭圆齿轮副设计

这里的高阶多段变性椭圆齿轮重点指在节曲线的每个周期内分段数大于等于三段的情况，确切地说，高阶多段变性椭圆齿轮可以通过调整设计参数涵盖整个椭圆族齿轮，但由于当分段数超过三段(包括三段)时，齿轮副在配对计算上与高阶二段变性椭圆齿轮副有很大区别，故这里将高阶多段变性椭圆齿轮副的设计作为一个独立的模块。理论上来说，高阶多段变性椭圆在每周期的分段数是可以无限多的，这里结合实际使用需要，在软件设计中仅考虑六段以内的情况。高阶多段变性椭圆齿轮副在设计中的一大缺点是，当主动轮为高阶多段变性椭圆齿轮时，从动轮不再是高阶多段变性椭圆齿轮，而是演化为具有相同分段数的自由节曲线非圆齿轮，这就为该类齿轮的配对计算带来了很大麻烦。具体来说，高阶多段变性椭圆齿轮副的设计模块要实现的功能如下。

(1)可以实现主动轮的配对计算、校核计算和实体模型创建。高阶多段变性椭圆齿轮副的主动轮一般定义为高阶多段变性椭圆齿轮，在输入相关设计参数(齿数、模数、螺旋角、椭圆阶数、分段数和每段的变性系数、偏心率)后，可以对该高阶多段变性椭圆齿轮的半长轴进行计算。同时，可计算相关校核信息(凹凸信息、根切模数、节曲线最大压力角等)，以调整相关设计参数，然后进行主动轮的实体模型创建。

(2)可以实现从动轮的校核计算和实体模型创建。该模块采用将从动轮的配对计算放在软件外部的方法，通过专业的数值计算软件(如 MATLAB)完成从动轮的节曲线获取，然后将节曲线采用分段三次样条进行拟合。软件通过接收从动轮节曲线的分段三次样条拟合数据，完成对从动轮的校核计算和实体模型创建。

综上所述，椭圆族齿轮副的设计软件应涵盖的功能要求如图 2.25 所示。椭圆族齿轮副设计软件运行界面如图 2.26 所示。

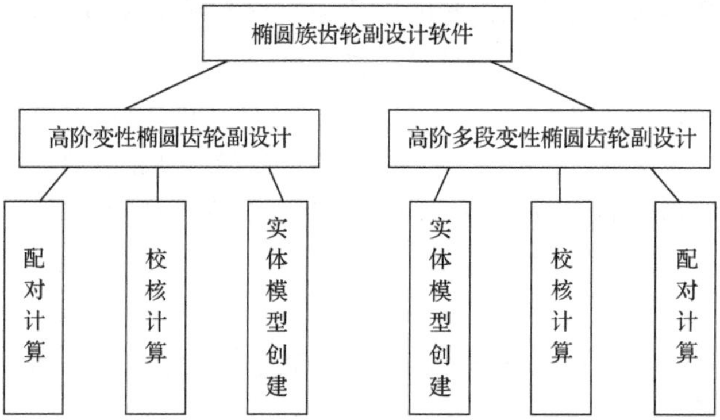

图 2.25　椭圆族齿轮副设计软件功能设计

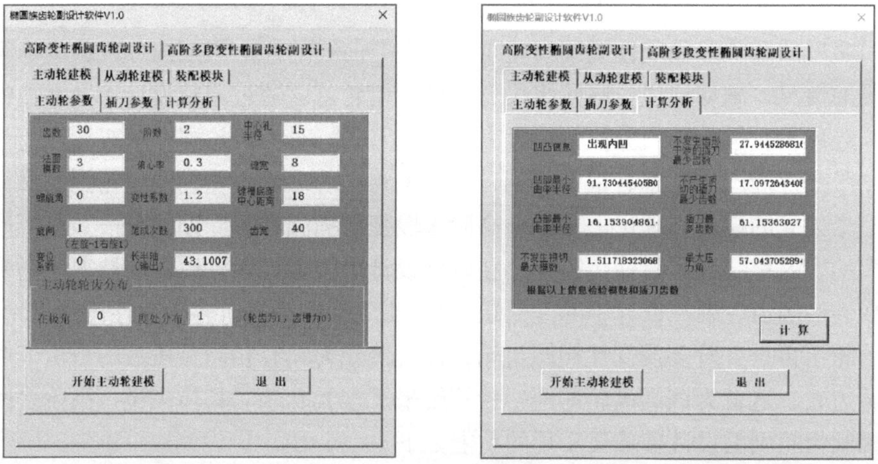

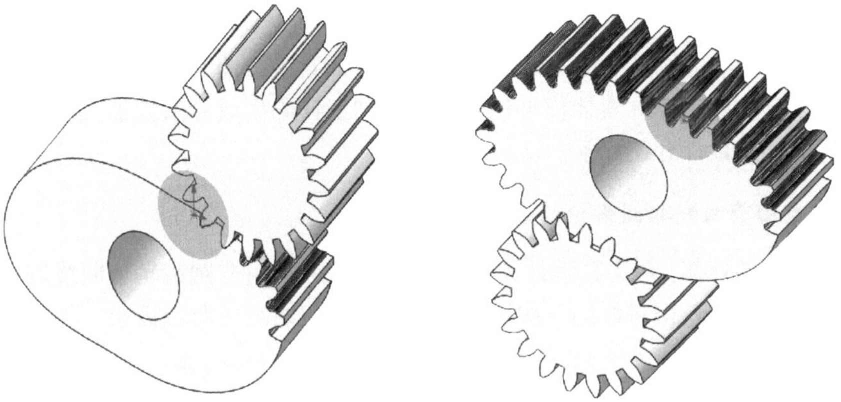

(a) 二阶二段变性椭圆齿轮建模过程

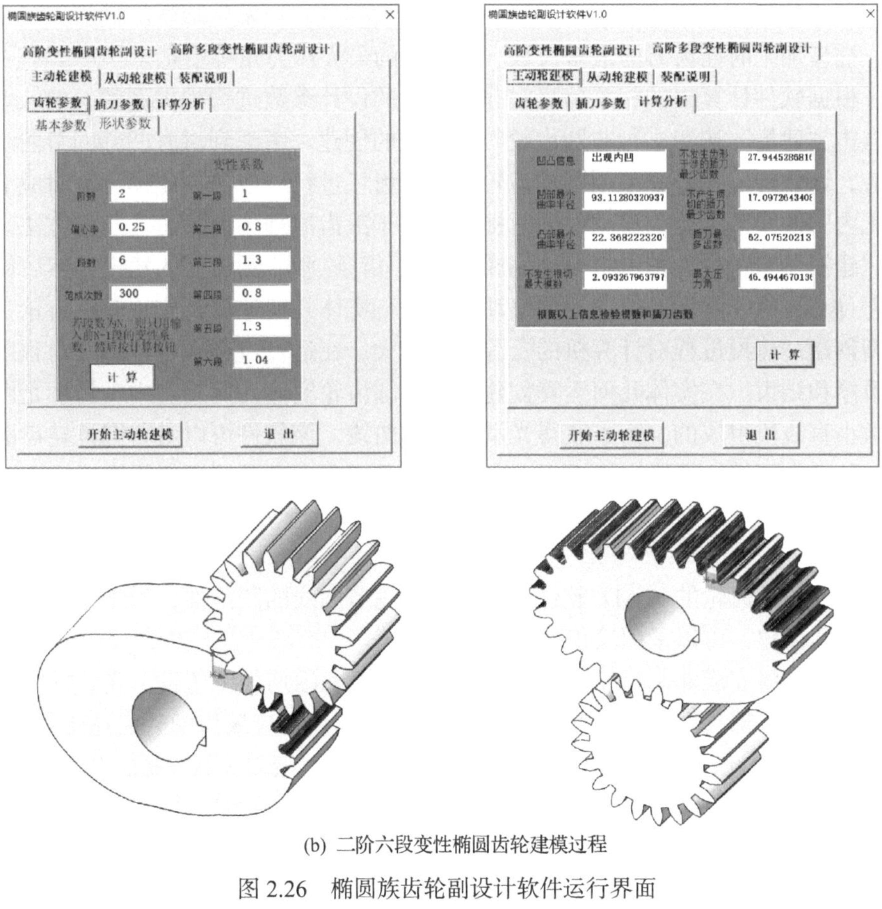

(b) 二阶六段变性椭圆齿轮建模过程

图 2.26　椭圆族齿轮副设计软件运行界面

2.3.2 非圆齿轮 CAD/CAM 软件

自由节曲线非圆齿轮 CAD/CAM 软件拟完成自由节曲线(即任意节曲线)非圆齿轮的设计校核计算、实体模型创建、滚齿加工代码生成和滚齿加工仿真工作。该软件的功能设计介绍如下。

1. 自由节曲线非圆齿轮的 CAD 软件

在该软件外部，利用数学计算软件(如 MATLAB)对非圆齿轮节曲线进行分段三次样条拟合，获得每段的三次样条系数和每段起始点的对应极角，将这些数据存入 Excel 表格。

在 CAD 软件中，输入非圆齿轮基本参数(齿数、模数、压力角、变位系数、轮齿分布信息等)和外部计算数据，完成以下校核计算：节曲线的凹凸性判断、凹部和凸部的最小曲率半径、不发生根切的最大模数、不发生顶切的插齿刀最少齿数、插齿加工时插齿刀的最多齿数、传动中的最大压力角等信息。

根据软件计算出的相关信息对非圆齿轮的设计参数进行校核调整，确认无误后点击“建模”按钮进行非圆齿轮实体模型的创建。考虑到对有凹部的节曲线的适应，该软件优先考虑采用圆柱齿轮与非圆齿坯进行展成法创建模型。对应节曲线无内凹的非圆齿轮，该软件同时提供了基于滚齿原理的齿条刀具建模方法。点击“建模”按钮后，程序将自动完成插齿刀(齿条)和非圆齿坯的建模，然后使插齿刀(齿条)沿非圆齿轮节曲线纯滚动同时进行实体几何运算，实现非圆齿轮实体模型创建。建模过程对计算机的资源消耗较大，在运行过程中可以随时对程序进行暂停和结束。在实体几何运算创建出的非圆齿轮实体几何模型中，齿廓是由大量微小直线段组成的，为了获得光滑的齿廓曲线，该软件可以对非圆齿轮齿廓上的离散点坐标进行提取，然后用分段三次样条拟合为光滑的齿廓曲线。

2. 自由节曲线非圆齿轮的滚齿 CAM 软件

通过非圆齿轮的 CAD 软件判定非圆齿轮节曲线的凹凸性，对于节曲线全外凸的非圆齿轮，可以采用滚齿加工。

该软件将完成非圆齿轮滚齿加工的代码计算和滚切加工仿真。在数据输入方面，需要在外部计算数据中增加每段三次样条起始点对应滚齿中的齿坯转角(根据非圆齿轮滚齿加工模型计算)，以及滚刀的相关参数(滚刀头数、螺旋升角、旋向、压力角、模数等)。在相关信息输入完毕后，点击“代码计算”按钮输出滚齿加工代码(滚齿机床各轴的运动数据)，然后点击“保存”按钮加工代码保存为文本文件。

在加工代码生成的基础上，可以通过滚齿加工仿真对代码的正确性进行验证。

点击“滚切仿真”按钮后，程序将对齿条刀具(滚刀在齿坯端面的投影)和非圆齿坯进行自动建模，然后使齿条和齿坯按照加工代码数据运动，运动过程中二者进行实体组合运算，从而实现仿真加工。

3. 自由节曲线非圆齿轮的插齿 CAM 软件

当非圆齿轮的节曲线出现内凹部分时，则需要采用插齿方法进行加工。该软件可以实现基于三轴联动的非圆齿轮插齿加工。在数据输入方面，需要在外部计算数据中增加每段三次样条起始点对应插齿中的齿坯转角(根据非圆齿轮插齿加工模型计算)，以及插齿刀的参数(插齿刀齿数、模数、压力角、齿顶高系数和顶隙系数)。数据输入完毕后，点击“代码计算”按钮完成三轴联动非圆齿轮插齿加工代码的生成，并可以将代码保存为文本文件，输出到指定的位置。软件具有插齿加工的仿真功能，可以使插齿刀和齿坯按照已生成的加工代码逐步运动，同时进行实体几何运算，从而实现插齿加工仿真。

自由节曲线非圆齿轮 CAD/CAM 软件应涵盖的功能要求如图 2.27 所示。非圆柱齿轮 CAD/CAM 软件运行界面如图 2.28 所示。

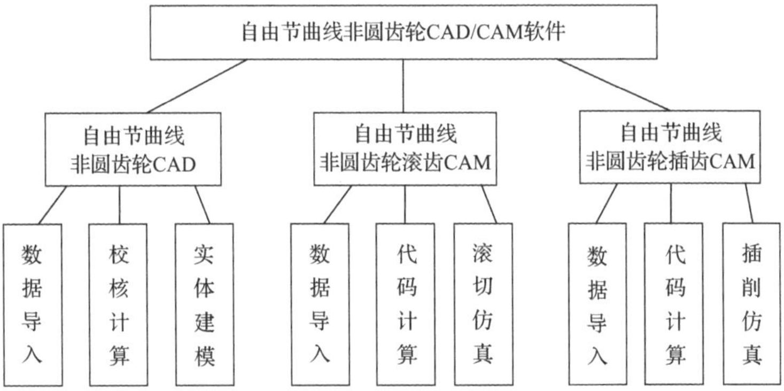

图 2.27　自由节曲线非圆齿轮 CAD/CAM 软件功能设计

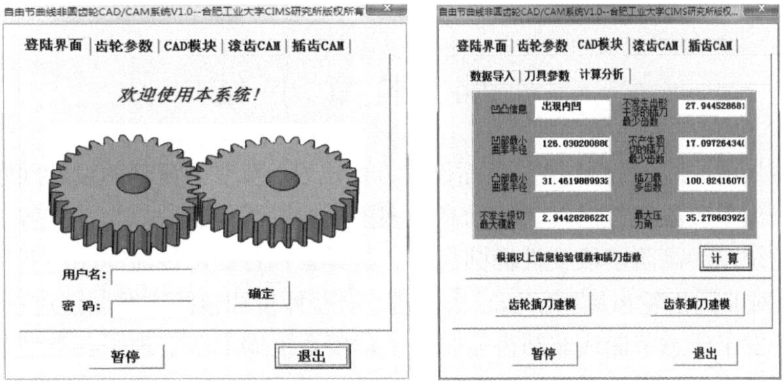

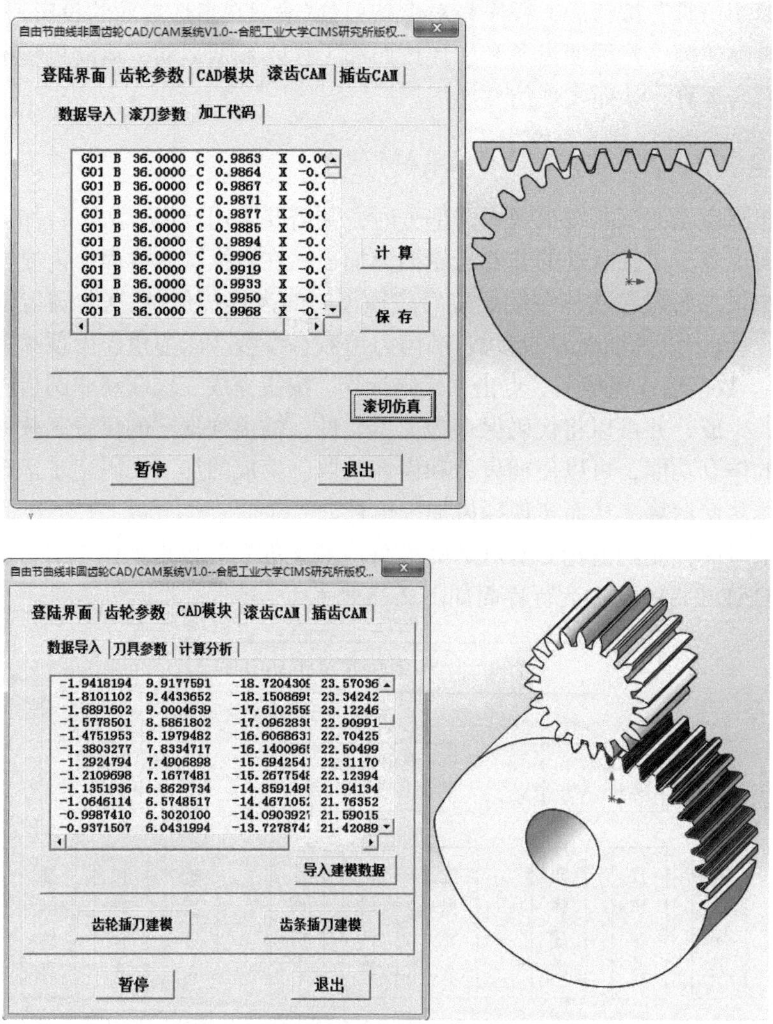

图 2.28　非圆柱齿轮 CAD/CAM 软件运行界面

2.4　本 章 小 结

本章从节曲线设计和齿廓/齿面设计方面出发，对非圆齿轮的设计问题进行了阐述；提出了多段变性椭圆齿轮和高阶多段变性椭圆齿轮的概念，将各类椭圆族封闭齿轮统一为高阶多段变性椭圆齿轮，其具备独特的可传递周期性变化传动比的优势；对非圆齿轮齿廓图解法求解原理、误差评价和包络方案制订进行了分析；设计并开发了任意节曲线非圆齿轮图解法建模系统/软件，实现了各类型节曲线在通用程序模块下的设计开发。

参 考 文 献

[1] 吴序堂, 王贵海. 非圆齿轮及非匀速比传动[M]. 北京: 机械工业出版社, 1997.

[2] Mathworks. “quadl” Documentation Center[EB/OL]. http://www.mathworks.cn/cn/help/matlab/ref/quadl.html[2014-6-21].

[3] Litvin F L, Fuentes-Aznar A, Gonzalez-Perez I, et al. Noncircular Gears: Design and Generation [M]. Cambridge: Cambridge University Press, 2009.

[4] Litvin F L, Fuentes A. Gear Geometry and Applied Theory[M]. Second. New York: Cambridge University Press, 2004.

[5] 张瑞, 吴序堂, 聂钢, 等. 高阶变性椭圆齿轮的研究与设计[J]. 西安交通大学学报, 2005, 39(7): 726-730.

[6] 张瑞, 吴序堂, 聂钢, 等. 椭圆类齿轮 CAD 系统的研究[J]. 农业机械学报, 2006, 37(3): 138-141.

[7] 高洪, 吕新生. 变性椭圆齿轮节曲线设计及图形仿真[J]. 中国机械工程, 2003, 14(19): 1645-1648.

[8] 谭伟明, 梁燕飞, 安军, 等. 渐开线非圆齿轮的齿廓曲线数学模型[J]. 机械工程学报, 2002, 38(5): 75-79.

[9] 史勇, 王生泽. 非圆齿轮齿廓数值算法研究[J]. 机械科学与技术, 2013, 32(8): 1130-1133.

[10] 武传宇, 金玉珍, 贺磊盈. 基于包络特征的非圆齿轮齿廓计算方法研究[J]. 中国机械工程, 2008, 19(15): 1796-1799.

[11] 方明辉, 李革, 赵匀, 等. 基于MATLAB的非圆齿轮副齿廓算法研究[J]. 农机化研究, 2010, 32(8): 57-60.

[12] 李建刚, 吴序堂, 毛世民, 等. 非圆齿轮齿廓数值计算的研究[J]. 西安交通大学学报, 2005, 39(1): 75-78.

[13] 谢征恒, 王生泽. 基于 SolidWorks API 的椭圆齿轮参数化设计及加工仿真[J]. 东华大学学报(自然科学版), 2009, 35(4): 467-471.

第 3 章　非圆齿轮传动的应用

非圆齿轮是能够实现变速比传动的机械传动零件，具有结构紧凑、传动平稳精确、承载能力大、易于实现动平衡等优点，在机器和仪器制造业中越来越多地代替连杆机构、凸轮机构或其他运动机构。非圆齿轮副也可与其他机构组合使用，用来实现特定的运动规律，或用来再现某些独立变量的函数，或用来实现特定的运动轨迹等。非圆齿轮在实际应用中已有诸多成功案例，例如，将卵形齿轮用于液体流量计，可使测量密封室的密封性好，从而提高计数器的校对度；变性椭圆齿轮行星轮系用于步行式插秧机的分插机构，可以提高工作效率并改善设备性能；采用非圆齿轮行星轮系构造的低速大扭矩液压马达，具有容积效率高、机械效率高、启动扭矩高、零件少、造价低等优点；在飞行仪表、航迹仪、火炮指挥仪等设备的解算装置中，非圆齿轮也得到了广泛应用。

本章将结合非圆齿轮的一些设计和应用实例，介绍非圆齿轮在实际应用中的设计方法。

3.1　非圆齿轮副与其他机构的组合应用

非圆齿轮副传动可以实现当主动轮速度恒定时，从动轮转速以变速比输出。由于非圆齿轮副实现的是回转运动，若只考虑非圆齿轮副本身，其应用范围有限。在实际生产中往往要用到直线往复运动部件，且对这些部件的正反行程速度规律有一定的要求。能实现直线往复运动的部件有正弦机构、曲柄滑块机构等，但这些机构的正反行程速度规律调节能力相当有限。若将非圆齿轮副与这些运动部件组合使用，则可以较好地满足正反行程中的速度要求，同时非圆齿轮副与其他部件的组合还能满足实现特殊运动轨迹的要求。

3.1.1　非圆齿轮副与正弦机构的组合

正弦机构可以实现运动部件位移按三角函数规律变化，常用在需要实现往复运动的机构中。正弦机构所实现的往复运动规律具有对称性，但在一些特殊场合往往需要正反行程的非对称速度特性，如正行程要求有匀速运动段，反行程要求有急回特性等。

往复柱塞式平流泵，用于实现液体的恒流量输出，若只用正弦机构驱动，无法实现柱塞的匀速推出，而将非圆齿轮副和正弦机构组合则可以改变柱塞的速度规律，使得推程具有匀速运动段[1]。因为单泵在工作时柱塞只在推程有流量输出，引起的流量脉动很大，所以在实际应用时通常将两个柱塞式平流泵并联使用，且使两泵的相位相差 180°，如此一来，当一个泵工作在空行程时，另一个泵工作在工作行程，可以大大改善流量输出的均匀性。

非圆齿轮副带动柱塞式平流泵工作的示意图如图 3.1 所示。

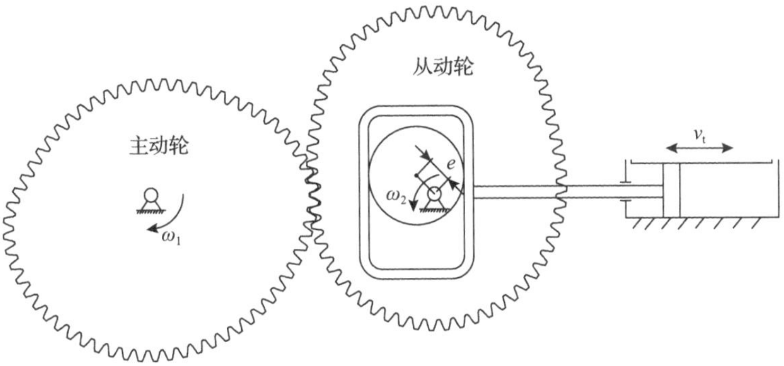

图 3.1　非圆齿轮副带动柱塞式平流泵工作的示意图

由图可知，主动轮带动从动轮转动，从动轮与一偏心圆固联，偏心圆通过推动矩形型腔带动柱塞运动，相当于非圆齿轮副与正弦机构串联组合应用。设柱塞的位移为 s，从动轮的转角为 φ_2，曲柄长度为 e，则由三角函数关系得

$$s = e(1-\cos\varphi_2) \tag{3.1}$$

两边同时对时间 t 求导，得

$$\frac{\mathrm{d}s}{\mathrm{d}t} = e\frac{\mathrm{d}\varphi_2}{\mathrm{d}t}\sin\varphi_2 \tag{3.2}$$

这里设柱塞位移 s 对时间 t 的导数为 v_t，从动轮角速度为 ω_2，则式(3.2)可记为

$$v_t = e\omega_2\sin\varphi_2 \tag{3.3}$$

设柱塞位移 s 对主动轮转角 φ_1 的导数为 v（记为类速度），主动轮角速度为 ω_1，则有

$$v_t = \frac{\mathrm{d}s}{\mathrm{d}\varphi_1}\frac{\mathrm{d}\varphi_1}{\mathrm{d}t} = v\omega_1 \tag{3.4}$$

由式(3.3)和式(3.4)可得主从动轮的传动比 i_{21} 为

$$i_{21} = \frac{\omega_2}{\omega_1} = \frac{v}{e\sin\varphi_2} \tag{3.5}$$

当 φ_2 等于 0、π 、2π 时，式(3.5)为 0 / 0 形式，在这三个点处采用洛必达法则取极限可得

$$i_{21}=\sqrt{\frac{\mathrm{d}^2 s/\mathrm{d}\varphi_1^2}{\mathrm{d}^2 s/\mathrm{d}\varphi_2^2}} \tag{3.6}$$

根据柱塞的速度要求，确定类速度 v 随主动轮转角 φ_1 的关系曲线，根据该曲线结合公式(3.1)～式(3.6)，进行非圆齿轮副传动比的求解，求解步骤如下。

(1) 由主动轮的某一转角 g，根据 v-φ_1 曲线可确定该转角对应的类速度 v 。

(2) 求解在主动轮转角区间 $[0,g]$ 内，对类速度 v 在 0～φ_1 上积分，得柱塞的位移 s 。

(3) 根据式(3.1)反求出从动轮的转角 φ_2 。

(4) 根据式(3.5)和式(3.6)求出在主动轮转角为 g 时对应的传动比 i_{21} 。

主动轮转角 φ_1 从零开始，按一定步长逐渐递增。获取 φ_1 的系列离散点，根据以上四步分别求解每个离散点对应的非圆齿轮副传动比 i_{21} ，即可确定非圆齿轮副的传动比曲线。设主从动轮的中心距为 a ，可求出主从动轮转角分别为 φ_1 和 φ_2 时对应的极径长度 r_1 和 r_2 ：

$$\begin{cases} r_1=\dfrac{a}{1+i_{21}}i_{21} \\ r_2=a-r_1 \end{cases} \tag{3.7}$$

当主动轮的齿数 z 和模数 m 确定后，设 $r_{1a}=r_1/a$ ，则主从动轮中心距 a 的求解方法如下：

$$a=\frac{\pi m z}{\int_0^{2\pi}\sqrt{r_{1a}^2+\left(\mathrm{d}r_{1a}/\mathrm{d}\varphi_1\right)^2}\,\mathrm{d}\varphi_1} \tag{3.8}$$

式中，$\mathrm{d}r_{1a}/\mathrm{d}\varphi_1$ 的求解如下：

$$\frac{\mathrm{d}r_{1a}}{\mathrm{d}\varphi_1}=\frac{i_{21}'}{\left(1+i_{21}\right)^2}=\frac{\dfrac{\mathrm{d}v}{\mathrm{d}\varphi_1}e\sin\varphi_2-vei_{21}\cos\varphi_2}{\left(1+i_{21}\right)^2\left(e\sin\varphi_2\right)^2} \tag{3.9}$$

往复柱塞式平流泵设计中，柱塞的类速度 v 随主动轮转角 φ_1 变化的理想曲线如图 3.2 所示，其中推程匀速段的两端设有过渡段，并让柱塞推程工作段对应的主动轮转角大于 180°，如此一来，双泵工作时，过渡段的叠加可以使得总流量的脉动极小。

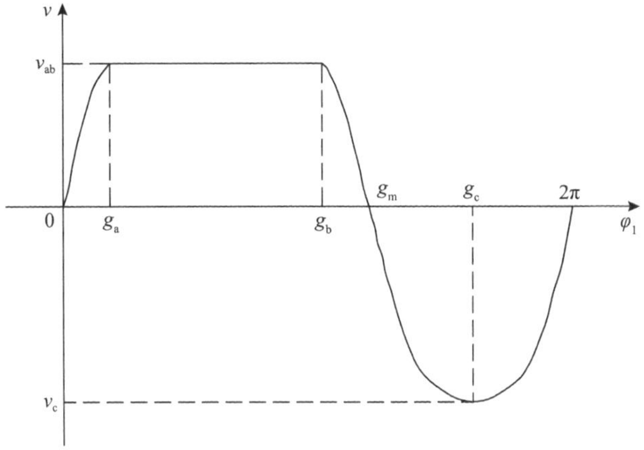

图 3.2　柱塞的类速度随主动轮转角变化的理想曲线

图 3.2 所示的 v-φ_1 曲线可以看作四段函数，即 $[0,g_a]$、$[g_a,g_b]$、$[g_b,g_c]$ 和 $[g_c,2\pi]$。这里采用多项式拟合方法对各段曲线进行拟合，拟合形式如下(用 g 代替 φ_1)：

$$v=\begin{cases}k_1 g+k_2 g^2, & 0\leqslant g<g_a\\ v_{ab}, & g_a\leqslant g<g_b\\ c_1(g-g_m)+c_2(g-g_m)^2+c_3(g-g_m)^3+c_4(g-g_m)^4, & g_b\leqslant g<g_c\\ k_1(g-2\pi)+k_3(g-2\pi)^2+k_4(g-2\pi)^3, & g_c\leqslant g\leqslant 2\pi\end{cases}\tag{3.10}$$

根据曲线在 g_a、g_b 和 g_c 三点光滑连续的条件，可得以下八个方程：

$$\begin{cases}k_1 g_a+k_2 g_a^2-v_{ab}=0\\ k_1+2k_2 g_a=0\\ c_1(g_b-g_m)+c_2(g_b-g_m)^2+c_3(g_b-g_m)^3+c_4(g_b-g_m)^4-v_{ab}=0\\ c_1+2c_2(g_b-g_m)+3c_3(g_b-g_m)^2+4c_4(g_b-g_m)^3=0\\ c_1(g_c-g_m)+c_2(g_c-g_m)^2+c_3(g_c-g_m)^3+c_4(g_c-g_m)^4-v_c=0\\ c_1+2c_2(g_c-g_m)+3c_3(g_c-g_m)^2+4c_4(g_c-g_m)^3=0\\ k_1(g_c-2\pi)+k_3(g_c-2\pi)^2+k_4(g_c-2\pi)^3-v_c=0\\ k_1+2k_3(g_c-2\pi)+3k_4(g_c-2\pi)^2=0\end{cases}\tag{3.11}$$

由柱塞正行程的位移与反行程的位移大小相等，可得

$$\int_0^{g_m} v(\varphi_1)\mathrm{d}\varphi_1 + \int_{g_m}^{2\pi} v(\varphi_1)\mathrm{d}\varphi_1 = 0 \tag{3.12}$$

将式(3.10)代入式(3.12)，可确定 v_{ab} 与参数 k_i、$c_i\,(i=1,2,3,4)$ 的函数关系，根据该函数关系，若再设定柱塞回程的最大速度 v_c，解式(3.11)，求得参数 k_i、c_i $(i=1,2,3,4)$ 的唯一解。在此基础上可确定曲柄长度 e，e 的求解公式如下：

$$e = \int_0^{g_m} \frac{v(\varphi_1)}{2}\mathrm{d}\varphi_1 \tag{3.13}$$

计算实例：这里取 $g_a = 0.2\pi$、$g_b = \pi$、$g_m = 1.2\pi$，$g_c = 1.6\pi$，可求得推程匀速度 v_{ab} 与参数 k_i、$c_i\,(i=1,2,3,4)$ 的函数关系为

$$v_{ab} = \begin{bmatrix} k_1 & k_2 & k_3 & k_4 & c_1 & c_2 & c_3 & c_4 \end{bmatrix} \begin{bmatrix} 0.235619449 \\ -0.032898681 \\ -0.263189451 \\ 0.248050213 \\ -0.235619449 \\ -0.296088132 \\ -0.232547075 \\ -0.257160000 \end{bmatrix} \tag{3.14}$$

这里设定柱塞回程最大速度 $v_c = -3\text{cm/rad}$，将式(3.14)代入式(3.11)解得的各相关参数如表 3.1 所示。

表 3.1　往复式柱塞式平流泵设计过程各相关参数

参数	取值	参数	取值
k_1	4.714965189	c_1	−3.678247573
k_2	−3.752050082	c_2	−0.654365977
k_3	1.804783583	c_3	1.982125554
k_4	−0.037794767	c_4	−0.512407968

根据表 3.1 所列参数，由式(3.14)可求得 $v_{ab} = 1.481249999\text{cm/rad}$，然后由式(3.13)可求得曲柄长度 e=2.463968571cm。

根据以上数据，可求得柱塞的速度与位移曲线，如图 3.3 所示。

在柱塞的速度与位移曲线确定后，根据式(3.1)、式(3.5)和式(3.6)可求得非圆齿轮副在主动轮各个离散转角处的传动比，当从动轮转角 φ_2 等于 0、π、2π 时，

求极限得到的传动比 i_{21} 为

$$i_{21}=\begin{cases}\sqrt{k_1/e}, & \varphi_2=0,2\pi\\ \sqrt{-c_1/e}, & \varphi_2=\pi\end{cases} \tag{3.15}$$

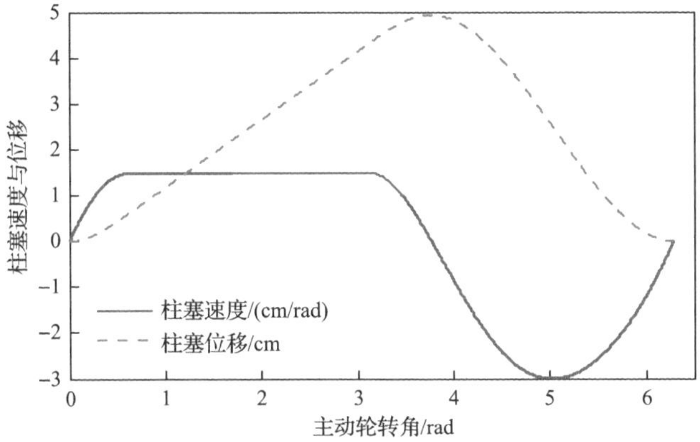

图 3.3　柱塞的速度与位移曲线

求得的非圆齿轮副传动比曲线，如图 3.4 所示。

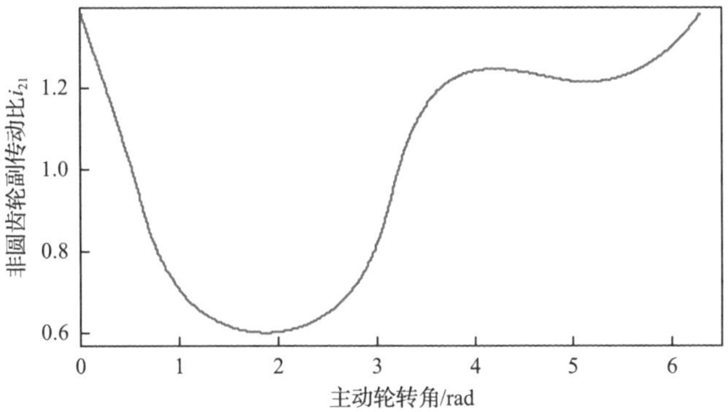

图 3.4　非圆齿轮副传动比曲线

按照以上思路设计的非圆齿轮副，当主动轮旋转一周，从动轮也旋转一周，故主从动轮的齿数相等。取齿数为 60，模数为 3mm，根据式(3.8)和式(3.9)可求得非圆齿轮副的安装中心距 $d=180.4150\text{mm}$ 。结合式(3.7)和图 3.4 所示的传动比曲线，求得主从动轮的节曲线示意图如图 3.5 所示。

在获取主从动轮的节曲线数据的基础上，用三次样条分别对主从动轮的节曲线进行拟合，并采用所开发的任意节曲线非圆齿轮建模系统，对主从动轮进行建模。最终组建的往复柱塞式平流泵装配示意图如图 3.6 所示。

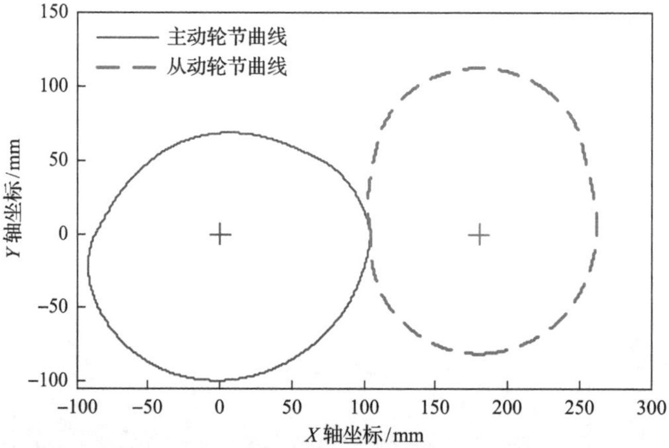

图 3.5　主从动轮的节曲线示意图

图 3.6　往复柱塞式平流泵装配示意图

采用 SolidWorks 软件的 Motion 模块进行运动仿真，得到的左泵柱塞和右泵柱塞的速度曲线如图 3.7 所示。

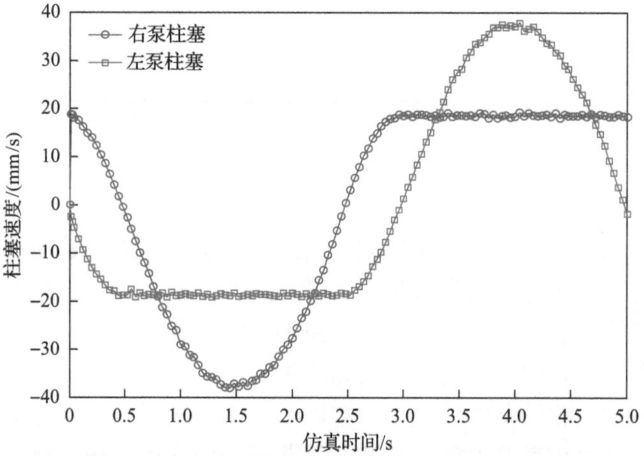

图 3.7　往复柱塞式平流泵左右泵柱塞速度仿真曲线

由图可知，左泵柱塞和右泵柱塞的匀速段交替出现，再加上过渡段的相互叠加，可以近似实现平流泵的恒流量输出，运动学仿真结果符合数值计算结果。

3.1.2 非圆齿轮副与曲柄滑块机构的组合

曲柄滑块机构可以实现直线往复运动，可分为对心和非对心两种形式，其中非对心曲柄滑块机构具有急回特性。曲柄滑块机构在生产实际中应用广泛，但由于机构参数调整对往复速度特性的调节能力有限，在一定程度上也限制了一些机构性能的提升。通过非圆齿轮副与曲柄滑块机构串联组合，可以有效改善滑块的速度特性，如可以实现推程的近似匀速运动和回程的急回运动、推程和回程均具有匀速运动段等。非圆齿轮副-曲柄滑块机构的设计方法可以总结为两种。

(1) 正向设计法[2]：以椭圆齿轮或变性椭圆齿轮与曲柄滑块机构的串联组合为对象进行研究，通过改变椭圆偏心率、变性系数、曲柄与长轴的安装相位角和曲柄连杆长度比等参数，结合优化设计的思想，对滑块的速度曲线进行调节以满足生产需要。

(2) 逆向设计法[3]：以生产实际所需要的滑块速度曲线为对象，对各段速度曲线进行拟合，然后结合边界约束条件确定非圆齿轮副的传动比函数，按照传动比函数设计非圆齿轮副的节曲线。

对于非圆齿轮副与曲柄滑块组合的逆向设计法，可以参照 3.1.1 节所述的非圆齿轮副与正弦机构组合的设计方法。本节将重点阐述变性椭圆齿轮副串联曲柄滑块机构的设计方法，实现推程的近似匀速运动并且具有较好急回特性。变性椭圆齿轮副与曲柄滑块机构的串联机构示意图如图 3.8 所示。

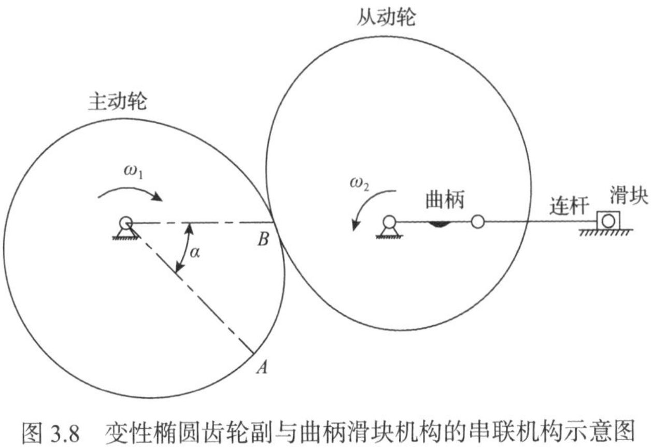

图 3.8 变性椭圆齿轮副与曲柄滑块机构的串联机构示意图

变性椭圆齿轮副串联曲柄滑块机构，曲柄与从动轮固联。当滑块位于右止点时，变性椭圆齿轮副的节曲线相切于点 B。点 A 为主动轮节曲线上极角为零的点，

点 A 对应极径沿逆时针方向到点 B 对应极径的转角为 α。变性椭圆齿轮主动轮节曲线的极坐标表达式为

$$r_1=\begin{cases}\dfrac{A\left(1-k^2\right)}{1-k\cos\left(m_1\theta_1\right)}, & 0\leqslant\theta_1\leqslant\dfrac{\pi}{m_1}\\ \dfrac{A\left(1-k^2\right)}{1-k\cos\left[m_2\left(2\pi-\theta_1\right)\right]}, & \dfrac{\pi}{m_1}<\theta_1\leqslant 2\pi\end{cases}\tag{3.16}$$

式中，A 为半长轴；k 为偏心率；θ_1 为主动轮极角；m_1 和 m_2 为变性系数且满足 $m_2=m_1/\left(2m_1-1\right)$。由式(3.16)可知节曲线极径 r_1 的最大值为 $A\left(1+k\right)$，最小值为 $A\left(1-k\right)$，故安装中心距为 $2A$。

由从动轮节曲线极径 $r_2=2A-r_1$，可求得从动轮的极径与主动轮极角的关系为

$$r_2=\begin{cases}\dfrac{A\left[1+k^2-2k\cos\left(m_1\theta_1\right)\right]}{1-k\cos\left(m_1\theta_1\right)}, & 0\leqslant\theta_1\leqslant\dfrac{\pi}{m_1}\\ \dfrac{A\left\{1+k^2-2k\cos\left[m_2\left(2\pi-\theta_1\right)\right]\right\}}{1-k\cos\left[m_2\left(2\pi-\theta_1\right)\right]}, & \dfrac{\pi}{m_1}<\theta_1\leqslant 2\pi\end{cases}\tag{3.17}$$

设主动轮由图 3.8 所示位置顺时针转角为 φ_1，此时对应的主动轮节曲线极角为 θ_{1r}，则易得 $\theta_{1r}=\alpha+\varphi_1$（当 $\theta_{1r}>2\pi$ 时，$\theta_{1r}=\theta_{1r}-2\pi$）。由式(3.16)和式(3.17)可得齿轮副角速度 ω_2 与 ω_1 的关系为

$$\omega_2=\begin{cases}\dfrac{1-k^2}{1+k^2-2k\cos\left(m_1\theta_{1r}\right)}\omega_1, & 0\leqslant\theta_{1r}\leqslant\dfrac{\pi}{m_1}\\ \dfrac{1-k^2}{1+k^2-2k\cos\left[m_2\left(2\pi-\theta_{1r}\right)\right]}\omega_1, & \dfrac{\pi}{m_1}<\theta_{1r}\leqslant 2\pi\end{cases}\tag{3.18}$$

当 $\alpha=0$ 时，从动轮转角 φ_2 与主动轮极角 θ_1 的关系可通过积分 $\varphi_2\left(\theta_1\right)=\int_0^{\theta_1}i_{21}\mathrm{d}\theta_1$ 求得，积分求解结果为

$$\varphi_2(\theta_1)=\begin{cases}\dfrac{2}{m_1}\arctan\left(\dfrac{1+k}{1-k}\tan\dfrac{m_1\theta_1}{2}\right), & 0\leqslant\theta_1\leqslant\dfrac{\pi}{m_1}\\ 2\pi-\dfrac{2}{m_2}\arctan\left[\dfrac{1+k}{1-k}\tan\dfrac{m_2\left(2\pi-\theta_1\right)}{2}\right], & \dfrac{\pi}{m_1}<\theta_1\leqslant 2\pi\end{cases}\tag{3.19}$$

因此，当 $\alpha \neq 0$ 时，从动轮转角 φ_2 与主动轮节曲线极角 θ_{1r} 的关系为

$$\varphi_2 = \begin{cases} \varphi_2(\theta_{1r}) - \varphi_2(\alpha), & \varphi_{1r} \leqslant 2\pi \\ 2\pi + \varphi_2(\theta_{1r} - 2\pi) - \varphi_2(\alpha), & \varphi_{1r} > 2\pi \end{cases} \tag{3.20}$$

设曲柄滑块机构的曲柄长为 l_1，连杆长为 l_2，曲柄杆长比 $\lambda = l_1 / l_2$，则滑块的速度为

$$v_k = -l_1 \sin\varphi_2 \omega_2 - l_1 \frac{\lambda \sin\varphi_2 \cos\varphi_2}{\sqrt{1-\lambda^2 \sin^2\varphi_2}} \omega_2 \tag{3.21}$$

将式(3.18)代入式(3.21)，并适当化简可得

$$\frac{v_k}{l_1\omega_1} = \begin{cases} \dfrac{-(1-k^2)\sin\varphi_2}{1+k^2-2k\cos(m_1\theta_{1r})} - \dfrac{\lambda(1-k^2)\sin\varphi_2\cos\varphi_2}{\left[1+k^2-2k\cos(m_1\theta_{1r})\right]\sqrt{1-\lambda^2\sin^2\varphi_2}}, & \theta_{1r} \in [0, \pi/m_1] \\ \dfrac{-(1-k^2)\sin\varphi_2}{1+k^2-2k\cos\left[m_2(2\pi-\theta_{1r})\right]} - \dfrac{\lambda(1-k^2)\sin\varphi_2\cos\varphi_2}{\left\{1+k^2-2k\cos\left[m_2(2\pi-\theta_{1r})\right]\right\}\sqrt{1-\lambda^2\sin^2\varphi_2}}, & \theta_{1r} \in (\pi/m_1, 2\pi] \end{cases} \tag{3.22}$$

式中，$l_1\omega_1$ 为定值，因此可用 $v_k/(l_1\omega_1)$ 来定性地描述滑块的速度变化特性，这里记 $v = v_k/(l_1\omega_1)$，其中 v 为无量纲，表示的是滑块速度的相对值。由分析可得，影响变性椭圆齿轮副-曲柄滑块机构的滑块速度特性的参数为 k、m_1、α 和 λ，下面分别讨论这四个参数对滑块速度特性的影响。

(1)保持 k、m_1 和 λ 不变，改变 α。各参数的取值如下：$k=0.4$、$m_1=0.7$、$\lambda=0.6$、$\alpha=0\sim6$，其中 α 的变化步长取 1，得到的 v-φ_1 曲线如图 3.9 所示。

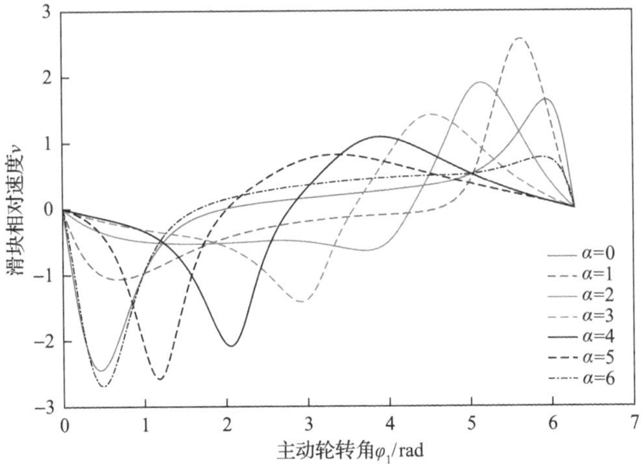

图 3.9　参数 α 变化时 v 随 φ_1 变化趋势图

(2)保持 k 、α 和 λ 不变,改变 m_1 。各参数的取值如下：$k=0.4$ 、$\alpha=5$ 、$\lambda=0.6$ 、$m_1=0.6\sim1.8$ ，其中 m_1 的变化步长取 0.3，得到的 v-φ_1 曲线如图 3.10 所示。

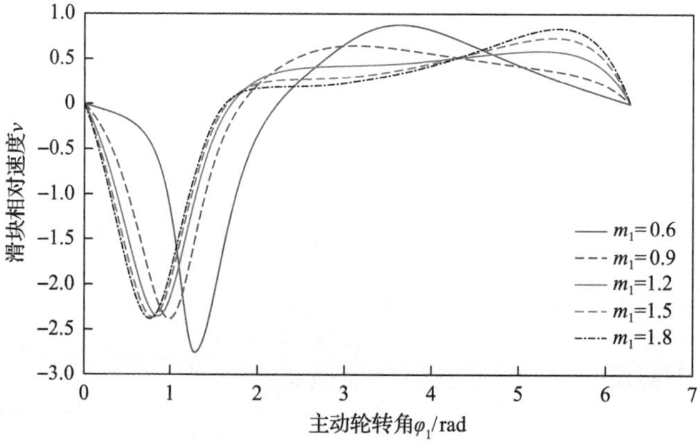

图 3.10　参数 m_1 变化时 v 随 φ_1 变化趋势图

(3)保持 m_1 、α 和 λ 不变，改变 k 。各参数的取值如下：$m_1=0.7$ 、$\alpha=5$ 、$\lambda=0.6$ 、$k=0.1\sim0.6$ ，其中 k 的变化步长取 0.1，得到的 v-φ_1 曲线如图 3.11 所示。

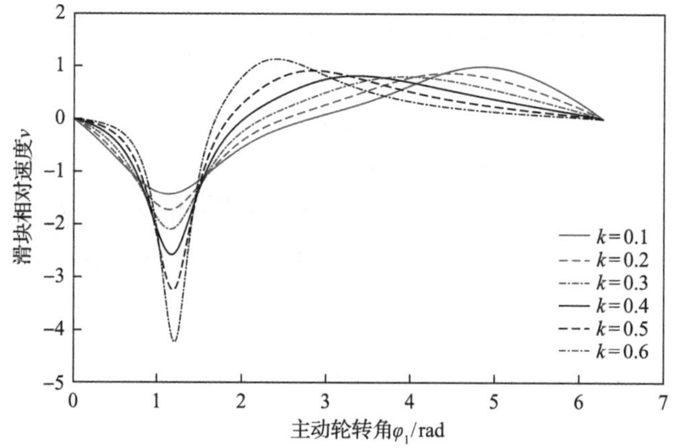

图 3.11　参数 k 变化时 v 随 φ_1 变化趋势图

(4)保持 m_1 、α 和 k 不变，改变 λ 。各参数的取值如下：$m_1=0.7$ 、$\alpha=5$ 、$k=0.4$ 、$\lambda=0.1\sim0.6$ ，其中 λ 的变化步长取 0.1，得到的 v-φ_1 曲线如图 3.12 所示。

图 3.9～图 3.12 中的横坐标为主动轮转角 φ_1 ，由于主动轮速度恒定，横轴也可看成时间轴来考察滑块的速度变化。由图 3.9 可知，参数 α 的变化对滑块的推程和回程的时间分配有很大影响，因此对机构的急回特性有较强的调节能力；由图 3.10 可知，参数 m_1 的变化对机构急回特性的调节能力不强，但有助于滑块推程

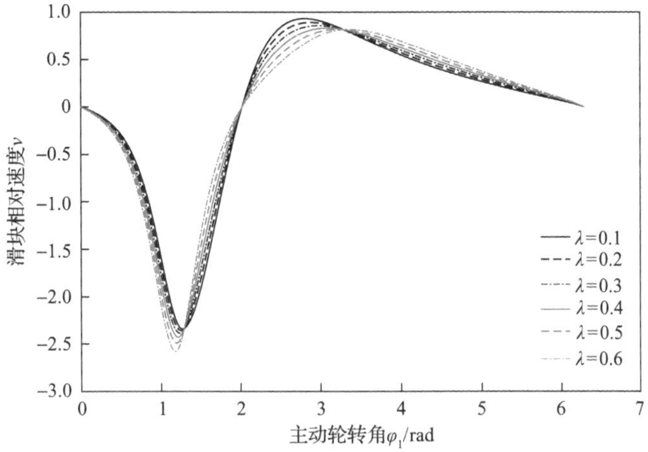

图 3.12　参数 λ 变化时 v 随 φ_1 变化趋势图

速度的均匀化；由图 3.11 可知，参数 k 的变化对滑块回程的最大速度影响较大，对滑块推程速度有一定的调节能力；由图 3.12 可知，参数 λ 的变化对机构的急回特性无影响，对滑块的推程速度和回程速度调节能力也很弱。因此，可利用优化设计的思想，通过调节参数 k 、m_1 和 α 来实现滑块的推程近似匀速运动，并且保持一定的急回特性。

对滑块速度进行优化时，可以滑块在主动轮的转角区间 $[\theta_1,\theta_2]$ 内速度波动最小为优化目标，即取 $\theta_1 \leqslant \varphi_1 \leqslant \theta_2$ 内滑块的加速度平方和最小为目标函数。滑块的加速度 a_k 可通过式(3.21)对时间求导得到

$$a_k = -l_1\left(\omega_2^2\cos\varphi_2 + \alpha_2\sin\varphi_2\right) - \frac{1}{2}l_1\lambda\frac{\left[2\omega_2^2\cos(2\varphi_2)+\alpha_2\sin(2\varphi_2)\right]\left(1-\lambda^2\sin^2\varphi_2\right)+\frac{1}{2}\lambda^2\omega_2^2\sin^2(2\varphi_2)}{\left(1-\lambda^2\sin^2\varphi_2\right)^{\frac{3}{2}}} \tag{3.23}$$

式中，α_2 为从动轮的角加速度，可通过式(3.18)对时间求导得到

$$\alpha_2 = \begin{cases} -\dfrac{2km_1\left(1-k^2\right)\sin\left(m_1\theta_{1r}\right)}{\left[1+k^2-2k\cos\left(m_1\theta_{1r}\right)\right]^2}\omega_1^2, & \theta_{1r}\in\left[0,\pi/m_1\right] \\ \dfrac{2km_2\left(1-k^2\right)\sin\left[m_2\left(2\pi-\theta_{1r}\right)\right]}{\left\{1+k^2-2k\cos\left[m_2\left(2\pi-\theta_{1r}\right)\right]\right\}^2}\omega_1^2, & \theta_{1r}\in\left(\pi/m_1,2\pi\right] \end{cases} \tag{3.24}$$

将式(3.24)代入式(3.23)，并记 α_2/ω_1^2 为 α_{2c} 可得

$$\frac{a_{\mathrm{k}}}{l_1\omega_1^2}=-\left(i_{21}^2\cos\varphi_2+\alpha_{2\mathrm{c}}\sin\varphi_2\right)-\frac{1}{2}l_1\lambda\frac{\left[2i_{21}^2\cos(2\varphi_2)+\alpha_{2\mathrm{c}}\sin(2\varphi_2)\right]\left(1-\lambda^2\sin^2\varphi_2\right)+\frac{1}{2}\lambda^2 i_{21}^2\sin^2(2\varphi_2)}{\left(1-\lambda^2\sin^2\varphi_2\right)^{\frac{3}{2}}} \tag{3.25}$$

式中，i_{21}为非圆齿轮副的传动比，即ω_2/ω_1，可由式(3.18)求得。这里记$a_{\mathrm{k}}/\left(l_1\omega_1^2\right)$为$a$，$a$无量纲，表示滑块的相对加速度。另记$f(X)=\sum_{\theta_1}^{\theta_2}a^2$，$\theta_1$、$\theta_2$为主动轮转角的优化区间端值，$X=(k,m_1,\alpha)$，所以该机构设计的优化数学模型为

$$\min f(X)=\min\sum_{\theta_1}^{\theta_2}a^2 \tag{3.26}$$

这里初步取各参数的约束条件为$0\leqslant k\leqslant 0.5$、$0.55\leqslant m_1\leqslant 3$、$0\leqslant\alpha\leqslant 6.2$，用矩阵表示为

$$\begin{bmatrix}-1&0&0\\1&0&0\\0&-1&0\\0&1&0\\0&0&-1\\0&0&1\end{bmatrix}\begin{bmatrix}k\\m_1\\\alpha\end{bmatrix}\leqslant\begin{bmatrix}0\\0.5\\-0.55\\3\\0\\6.2\end{bmatrix} \tag{3.27}$$

式(3.27)记为：$AX^{\mathrm{T}}\leqslant b$。

采用 MATLAB 自带的优化工具箱，使用约束条件下求极小值函数 fmincon (@myfun, X0, A, b)，其中 myfun()函数即$f(X)$，X0 为迭代初始值。当曲柄杆长比$\lambda=0.3$、X0=[0.2,0.8,5]、优化区间$[\theta_1,\theta_2]=[3.5,4.5]$，得到的优化结果如下：$k=0.3113$、$m_1=0.9903$、$\alpha=5.1027$、$\min f(X)=5.3965\times10^{-4}$，根据这组参数得到的$v$-$\varphi_1$曲线如图 3.13 所示。

仿真实例：取变性椭圆齿轮副的齿数为 37，模数为 3mm，偏心率k和变性系数m_1取上述优化结果，据此可计算得到半长轴$A=56.9046\mathrm{mm}$。取曲柄长$l_1=24\mathrm{mm}$，由优化时所取的$\lambda=0.3$可求得连杆长$l_2=80\mathrm{mm}$，再结合$\alpha=5.1027\mathrm{rad}$，可得创建的变性椭圆齿轮副-曲柄滑块机构实体模型在装配初始位置的示意图如图 3.14 所示。

用 SolidWorks 的 Motion 插件，对图 3.14 所示的装配体进行运动学仿真，得到滑块的运动学仿真速度曲线如图 3.15 所示。

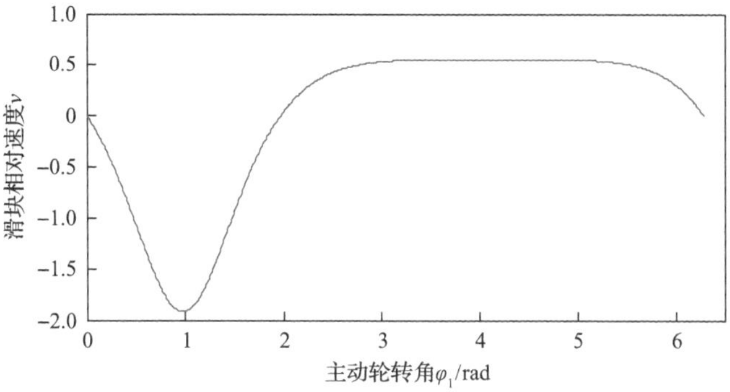

图 3.13　参数 k、m_1 和 α 经优化后 v 随 φ_1 变化趋势图

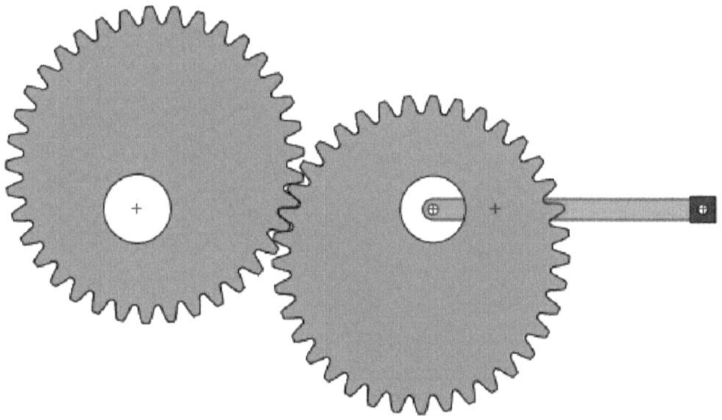

图 3.14　变性椭圆齿轮副-曲柄滑块机构实体模型在装配初始位置的示意图

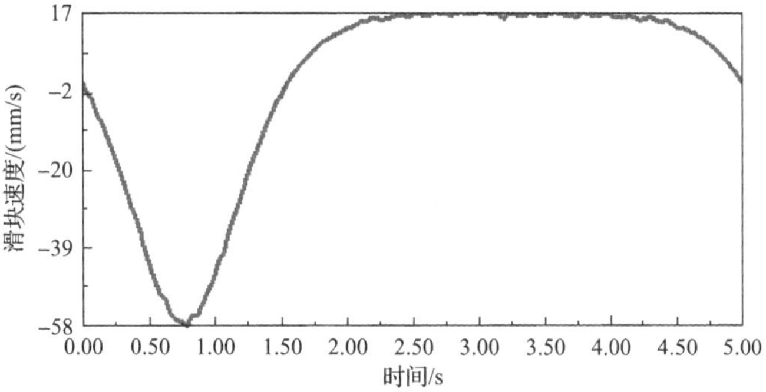

图 3.15　滑块的运动学仿真速度曲线

滑块在推程的速度相当平缓，接近匀速，推程时间和回程时间比大约为 2:3，机构具有较好的急回特性，仿真结果与数值计算结果相吻合。

3.1.3　非圆齿轮副与五杆机构的组合

平面五杆机构具有两个自由度，对双曲柄铰链五杆机构而言，通过调节两个曲柄相位角的不同组合，可以使相关铰链达到其轨迹域内的任何位置，进而实现不同的运动轨迹[4,5]。目前，应用较广的是用圆柱齿轮副来封闭五杆机构以满足不同的轨迹要求，但圆柱齿轮副之间仅能实现主从动轮的线性转角关系，在轨迹实现方面有很大的局限性。非圆齿轮副主从动轮的转角之间为非线性关系，若用非圆齿轮副来封闭五杆机构，则在轨迹实现方面具有较大的设计潜力[6]。下面重点探讨一种顺序通过给定若干离散点的非圆齿轮副-五杆机构的设计可行性和设计方法。

五杆机构的逆运动学求解，即已知铰链在某一时刻的具体位置，反解出两个曲柄原动件的相位角。五杆机构的运动分析示意图如图 3.16 所示。

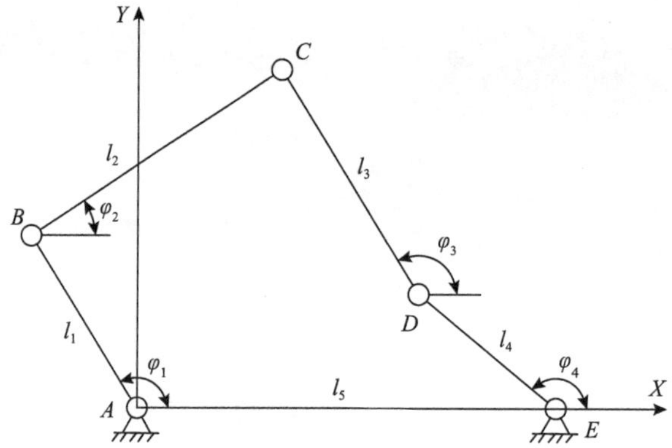

图 3.16　五杆机构的运动分析示意图

五杆机构 *ABCDE* 位于以点 *A* 为原点的直角坐标系 *A-XY* 中，已知五杆的杆长 l_1、l_2、l_3、l_4和l_5，铰链 *C* 的坐标为(x_C, y_C)，则有

$$\begin{cases} x_C = l_1\cos\varphi_1 + l_2\cos\varphi_2 \\ y_C = l_1\sin\varphi_1 + l_2\sin\varphi_2 \end{cases} \tag{3.28}$$

可化简为

$$x_C^2 + y_C^2 + l_1^2 - l_2^2 - 2x_C l_1\cos\varphi_1 - 2y_C l_1\sin\varphi_1 = 0 \tag{3.29}$$

式(3.29)为关于变量φ_1的一元函数，为了简化φ_1的求解过程，进行相关变量替换：

$$\begin{cases} a = x_C^2 + y_C^2 + l_1^2 - l_2^2 \\ b = -2x_C l_1 \\ c = -2y_C l_1 \end{cases} \tag{3.30}$$

结合式(3.30)，式(3.29)可化简为

$$a+b\cos\varphi_1+c\sin\varphi_1=0 \tag{3.31}$$

设 $T=\tan\left(\varphi_1/2\right)$，由式(3.31)可解得

$$T=\frac{-c\pm\sqrt{c^2+b^2-a^2}}{a-b} \tag{3.32}$$

故可求得 $\varphi_1=2\arctan T$。

同理，对于 φ_4 的求解，进行变量替换：

$$\begin{cases} d=\left(x_C-x_E\right)^2+\left(y_C-y_E\right)^2+l_4^2-l_3^2 \\ e=-2\left(x_C-x_E\right)l_4 \\ f=-2\left(y_C-y_E\right)l_4 \end{cases} \tag{3.33}$$

可得到关于 φ_4 的一元方程如下：

$$d+e\cos\varphi_4+f\sin\varphi_4=0 \tag{3.34}$$

设 $H=\tan\left(\varphi_4/2\right)$，由式(3.34)可解得

$$H=\frac{-f\pm\sqrt{f^2+e^2-d^2}}{d-e} \tag{3.35}$$

故可求得 $\varphi_4=2\arctan H$。其中，φ_1 和 φ_4 的取值范围为 $[0,2\pi]$，式(3.32)和式(3.35)中的 $\pm$ 取决于机构的初始位姿。

在五杆机构铰链 C 的轨迹域内，给定铰链 C 能够顺序通过的 $N+1$ 个离散位置点集合 $\{(x_{C0},y_{C0}),(x_{C1},y_{C1}),\cdots,(x_{CN},y_{CN})\}$。根据式(3.28)～式(3.35)，可以求得每个位置点所对应的曲柄 AB 和 DE 到 X 轴正方向的相位角集合 $\{(\varphi_{10},\varphi_{40}),(\varphi_{11},\varphi_{41}),\cdots,(\varphi_{1N},\varphi_{4N})\}$。据此得到曲柄 AB 和 DE 相对于初始位置的系列离散转角 φ_{1i} 和 φ_{4i}，这二者之间很难保证为线性关系，因此采用圆柱齿轮副传动方案难以满足运动要求。

目前，为了满足 φ_{1i} 和 φ_{4i} 之间的非线性关系，应用较广的是采用混合驱动方式，即曲柄 1 采用恒速电机驱动，曲柄 4 采用伺服驱动，以满足不同的运动轨迹要求。混合驱动方式在实现不同运动轨迹方面具有很大的灵活性，但在硬件设施

方面需要花费较高的成本。若采用一副非圆齿轮封闭五杆机构，主动轮驱动曲柄 AB，从动轮驱动曲柄 DE，根据曲柄 AB 和 DE 的相位角求解曲柄转角 φ_{1i} 和 φ_{4i}，也即非圆齿轮副主从动轮的转角 φ_{Zi} 和 φ_{Ci}（$i=0,1,\cdots,N$）。

非圆齿轮副主从动轮的转角 φ_{Zi} 和 φ_{Ci} 的求解如下：

$$\begin{cases}\varphi_{Zi}=2\pi k+j\,|\,\varphi_{1i}-\varphi_{10}\,|\\ \varphi_{Ci}=2\pi k+j\,|\,\varphi_{4i}-\varphi_{40}\,|\end{cases},\quad i=0,1,\cdots,N \tag{3.36}$$

由式(3.36)所求得的 $\varphi_{Z0}=\varphi_{C0}=0$、$\varphi_{ZN}\leqslant 2\pi$、$\varphi_{CN}\leqslant 2\pi$。沿着非圆齿轮的转动方向，当曲柄 AB 或 DE 越过 X 轴时 $k=1$、$j=-1$，若无越过 X 轴情况，则 $k=0$、$j=1$。

在实际使用中往往需要周期性地重复通过所给定的离散位置点，这就需要非圆齿轮副满足单向连续传动的要求。当非圆齿轮副单向连续传动时，在一个周期内主从动轮的转角是持续增大的，因此需要 φ_{Zi} 和 φ_{Ci} 随着 i 的增大持续增大。

根据前面的分析，可知在保证非圆齿轮副单向连续传动的前提下设计非圆齿轮副-五杆机构的基本要求是：由给定的离散位置点反求出的主从动轮转角序列要具有递增关系。当主从动轮的转角序列递增时，由它们所驱动的两个曲柄的转角也具有递增关系，而对应的两个曲柄的转向可以相同或相反，对应的非圆齿轮副-五杆机构的布置方式如图 3.17 和图 3.18 所示。

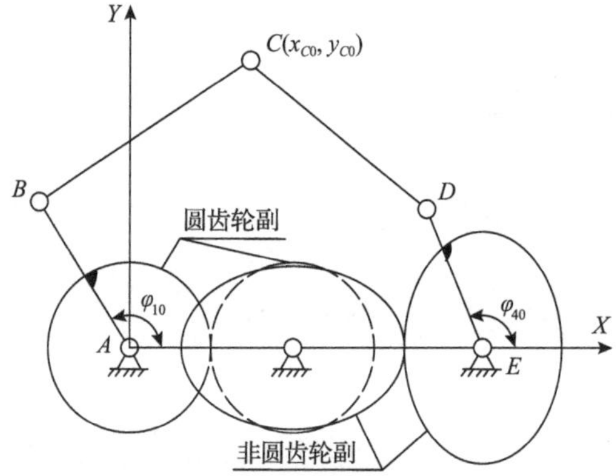

图 3.17 两曲柄转向相同时的机构布置图

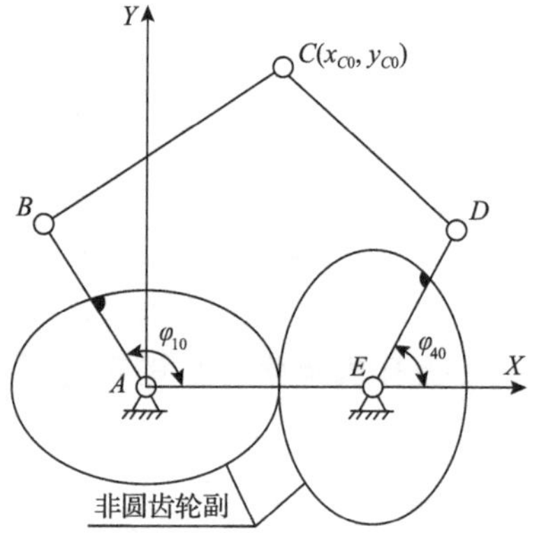

图 3.18 两曲柄转向相反时的机构布置图

φ_{10} 和 φ_{40} 为铰链 C 在初始位置点 (x_{C0}, y_{C0}) 时，曲柄 AB 和 DE 到 X 轴正方向的初始相位角，可据此确定杆 AB 和 DE 与非圆齿轮的固联位置。

主从动轮转角函数关系可由主从动轮的离散转角序列经插值得到，当 φ_{ZN} 和 φ_{CN} 均小于 2π 时，会导致主从动轮节曲线的不封闭。为了保证主从动轮节曲线的封闭性，这里对主从动轮的转角分别补充两个值，如下：

$$\begin{cases} \varphi_{Z(N+1)} = (\varphi_{ZN} + 2\pi)/2 \\ \varphi_{Z(N+2)} = 2\pi \\ \varphi_{C(N+1)} = (\varphi_{CN} + 2\pi)/2 \\ \varphi_{C(N+2)} = 2\pi \end{cases} \tag{3.37}$$

根据式(3.36)和式(3.37)可以求得主从动轮的 $N+3$ 对离散转角值，通过选取适当的插值方法获得主从动轮的转角函数关系式。设从动轮转角 φ_C 关于主动轮转角 φ_Z 的函数关系如下：

$$\varphi_C = f(\varphi_Z) \tag{3.38}$$

由式(3.38)可求解主从动轮节曲线的极坐标表达式，其中极径是关于 $f'(\varphi_Z)$ 的函数，极径的一阶导数是关于 $f''(\varphi_Z)$ 的函数。因此，为了保证节曲线的连续性需 $f'(\varphi_Z)$ 在区间 $[0, 2\pi]$ 为连续函数，同时为了保证节曲线的光滑性需 $f''(\varphi_Z)$ 在区间 $[0, 2\pi]$ 为连续函数。另外，为了使非圆齿轮副传动由一个周期到下一周期时，过渡平缓无冲击，还需 $f'(0) = f'(2\pi)$ 和 $f''(0) = f''(2\pi)$。

基于以上对非圆齿轮副主从动轮转角函数的分析可知，对齿轮副的离散转角序列插值所采用的插值函数需满足一阶导数和二阶导数连续，且插值函数具有周期性的要求。三次样条插值是一种分段插值方法，每段函数均为三次多项式，可以满足一阶和二阶导数连续的要求，同时可以设置适当的边界条件使得插值函数具有周期性。因此，采用三次样条插值方法对 $\varphi_{Ci} = f(\varphi_{Zi})$ 进行插值，可以较好地满足非圆齿轮节曲线的相关要求，并采用第三类边界条件进行边界约束。

在求得非圆齿轮副转角函数关系的基础上，可获得主从动轮节曲线的极坐标方程。对式(3.38)求导，可得传动比 i_{CZ}：

$$i_{CZ} = \frac{d\varphi_C}{d\varphi_Z} \tag{3.39}$$

根据式(3.39)可求得当主动轮转过 φ_Z、从动轮转过 φ_C 时，主从动轮节曲线所对应的极径 r_Z 和 r_C 分别为

$$\begin{cases} r_Z = d\dfrac{i_{CZ}}{1 + i_{CZ}} \\ r_C = \dfrac{d}{1 + i_{CZ}} \end{cases} \tag{3.40}$$

式中，d 为非圆齿轮副的安装中心距。因此，由式(3.38)～式(3.40)可分别求得主从动轮节曲线的极坐标表达式。

当主动轮转过一周时，从动轮也正好转过一周，因此主从动轮有相同的齿数。设非圆齿轮副的模数为 m，齿数为 z，螺旋角为 β，根据节曲线上的轮齿齿距之和等于节曲线周长这一关系，非圆齿轮副的法向模数 m_n、齿数和螺旋角的选配可由式(3.41)确定：

$$\frac{\pi m_n z}{\cos\beta} = \int_0^{2\pi} \sqrt{{r_Z}^2 + \left(\frac{\mathrm{d}r_Z}{\mathrm{d}\varphi_Z}\right)^2}\,\mathrm{d}\varphi_Z \tag{3.41}$$

根据式(3.38)～式(3.40)所计算出的主动轮节曲线无明确的数学表达式，所得到的仅是大量的极径和极角离散值，这就造成了主动轮节曲线周长难以计算。这里采用样条插值的思想，基于主动轮节曲线极径和极角的大量离散值，通过插值计算得到节曲线的极坐标表达式，从而实现节曲线周长的计算。

这里选取铰链五杆机构 $ABCDE$ 为对称双曲柄机构，其中杆 AB 和 DE 为较短杆，铰链 A、B、D 和 E 为周转副，铰链 C 不是周转副，则对应的各杆长如下：$l_1 = l_4 = 24\text{mm}$、$l_2 = l_3 = 80\text{mm}$、$l_5 = 100\text{mm}$。设 $r_1 = |l_2 - l_1|$、$r_2 = l_2 + l_1$、$r_3 = |l_4 - l_3|$、$r_4 = l_4 + l_3$，定义以 $r_i\,(i = 1,2,3,4)$ 为半径的圆内区域为 R_i，圆外区域为 $\overline{R_i}$，则铰链 C 的轨迹域可表达为 $\overline{R_1} \cap R_2 \cap \overline{R_3} \cap R_4$，结合各杆长得到的铰链 C 的轨迹域如图 3.19 所示。

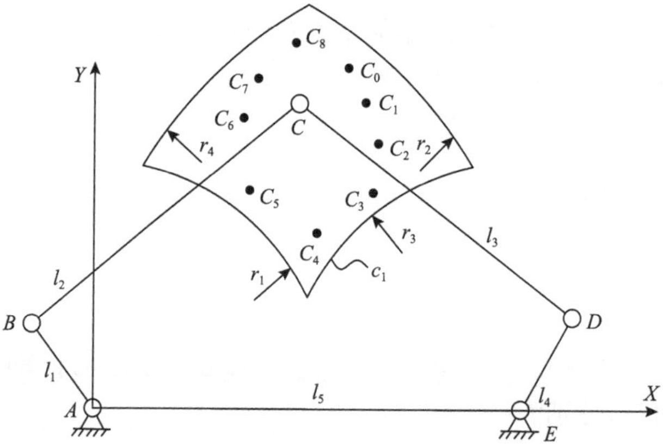

图 3.19　五杆机构的曲柄运动轨迹域图

封闭边线 c_1 所包含的区域对应于铰链 C 在 X 轴上方的轨迹域，在该轨迹域内有 $C_0, C_1, \cdots, C_8$ 共 9 个离散位置点，要求铰链 C 可以周期性地从 C_0 点开始顺时针依次通过所有点。以铰链 A 的中心为坐标原点建立坐标系 $S(A\text{-}XY)$，则各离散位置点坐标以及根据式(3.28)～式(3.35)计算出的各点对应的 φ_1 和 φ_4 如表 3.2 所示。

表 3.2　各离散位置点坐标及对应的 φ_1 和 φ_4

点号	X 轴坐标/mm	Y 轴坐标/mm	φ_1 /rad	φ_4 /rad
C_0	63.1801	78.4618	0.4288	3.1626
C_1	66.8361	70.5214	0.1287	3.5145
C_2	69.5669	60.8883	6.0920	3.9780
C_3	68.2007	48.6031	5.6319	4.7947
C_4	51.1960	36.6724	4.6718	0.1287
C_5	32.9930	49.6429	3.4721	1.2194
C_6	31.8221	68.7324	2.7332	1.6502
C_7	36.2897	79.9442	2.2520	1.9037
C_8	47.4728	89.0502	1.5342	2.3023

根据表 3.2 所列出各离散位置点对应的 φ_1 和 φ_4，结合式(3.36)可求得当采用非圆齿轮驱动杆 1 和杆 4 时，铰链 C 各位置点所对应的主从动轮的离散转角如表 3.3 所示。

表 3.3　非圆齿轮副的离散转角序列

点号	主动轮离散转角/rad	从动轮离散转角/rad
C_0	0	0
C_1	0.3001	0.3519
C_2	0.6200	0.8154
C_3	1.0801	1.6321
C_4	2.0402	3.2493
C_5	3.2399	4.3400
C_6	3.9788	4.7708
C_7	4.4600	5.0243
C_8	5.1778	5.4229

如表 3.3 所示，由给定的离散位置点所求得的非圆齿轮副主从动轮离散转角，均朝增大的方向变化，满足非圆齿轮单向转动要求。由表 3.2 可知 $\varphi_{11} > \varphi_{12}$ 和 $\varphi_{41} < \varphi_{42}$，因此主动轮转向为顺时针方向，从动轮转向为逆时针方向，所采用的非圆齿轮副-五杆机构的布置方式如图 3.18 所示。由于点 C_8 所对应的主从动轮转角均小于 2π，为了保证非圆齿轮节曲线的封闭性以及传动的连续性，根据式(3.37)给非圆齿轮副的主从动轮增加 2 对离散转角，即(5.7305, 5.8530)和(2π, 2π)。因此，非圆齿轮副的主从动轮共有 11 对离散转角，采用分段三次样条对其进行插值，可得到主从动轮离散转角插值曲线如图 3.20 所示。

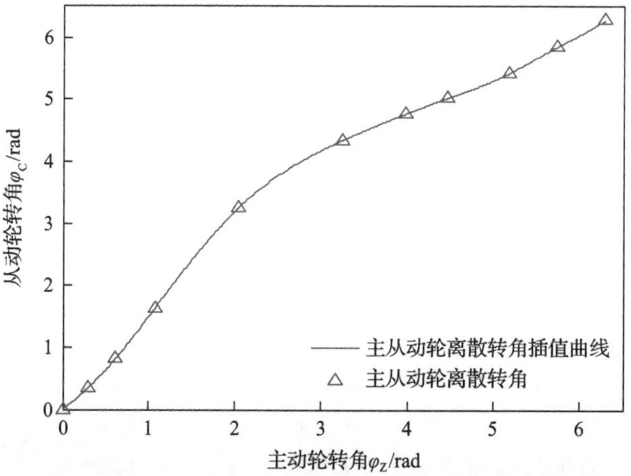

图 3.20　主从动轮离散转角三次样条插值曲线

由主从动轮的 11 对离散转角可求得 10 段三次样条插值曲线，各段插值曲线的函数表达式为

$$\varphi_C = a_j\varphi_Z^3 + b_j\varphi_Z^2 + c_j\varphi_Z + d_j \tag{3.42}$$

式中，a_j、b_j和c_j分别为φ_Z的三次项、二次项和一次项系数，d_j为常数项，段号$j=1,2,\cdots,10$。各段三次样条插值曲线的系数如表 3.4 所示。

表 3.4　各段三次样条插值曲线的系数

段号j	a_j	b_j	c_j	d_j
1	–0.40711	0.71708	0.99407	0
2	0.21757	0.15468	1.16285	–0.01688
3	–0.41516	1.33157	0.43318	0.13391
4	–0.17261	0.54561	1.28209	–0.17172
5	0.11736	–1.22918	4.90303	–2.63420
6	0.02604	–0.34155	2.02718	0.47161
7	–0.01967	0.20411	–0.14389	3.35103
8	0.18398	–2.52075	12.00903	–14.7163
9	–0.36210	5.96170	–31.9114	61.08751
10	0.59127	–10.4282	62.01068	–118.319

在求得主从动轮转角函数关系的基础上，结合式(3.38)～式(3.40)可得到主从动轮节曲线的极坐标方程，非圆齿轮副的安装中心距即五杆机构中杆 AE 的长$l_5=100\text{mm}$。求出的主从动轮的节曲线设计结果如图 3.21 所示。

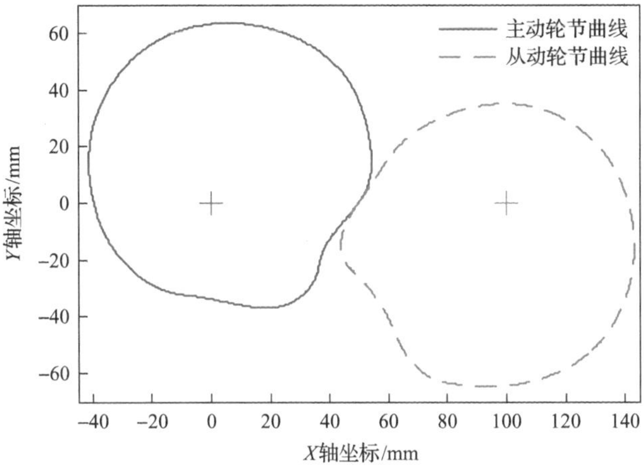

图 3.21　主从动轮的节曲线设计结果

结合式(3.41)可计算得到主动轮节曲线的周长为 310.1860mm，进而推得非圆齿轮副齿数、法向模数和螺旋角的关系为：$m_n z / \cos\beta = 98.7352\text{mm}$。考虑到根切因素，通过反复适配确定 $m_n = 1.5\text{mm}$、$z = 65$、$\beta = 9.0699°$。由于斜齿非圆齿轮加工困难，可以考虑采用非标准模数的直齿轮传动设计方案，齿数仍为 65，模数取 1.519mm，制造可采用线切割、快速原型或插削等方法加工实现。

基于展成法原理，采用实体几何运算方法实现非圆齿轮副主从动轮的模型创建，然后与五杆机构进行装配并进行运动仿真，得到的铰链 C 的运动轨迹如图 3.22 所示。

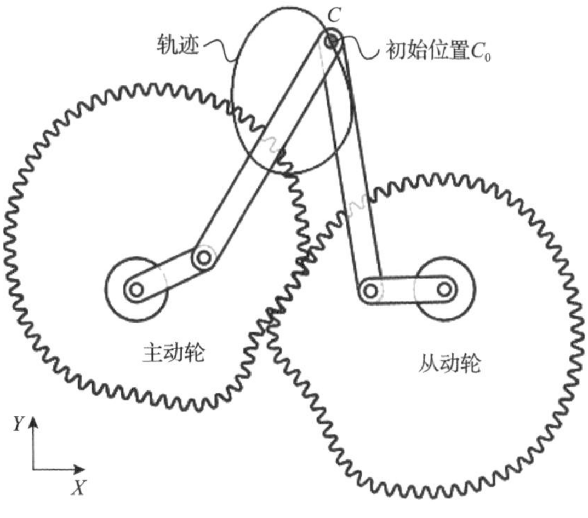

图 3.22　非圆齿轮副-五杆机构铰链 C 的运动轨迹仿真示意图

非圆齿轮副的主从动轮分别驱动五杆机构的两个曲柄，使铰链 C 产生一个封闭的运动轨迹，当非圆齿轮副处于图 3.22 所示的初始安装位置时，铰链 C 处于点

C_0 位置。根据表 3.2，可知此时与主动轮固联的曲柄和 X 轴正方向间的夹角为 $\varphi_{10}=0.4288\text{rad}$，与从动轮固联的曲柄和 X 轴正方向间的夹角为 $\varphi_{40}=3.1626\text{rad}$，据此可确定两曲柄在主从动轮上的安装方位。

为了评价铰链 C 通过预定点 $C_0, C_1,\cdots, C_8$ 的精度，提取铰链 C 仿真轨迹上系列离散点的 X 轴坐标和 Y 轴坐标，然后采用插值方法得到 Y 轴坐标关于 X 轴坐标的插值函数 $y=f\left(x\right)$，则铰链 C 通过预定点的误差定义为

$$\Delta_{C_i}=f\left(x_{C_i}\right)-y_{C_i},\quad i=0,1,\cdots,8 \tag{3.43}$$

根据式(3.43)计算的铰链 C 通过预定点时产生的误差如图 3.23 所示。

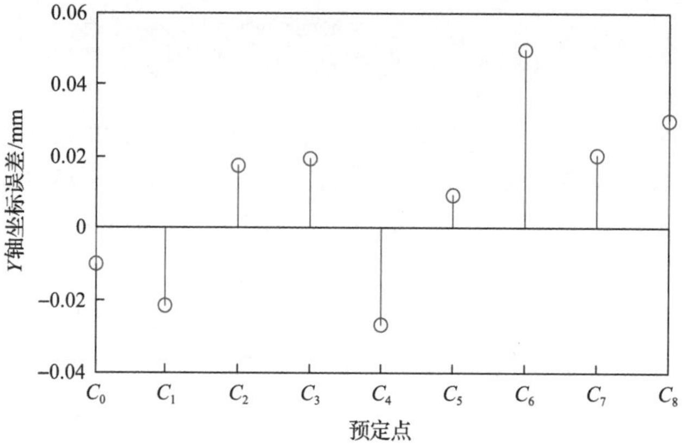

图 3.23　铰链 C 通过预定点时产生的误差

按照式(3.43)给出的误差评价方式，当铰链 C 通过准确预定点的 X 轴坐标时，Y 轴坐标产生的误差数量级为 $10^{-2}\,\text{mm}$，误差在允许范围内，所设计的非圆齿轮副-五杆机构能够较好地满足顺序通过预定位置点的运动要求。

3.2　非圆齿轮轮系的应用

与圆柱齿轮相似，非圆齿轮也可以组成轮系并实现一些具体的功能。例如，当按照一定的传动比函数设计的非圆齿轮极径变化过大或出现严重内凹时，可以考虑采用非圆齿轮定轴轮系加以改善；采用变中心距非圆齿轮行星轮系设计出的低速大扭矩液压马达，在生产实际中取得了良好的效果。

3.2.1　非圆齿轮定轴轮系

用于某场合的非圆齿轮传动，要求主从动轮实现以下分段转角要求(设主动轮为齿轮 1，从动轮为齿轮 2)，则易得这三段的平均传动比，如图 3.24 所示。

(1)齿轮 1 转过 90°，齿轮 2 转过 70°。

(2)齿轮 1 转过 180°，齿轮 2 转过 220°。

(3)齿轮 1 转过 90°，齿轮 2 转过 70°。

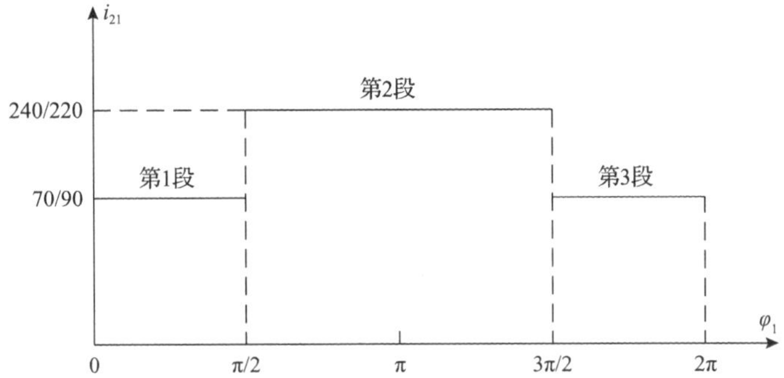

图 3.24 非圆齿轮副的各段平均传动比

该传动比曲线满足齿轮 2 和齿轮 1 的分段转角要求，但是并不连续。在使传动比曲线光滑连续的同时，还要保证每段的传动比均值不变。由于正余弦曲线在其半个周期或者一个周期内有良好的均值不变特性，这里采用正弦曲线对第 1 段和第 3 段传动比曲线进行处理，处理后的结果如图 3.25 所示。

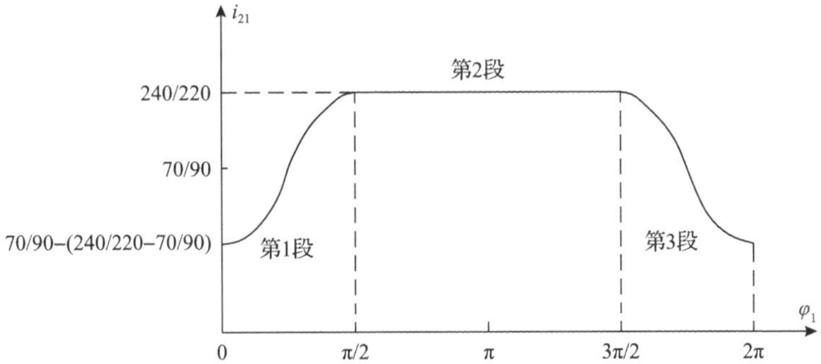

图 3.25 用正弦曲线转化成的连续传动比曲线

设 $i_{\max}=240/220$ 、 $i_{\min}=70/90-(240/220-70/90)$ 、 $a=(i_{\max}+i_{\min})/2$ ， $b=(i_{\max}-i_{\min})/2$ ，则图 3.25 所示传动比曲线的数学表达式为

$$i_{21}=\begin{cases}a+b\sin(2\varphi_1-\pi/2), & 0\leqslant\varphi_1\leqslant\pi/2\\ i_{\max}, & \pi/2<\varphi_1\leqslant 3\pi/2\\ a+b\sin(2\varphi_1-\pi/2), & 3\pi/2<\varphi_1\leqslant 2\pi\end{cases} \tag{3.44}$$

这里取主从动轮的齿数为 30，模数为 3mm，据此计算的安装中心距为 87.8930mm(计算过程参照式(3.34)和式(3.35))，则按照式(3.44)所给定的传动比

函数设计出的主从动轮的节曲线如图 3.26 所示。

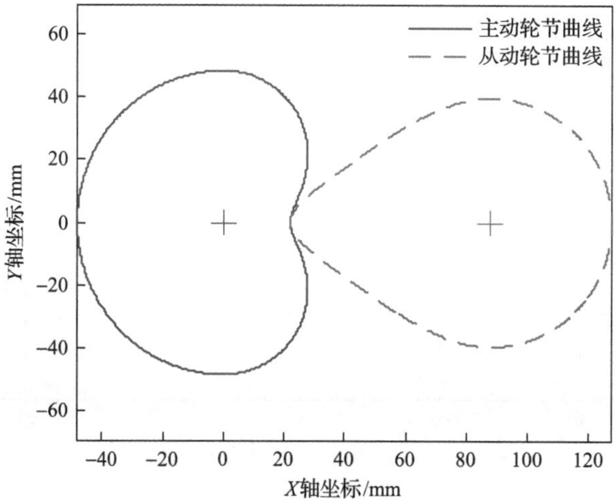

图 3.26　根据式(3.44)设计的主从动轮的节曲线

由图 3.26 可知，主动轮出现内凹且凹部最小曲率半径较小，从动轮的最小曲率半径也较小，这将不利于非圆齿轮的加工和轮齿强度的提高。为此，这里考虑采用非圆齿轮定轴轮系，用两级非圆齿轮传动来实现分段转角的要求，每级传动的转角分配如表 3.5 所示。

表 3.5　每级传动的转角分配

级数	主动轮转角/(°)	从动轮转角/(°)
第一级	90	80
	180	200
	90	80
第二级	80	70
	200	220
	80	70

设第一级非圆齿轮副的主动轮为齿轮 1，从动轮为齿轮 2，第二级非圆齿轮副的主动轮为齿轮 3，从动轮为齿轮 4，各齿轮对应的转角分别为 φ_1、φ_2、φ_3 和 φ_4，齿轮 2 和齿轮 3 同轴。参照图 3.25 和图 3.26 可得两级非圆齿轮副的传动比函数，第一级的传动比为

$$i_{21}=\begin{cases}0.8889+0.2222\sin\left[2\left(\varphi_1-0.7854\right)\right], & 0\leqslant\varphi_1\leqslant\pi/2\\ 1.1111, \quad \pi/2<\varphi_1\leqslant 3\pi/2 & \\ 0.8889+0.2222\sin\left[2\left(\varphi_1-0.7854\right)\right], & 3\pi/2<\varphi_1\leqslant 2\pi\end{cases}\tag{3.45}$$

第二级的传动比为

$$
i_{43}=\begin{cases}0.875+0.225\sin\left[2.25\left(\varphi_2-0.6981\right)\right], & 0\leqslant\varphi_2\leqslant 1.3963\\ 1.1, & 1.3963<\varphi_2\leqslant 4.8869\\ 0.875+0.225\sin\left[2.25\left(\varphi_2-6.9813\right)\right], & 4.8869<\varphi_2\leqslant 2\pi\end{cases} \tag{3.46}
$$

据此，可得齿轮 4 和齿轮 1 的传动比 $i_{41}=i_{21}(\varphi_1)\cdot i_{43}(\varphi_2)$。

各级齿轮的参数同前，齿数为 30，模数为 3mm，据此可计算得到第一级非圆齿轮副的安装中心距 $d_1=89.836\text{mm}$，第二级的安装中心距 $d_2=89.6698\text{mm}$。计算得到的两级非圆齿轮副节曲线如图 3.27 和图 3.28 所示。

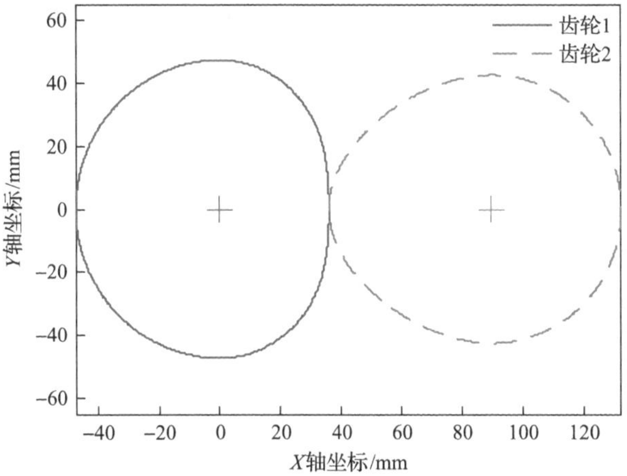

图 3.27　根据式(3.45)设计的非圆齿轮副节曲线

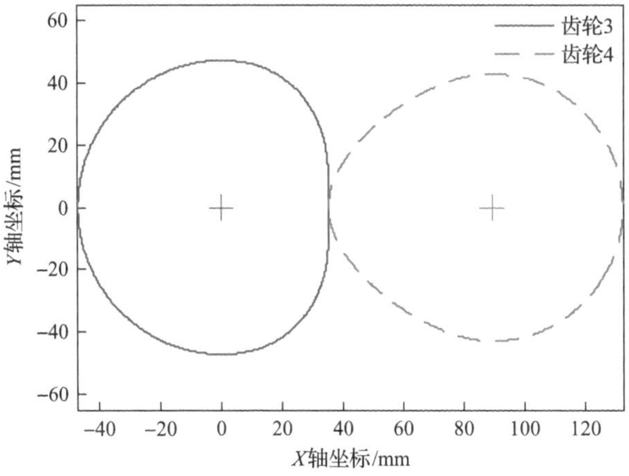

图 3.28　根据式(3.46)设计的非圆齿轮副节曲线

由图 3.27 和图 3.28 可知，通过两级非圆齿轮副传动实现所要求的分段转角，相比于一级非圆齿轮副传动，所得到的节曲线特性有明显提升，有利于非圆齿轮的制造，且能够避免相关轮齿缺陷。

对两级非圆齿轮副进行建模并装配，得到的实体模型如图 3.29 所示。经运动仿真，得到的齿轮 4 的角位移输出曲线如图 3.30 所示。

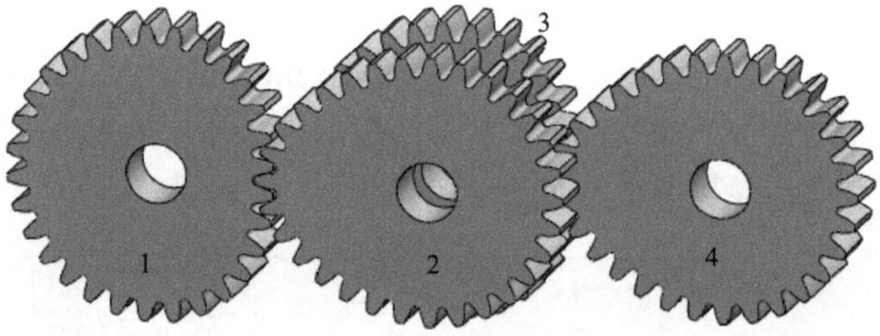

图 3.29　实现分段转角要求的非圆齿轮定轴轮系实体模型

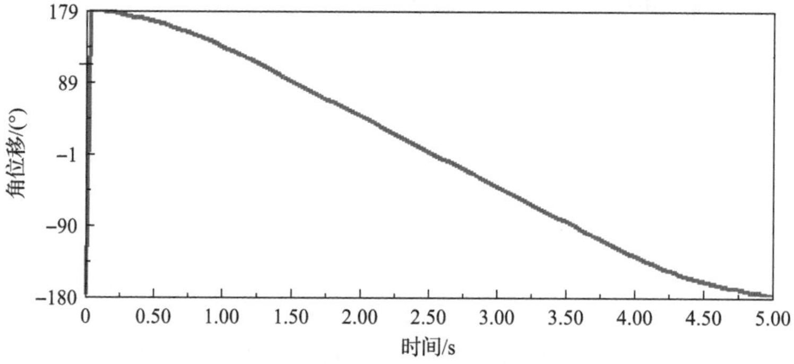

图 3.30　齿轮 4 的角位移输出曲线

仿真时间取 5s，齿轮 1 的转速为 12r/min，故在 1.25s 时齿轮 1 转过 90°，在 3.75s 时转过 270°，对应的齿轮 4 角位移分别为 110°和−110°，即齿轮 4 转角为 70°和 290°，仿真结果符合预期结论，实现了输入轴和输出轴的分段转角要求。

3.2.2　W-W 型非圆齿轮行星轮系

由两对外啮合非圆齿轮副构成的行星轮系，简称 W-W 型非圆齿轮行星轮系，该轮系可以在输入轴匀速转动时，实现输出轴单向转动、间歇转动或往复摆动等运动[7]。W-W 型非圆齿轮行星轮系的示意图如图 3.31 所示。

Ⅰ轴为输入轴，Ⅱ轴为输出轴，H 为系杆，齿轮 1、2、3 和 4 为非圆齿轮，在实际分析计算中，为了简化分析计算过程，通常取齿轮 1 和齿轮 2 为圆柱齿轮。设非圆齿轮 4 的转角 φ_4 和系杆 H 的转角 φ_H 关系为 $\varphi_4 = f(\varphi_H)$，据此可得二者的

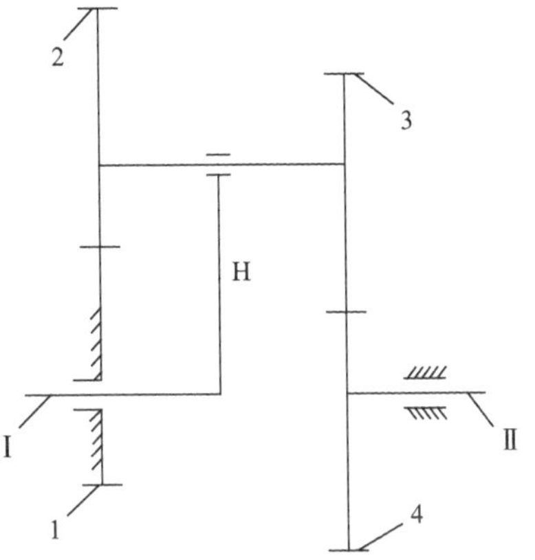

图 3.31　W-W 型非圆齿轮行星轮系的示意图

传动比 $i_{4H}=\mathrm{d}\varphi_4/\mathrm{d}\varphi_H$。根据反转法原理，给整个轮系施加一个与系杆 H 大小相等、方向相反的转速，可得

$$i_{43}^{H}=(1-i_{4H})i_{12}^{H} \tag{3.47}$$

式中，i_{43}^{H} 和 i_{12}^{H} 分别为当轮系有反转速度时，齿轮副 4-3 以及齿轮副 1-2 的传动比。轮系反转时，非圆齿轮 3 和非圆齿轮 4 的转角 φ_3^{H} 和 φ_4^{H} 求解如下：

$$\begin{cases}\varphi_3^{H}=\dfrac{-\varphi_H}{i_{12}^{H}}\\ \varphi_4^{H}=\varphi_4-\varphi_H\end{cases} \tag{3.48}$$

本节以Ⅱ轴实现间歇运动为例，说明 W-W 型非圆齿轮行星轮系的设计方法。设在某间歇运动机构中，要求Ⅱ轴的转动时间和停歇时间比例为 $1:n$，其中转动时转过的角度为 k(rad)，Ⅱ轴完成一个运动循环，Ⅰ轴转过的角度为 $2\pi+b$ (rad)，则 φ_4 与 φ_H 的关系曲线如图 3.32 所示。

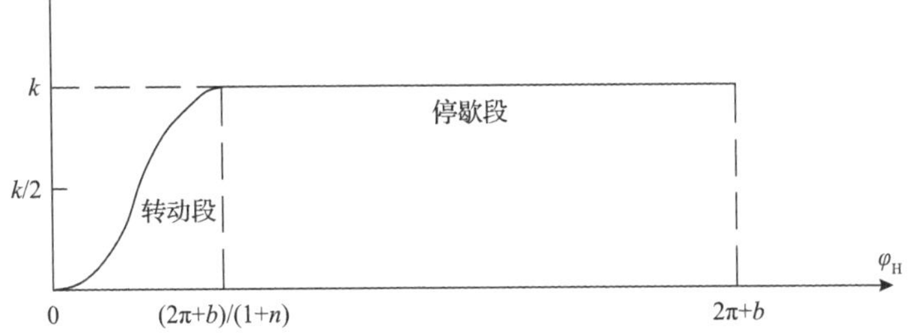

图 3.32　Ⅱ轴实现间歇运动时 φ_4 与 φ_H 的关系曲线

考虑到Ⅱ轴启动和停止时的平稳性，这里采用正弦曲线拟合 $\varphi_{\mathrm{H}} \in \left[0, (2\pi + b)/(1+n)\right]$ 段的曲线，则图 3.32 所示的 φ_4 关于 φ_{H} 曲线的数学表达式为

$$\varphi_4 = \begin{cases} \dfrac{k}{2} + \dfrac{k}{2}\sin\left\{\dfrac{(1+n)\pi}{2\pi+b}\left[\varphi_{\mathrm{H}} - \dfrac{2\pi+b}{2(1+n)}\right]\right\}, & 0 \leqslant \varphi_{\mathrm{H}} < \dfrac{2\pi+b}{1+n} \\ k, \quad \dfrac{2\pi+b}{1+n} \leqslant \varphi_{\mathrm{H}} \leqslant 2\pi + b \end{cases} \tag{3.49}$$

对 φ_{H} 求导得

$$i_{4\mathrm{H}} = \begin{cases} \dfrac{k(1+n)\pi}{4\pi+2b}\cos\left\{\dfrac{(1+n)\pi}{2\pi+b}\left[\varphi_{\mathrm{H}} - \dfrac{2\pi+b}{2(1+n)}\right]\right\}, & 0 \leqslant \varphi_{\mathrm{H}} < \dfrac{2\pi+b}{1+n} \\ 0, \quad \dfrac{2\pi+b}{1+n} \leqslant \varphi_{\mathrm{H}} \leqslant 2\pi + b \end{cases} \tag{3.50}$$

根据式(3.47)、式(3.48)和式(3.50)，可求得非圆齿轮 3 和非圆齿轮 4 的节曲线方程，设非圆齿轮 3 和非圆齿轮 4 的安装中心距为 d，则非圆齿轮 3 的节曲线极坐标方程为

$$\begin{cases} r_3 = d\dfrac{i_{43}^{\mathrm{H}}}{1+i_{43}^{\mathrm{H}}} \\ \varphi_3^{\mathrm{H}} = -\dfrac{\varphi_{\mathrm{H}}}{i_{12}^{\mathrm{H}}} \end{cases} \tag{3.51}$$

非圆齿轮 4 的节曲线极坐标方程为

$$\begin{cases} r_4 = \dfrac{d}{1+i_{43}^{\mathrm{H}}} \\ \varphi_4^{\mathrm{H}} = \varphi_4 - \varphi_{\mathrm{H}} \end{cases} \tag{3.52}$$

根据非圆齿轮 3 和非圆齿轮 4 的节曲线封闭条件，得

$$\begin{cases} \varphi_3^{\mathrm{H}}\big|_{\varphi_{\mathrm{H}}=2\pi} - \varphi_3^{\mathrm{H}}\big|_{\varphi_{\mathrm{H}}=0} = 2\pi \\ \varphi_4^{\mathrm{H}}\big|_{\varphi_{\mathrm{H}}=2\pi} - \varphi_4^{\mathrm{H}}\big|_{\varphi_{\mathrm{H}}=0} = -2\pi \end{cases} \tag{3.53}$$

将式(3.49)、式(3.51)和式(3.52)代入式(3.53)，可计算得到 b 和 i_{12}^{H}，其中 $b = k$、$i_{12}^{\mathrm{H}} = -(2\pi + b)/(2\pi)$。

记 $r_{3d} = r_3 / d$，由非圆齿轮 3 上的轮齿均布条件可求得安装中心距 d：

$$d=\frac{\pi mz}{\int_0^{2\pi}\sqrt{r_{3d}^2+\left(\mathrm{d}r_{3d}/\mathrm{d}\varphi_{\mathrm{H}}\right)^2}\mathrm{d}\varphi_{\mathrm{H}}} \tag{3.54}$$

式中，m 为非圆齿轮 3 的模数，z 为非圆齿轮 3 的齿数。这里初步选 $m=3\mathrm{mm}$ 、$z=40$ 、$n=1.5$ 、$k=\pi/6$ ，计算出 $i_{12}^{\mathrm{H}}=-1.083333$ 、$d=120.3559\mathrm{mm}$ 。据此，可绘制非圆齿轮 3 和非圆齿轮 4 的节曲线如图 3.33 所示(非圆齿轮 4 的齿数和模数与非圆齿轮 3 相同)。

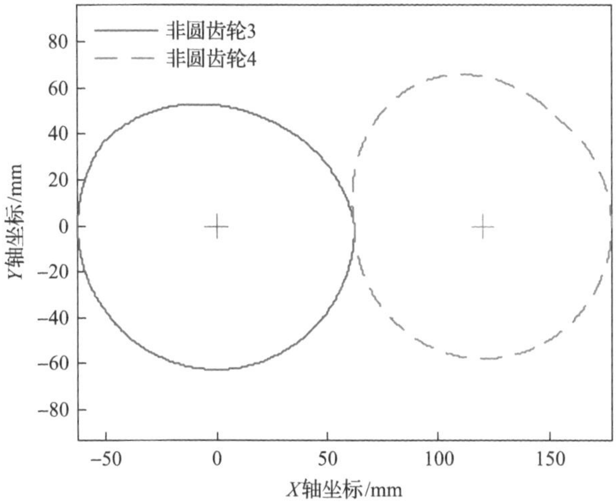

图 3.33　非圆齿轮 3 和非圆齿轮 4 的节曲线

齿轮 1 和齿轮 2 为圆柱齿轮副啮合，为了配凑非圆齿轮 3 和非圆齿轮 4 的安装中心距，这里采用变位的方法。设圆柱齿轮 1 和圆柱齿轮 2 的齿数分别为 z_1 和 z_2 ，变位系数分别为 x_1 和 x_2 ，模数与非圆齿轮副相同取 $m=3\mathrm{mm}$ ，因此圆柱齿轮 1 和圆柱齿轮 2 的安装中心距为

$$d=\frac{m}{2}\left(z_1+z_2\right) \tag{3.55}$$

由 i_{12}^{H} 计算得 $z_2=1.083333z_1$ ，故可计算出 $z_1=38.5158$ 、$z_2=41.7253$ ，这里对圆柱齿轮 1 和圆柱齿轮 2 的齿数进行取整，$z_1=42$ 、$z_2=39$ ，此时圆柱齿轮 1 和圆柱齿轮 2 的安装中心距为 121.5mm。为了配凑出 120.3559mm 的安装中心距，这里取 $x_1=x_2=-0.183$ 。

至此，可以根据以上计算分析结果，对圆柱齿轮 1 和圆柱齿轮 2 以及非圆齿轮 3 和非圆齿轮 4 分别进行建模，由它们组成的装配体模型如图 3.34 所示。

装配体模型中的系杆施加一回转运动进行运动仿真，系杆转速为 12r/min，仿真时间取 5.4s(可以让非圆齿轮 4 正好转动一周)，得到的非圆齿轮 4 的角位移曲线如图 3.35 所示。

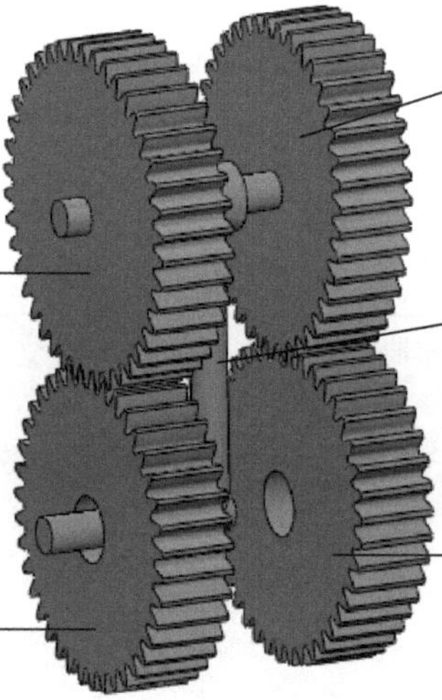

图 3.34　W-W 型非圆齿轮行星轮系实现间歇运动的装配体模型

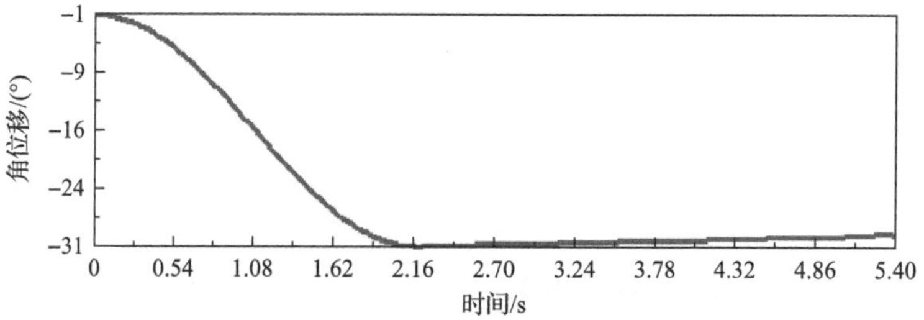

图 3.35　仿真得到的非圆齿轮 4 的角位移曲线

在非圆齿轮 4 的一转内，转动时间与停歇时间比约为 1∶1.5，转动角度约为 30°，在停歇阶段的转角变化幅度为 1°，这主要由圆柱齿轮副齿数的选择($z_2 / z_1 \approx 1.083333$)以及两副齿轮的建模精度引起，仿真结果符合预期设定结果。

3.2.3　变中心距 N-G-W 型非圆齿轮行星轮系

N-G-W 型非圆齿轮行星轮系由非圆外齿轮、行星轮和非圆内齿轮组成，根据行星轮和太阳轮的中心距是否变化可分为定中心距 N-G-W 型轮系和变中心距 N-G-W 型轮系。变中心距 N-G-W 型非圆齿轮行星轮系，目前已成功应用于低速大扭矩液压马达，并取得了很好的使用效果[8,9]。变中心距 N-G-W 型非圆齿轮行星轮系的各轮节曲线示意图如图 3.36 所示。

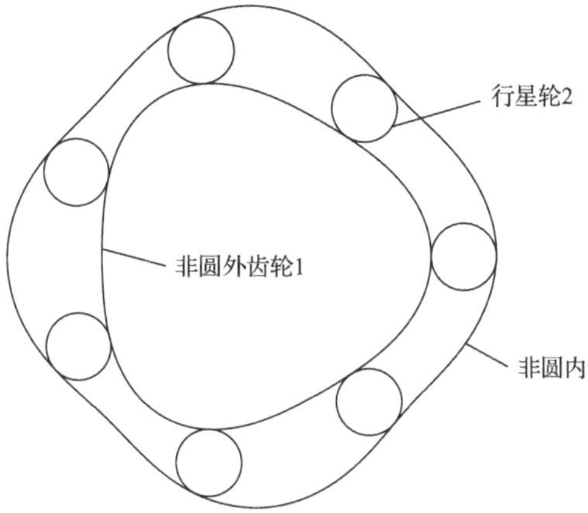

图 3.36　变中心距 N-G-W 型非圆齿轮行星轮系的各轮节曲线示意图

非圆外齿轮的节曲线和非圆内齿轮的节曲线均具有周期性，行星轮为圆柱齿轮，设非圆外齿轮节曲线和非圆内齿轮节曲线的周期性分别为 n_1 和 n_3，行星轮数量为 N，则有如下关系：$N = n_1 + n_3$。

取非圆外齿轮的节曲线为高阶椭圆，高阶椭圆节曲线的极坐标表达式如下：

$$r_1 = \frac{A\left(1-k^2\right)}{1-k\cos\left(n\theta_1\right)} \tag{3.56}$$

式中，r_1 为非圆外齿轮节曲线极径；A 为半长轴；k 为偏心率；n 为阶数；θ_1 为极角。设行星轮的节圆半径为 r_2，非圆内齿轮的节曲线方程为

$$\begin{cases} r_3 = r_1 + 2r_2 \sin\mu_1 \\ \theta_3 = \displaystyle\int_0^{\theta_1} \frac{r_1 + 2r_2 \dfrac{\mathrm{d}\mu_1}{\mathrm{d}\theta_1}\sin\mu_1}{r_1 + 2r_2\sin\mu_1}\mathrm{d}\theta_1 \end{cases} \tag{3.57}$$

式中，r_3 为非圆内齿轮节曲线极径；μ_1 为非圆外齿轮节曲线的极切角；$\sin\mu_1$ 和 $\dfrac{\mathrm{d}\mu_1}{\mathrm{d}\theta_1}$ 的计算公式如下：

$$\begin{cases} \sin\mu_1 = \dfrac{r_1}{\sqrt{r_1^2 + \left(\mathrm{d}r_1/\mathrm{d}\theta_1\right)^2}} \\ \dfrac{\mathrm{d}\mu_1}{\mathrm{d}\theta_1} = \dfrac{\left(\mathrm{d}r_1/\mathrm{d}\theta_1\right)^2 - r_1\mathrm{d}^2 r_1/\mathrm{d}\theta_1^2}{r_1^2 + \left(\mathrm{d}r_1/\mathrm{d}\theta_1\right)^2} \end{cases} \tag{3.58}$$

此时，非圆内齿轮的节曲线形状已经不再是高阶椭圆，而是周期性的自由节

曲线。

设非圆外齿轮、行星轮和非圆内齿轮的齿数分别为z_1、z_2和z_3，非圆内齿轮节曲线的极径最大值为$r_{3\max}$，各轮的模数为m，则各轮齿数的相关约束为

$$\begin{cases} z_3 = z_1 n_3 / n_1 \\ \dfrac{20n_1}{n_3 - n_1} < z_1 < \dfrac{2n_1 r_{3\max}}{n_3 m} \\ 10 \leqslant z_2 < \dfrac{1}{2}(z_3 - z_1) \\ z_3 < \dfrac{2r_{3\max}}{m} \end{cases} \tag{3.59}$$

根据非圆内齿轮的节曲线封闭条件和非圆外齿轮的轮齿均布条件，得

$$\begin{cases} \dfrac{2\pi}{n_3} = \displaystyle\int_0^{\frac{2\pi}{n_1}} \dfrac{r_1 + 2r_2 \dfrac{d\mu_1}{d\theta_1} \sin\mu_1}{r_1 + 2r_2 \sin\mu_1} d\theta_1 = f_1(A,k) \\ \pi m z_1 = \displaystyle\int_0^{2\pi} \sqrt{r_1^2 + \left(\dfrac{dr_1}{d\theta_1}\right)^2} d\theta_1 = f_2(A,k) \end{cases} \tag{3.60}$$

式(3.60)为二元一次方程组，未知数为非圆外齿轮的半长轴A和偏心率k，该方程组的求解问题可以化为参数的优化设计过程，优化目标为 min $\left[(2\pi / n_3 - f_1(A,k))^2 + (\pi m z_1 - f_2(A,k))^2\right]$。

设计实例：取$n_1 = 2$、$n_3 = 3$、$z_1 = 50$、$z_2 = 12$、$z_3 = 75$、$m = 3\text{mm}$，据此求解方程组(3.60)得$A = 74.357457\text{mm}$、$k = 0.132317$。对非圆外齿轮、行星轮和非圆内齿轮分别建模，并固定非圆内齿轮，非圆外齿轮匀速运动，得到的行星轮绕非圆外齿轮回转中心的公转轨迹如图 3.37 所示。

当非圆内齿轮固定，非圆外齿轮匀速转动时，行星轮的运动轨迹是和非圆内齿轮周期数一样的非圆曲线。5 个行星轮将非圆外齿轮和非圆内齿轮之间的腔体分隔成 5 个容积不同的密闭腔，当非圆外齿轮转动时，这些密闭腔的容积发生周期性变化。在腔体的底部设置配油孔，使得密闭腔容积最小时，排油孔刚好关闭；容积最大时，进油孔刚好关闭并且排油孔打开。通过轴向配流器，将压力油经配油孔输入密闭腔内，腔内周期性变化的油压力将使非圆外齿轮连续转动，进而使行星轮绕非圆外齿轮的回转中心进行公转。改变轴向配流器的进排油方向，可以控制非圆外齿轮的转向，改变输入压力油量的大小，可以实现非圆外齿轮的无级变速。

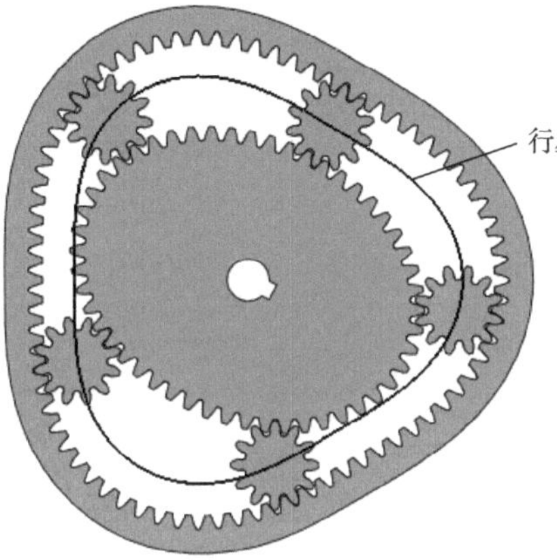

图 3.37　行星轮绕非圆外齿轮回转中心的公转轨迹

3.3　本 章 小 结

非圆齿轮作为能够实现变速运动的机械传动零件，大大增加了机械设计的灵活性和创新性。通过将非圆齿轮和其他机构串联使用、并联使用或构建非圆齿轮轮系，非圆齿轮的应用领域得以扩宽。本章内容结合非圆齿轮的若干设计实例，重点讲解了非圆齿轮与正弦机构和曲柄滑块机构串联使用、与五杆机构并联使用以及非圆齿轮定轴轮系、W-W 型轮系、N-G-W 型轮系的设计案例，对机构设计的分析计算过程进行了详细阐述，对非圆齿轮应用的拓展和创新具有一定的启发意义。

参 考 文 献

[1] 沈威, 刘红俊, 陈定方, 等. 非圆齿轮在正弦机构中的应用及仿真分析[J]. 武汉理工大学学报(交通科学与工程版), 2014, 38(3): 684-687.

[2] 贺敬良, 吴序堂, 李建刚. 变性椭圆齿轮连杆机构的运动特性及齿轮副设计[J]. 机械工程学报, 2004, 40(1): 62-65.

[3] 雷昌毅, 陈建能, 李鹏鹏, 等. 非圆齿轮-曲柄滑块压捆机构反求设计[J]. 农业工程学报, 2012, 28(13): 22-27.

[4] 周双林, 邹慧君. 混合输入五杆机构构型的分析[J]. 上海交通大学学报, 2001, 35(7): 1045-1048.

[5] 李学刚, 黄永强, 冯立艳. 对称五杆机构连杆曲线的特性研究[J]. 机械科学与技术, 2010, 29(3): 318-322.

[6] Mundo D, Gatti G, Dooner D B. Optimized five-bar linkages with non-circular gears for exact

path generation[J]. Mechanism and Machine Theory, 2009, 44(4): 751-760.
[7] 吴序堂, 王贵海. 非圆齿轮及非匀速比传动[M]. 北京: 机械工业出版社, 1997.
[8] 李建生, 李华敏. 不同类型非圆行星齿轮液压马达的性能分析[J]. 中国机械工程, 1994, 5(4): 21-23, 77-78.
[9] 熊镇芹, 吴序堂, 高本河. 非圆行星齿轮液压马达参数设计[J]. 机床与液压, 2004, 32(5): 50-52.

第 4 章　非圆齿轮数控加工理论

4.1　非圆齿轮制造方法

非圆齿轮在加工方法上可以沿用圆柱齿轮的加工方法，从齿廓的形成原理上可以分为成形法和展成法；从加工方式上又包含滚齿、插齿、铣齿、磨齿、线切割、粉末冶金、精密锻造等。由于非圆齿轮节曲线上每个齿形都具有自己的特殊性，成形法只能实现非圆齿轮的近似成形加工且加工效率低，而展成法对非圆齿轮的加工具有较高的加工精度和加工效率。非圆齿轮的节曲线种类繁多，形状复杂，而展成法要保证刀具和齿坯间的纯滚动，因此给展成法的计算也带来了一定的麻烦。由于线切割加工适应性强，在已知非圆齿轮齿廓数据的基础上即可实现非圆齿轮加工，线切割加工在目前非圆齿轮的加工中占比很大，但线切割加工具有加工效率低、齿面质量差等缺点，限制了非圆齿轮的推广使用。

随着计算机数控(computer numerical control，CNC)加工技术的不断发展，非圆齿轮的展成加工正趋于成熟，采用数控技术展成加工非圆齿轮的方法可以分为两大类：基于预计算加工数据的逐步展成法和基于变速比电子齿轮箱的连续展成法。基于预计算加工数据的逐步展成法事先计算好机床各轴的运动数据，使机床逐步运动完成刀具与工件的展成运动，该方法是目前非圆齿轮数控展成加工的主要方法。在实际加工前需要预计算机床各轴在每步展成中的运动数据，为了保证非圆齿轮具有一定的加工精度，代码量往往很大，加工过程中 CNC 系统内部有频繁的程序换句，会导致较长的程序处理时间，限制了进给速度的提高[1]。目前该方法已获得了较为成熟的应用，如合肥工业大学、兰州理工大学等单位均取得了可喜的成果。

基于变速比电子齿轮箱的连续展成法基于跟随法插补思想，结合非圆齿轮加工联动模型，通过实时改变加工过程中各轴间的速比系数，实现非圆齿轮的展成加工[2,3]。该方法的实现要依托于变速比电子齿轮箱技术，目前该技术已日渐成熟。

4.2　基于离散节曲线的逐步展成加工

非圆齿轮的逐步展成加工，需要预先计算出加工过程中机床各轴每步的运动数据，运动数据的计算方法又可分为基于离散节曲线的计算方法和基于加工联动模型的计算方法。本节以非圆齿轮的滚齿加工数据生成为例，说明逐步展成加工法的具体实施方式，同样的方法也可用于非圆齿轮的插齿加工数据生成。

4.2.1 各轴离散位移量求解

基于离散节曲线的非圆齿轮滚齿加工数据生成方法，按照一定的规则从非圆齿轮节曲线上提取一系列的离散点，然后分别计算从初始位置加工到节曲线上各离散点时机床各轴的位移量，让相邻离散点的各轴位移量逐次做差，即可求出机床各轴在每步的位移量。非圆齿轮的滚齿加工示意图如图 4.1 所示。

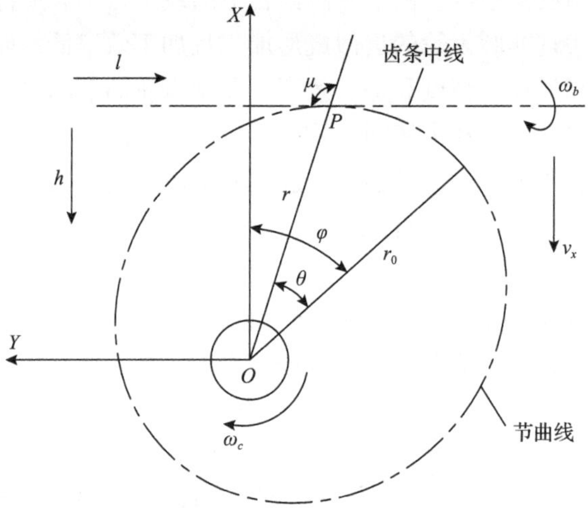

图 4.1 非圆齿轮的滚齿加工示意图

在机床坐标系 $S(O\text{-}XYZ)$ 中，非圆齿轮的展成加工由齿坯转速 ω_c 、滚刀转速 ω_b 和滚刀在 X 轴方向的速度 v_x 保证，滚刀在齿坯端面的投影相当于投影的齿条中线和非圆齿轮节曲线的纯滚动。加工起始时极角 $\theta_0 = 0$ ，对应的极径为 r_0 ，极切角为 μ_0 ， r_0 与 X 轴重合，加工中某一时刻齿条中线与节曲线相切于点 P，此刻点 P 对应的极角为 φ ，极径为 r ，极切角为 μ 。设工件和齿条由初始加工位置到图示加工位置时，工件转角为 θ ，齿条在 X 轴方向的位移为 l，在 Y 轴方向的位移为 h，则有

$$\begin{cases} \varphi = \theta + \mu - \theta_0 - \mu_0 \\ l = \int_{\theta_0}^{\theta} \sqrt{r^2 + \left(\mathrm{d}r / \mathrm{d}\theta\right)^2} \mathrm{d}\theta - r\cos\mu \\ h = r\sin(\mu) - r_0 \end{cases} \tag{4.1}$$

按照一定的规则(齿坯等极角法、等弧长法或等转角法)，在非圆齿轮节曲线上取一系列离散点，这些离散点对应的极角为 $\varphi_1,\varphi_2,\cdots,\varphi_N$ (N 为离散份数)。将这些离散点极角值代入式(4.1)，可求得每个离散点对应的 φ_i 、l_i 和 $h_i\left(i=1,2,\cdots,N\right)$，据此可计算机床的 B 轴、C 轴和 X 轴在加工中的每步运动数据：

$$\begin{cases}\Delta B_i=2\left(l_i-l_{i-1}\right)/\left(Km\right)\\ \Delta C_i=\varphi_i-\varphi_{i-1}\\ \Delta X_i=h_i-h_{i-1}\end{cases} \tag{4.2}$$

式中，K 为滚刀头数；m 为非圆齿轮模数。

根据式(4.2)计算出的滚齿加工运动数据，在具有三轴联动功能的数控滚齿机上可进行非圆齿轮的滚齿加工，滚齿机的 Z 轴以恒速进给的方式完成齿宽方向的切削。为了提高非圆齿轮的加工精度，当离散份数 N 取值较大时，这种加工方法需要大量的加工代码，在实际加工前有必要进行滚切仿真验证，以保证代码的正确性。

这里以椭圆齿轮等弧长法加工为例，说明滚齿加工数据的生成过程，椭圆节曲线的极坐标表达式为

$$r=\frac{A\left(1-e^2\right)}{1-e\cos\theta} \tag{4.3}$$

式中，A 为半长轴；e 为偏心率。

该椭圆齿轮的参数为齿数 $z=35$ 、模数 $m=4\text{mm}$ 、偏心率 $e=0.3$ ，据此可计算出节曲线半长轴 $A=71.6402\text{mm}$ 。等弧长离散份数 N 取 350，即在节曲线上每隔 1.2566mm 取一离散点，从极角为零处开始增大，得到前 40 个离散点极角值(弧度)如表 4.1 所示。

表 4.1　椭圆齿轮的等弧长离散点极角值

序号	极角/rad	序号	极角/rad	序号	极角/rad	序号	极角/rad
1	0.013	11	0.148	21	0.284	31	0.421
2	0.027	12	0.162	22	0.298	32	0.435
3	0.040	13	0.175	23	0.311	33	0.449
4	0.054	14	0.189	24	0.325	34	0.463
5	0.067	15	0.203	25	0.339	35	0.477
6	0.081	16	0.216	26	0.352	36	0.491
7	0.094	17	0.230	27	0.366	37	0.504
8	0.108	18	0.243	28	0.380	38	0.518
9	0.121	19	0.257	29	0.394	39	0.532
10	0.135	20	0.270	30	0.407	40	0.546

将表 4.1 中的离散点极角数据代入式(4.1)，求出每个离散点对应的机床各轴位移量，然后相邻两点的各轴位移量逐次做差(滚刀头数 1，右旋)，求得机床的前 40 步加工数据如表 4.2 所示。

表 4.2　椭圆齿轮的滚齿加工数据

序号	B 轴/(°)	C 轴/(°)	X 轴/mm	序号	B 轴/(°)	C 轴/(°)	X 轴/mm
1	50.0725	1.0471	–0.0047	21	49.6512	1.1127	–0.2037
2	51.9947	1.1457	–0.0158	22	49.4254	1.1094	–0.2123
3	50.8302	1.0636	–0.0246	23	48.2576	1.0272	–0.2046
4	51.9353	1.1449	–0.0373	24	48.9688	1.1028	–0.2281
5	50.7530	1.0625	–0.0445	25	48.7218	1.0992	–0.2360
6	51.8285	1.1434	–0.0586	26	47.5864	1.0174	–0.2259
7	50.6320	1.0608	–0.0642	27	48.2280	1.0920	–0.2504
8	51.6750	1.1413	–0.0796	28	47.9636	1.0881	–0.2575
9	50.4684	1.0586	–0.0835	29	47.6942	1.0841	–0.2644
10	51.4763	1.1385	–0.1002	30	46.6135	1.0030	–0.2514
11	50.2633	1.0557	–0.1025	31	47.1618	1.0761	–0.2769
12	51.2338	1.1351	–0.1204	32	46.8801	1.0718	–0.2830
13	50.0184	1.0523	–0.1210	33	46.5949	1.0675	–0.2889
14	50.9494	1.1311	–0.1400	34	46.3068	1.0631	–0.2944
15	50.7863	1.1288	–0.1500	35	46.0163	1.0586	–0.2998
16	49.5750	1.0460	–0.1480	36	45.7236	1.0541	–0.3048
17	50.4427	1.1240	–0.1687	37	44.7654	0.9747	–0.2873
18	49.2391	1.0413	–0.1650	38	45.1546	1.0452	–0.3138
19	50.0635	1.1186	–0.1866	39	44.8580	1.0405	–0.3181
20	48.8712	1.0360	–0.1813	40	44.5608	1.0357	–0.3222

4.2.2　制造过程的仿真加工

对齿条和齿坯分别建模，二者按照已经生成的加工数据逐步运动，每步运动完成后对齿坯和齿条做布尔差，实现对齿坯的删减，仿真过程不考虑滚刀在 Z 轴方向的运动。仿真加工开始时，齿条和齿坯的初始位置示意图如图 4.2 所示。

滚齿加工的仿真步数，即非圆齿轮节曲线的等弧长离散份数 M。在加工数据求解中已求得了每步中 C 轴和 X 轴的运动量 ΔC_i 和 ΔX_i，B 轴的运动量投影到齿坯的端面上，即齿条每步的移动量为 ΔS。滚齿加工仿真中，通过齿坯与齿条的布

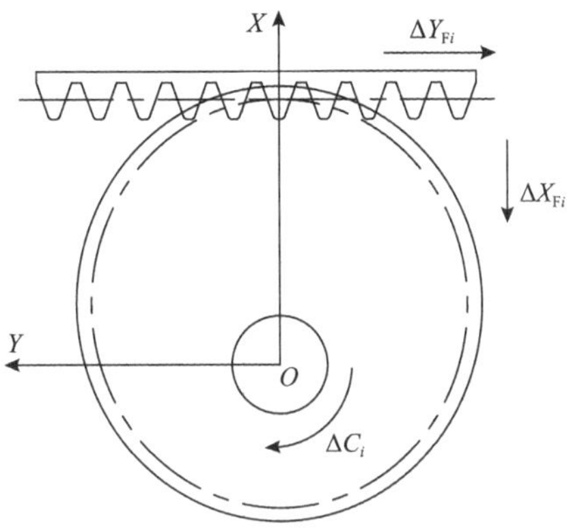

图 4.2　齿条与齿坯的初始位置示意图

尔差实现对齿坯的删减，每次删减都将删去一个齿条实体，因此在仿真中保持齿条的初始位置不动，加工仿真中的每步都将齿条先复制再进行平移操作。设加工仿真中齿条每步在 X 轴方向和 Y 轴方向的位移量分别为 $\Delta X_{\mathrm{F}i}$ 和 $\Delta Y_{\mathrm{F}i}$，齿坯每步的转动量和计算出的加工数据 ΔC_i 相同。在仿真中的第 i 步，齿条位移量 $\Delta X_{\mathrm{F}i}$ 和 $\Delta Y_{\mathrm{F}i}$ 分别为

$$\begin{cases}\Delta X_{\mathrm{F}i}=\sum\limits_{j=1}^{i}\Delta X_j \\ \Delta Y_{\mathrm{F}i}=i\Delta S-\operatorname{int}\left[i\Delta S/(\pi m)\right]\cdot\pi m\end{cases},\quad i=1,2,\cdots,M \tag{4.4}$$

式中，int[·]为提取数据的整数部分。

在生成滚齿仿真加工数据的基础上，使齿条和齿坯按照各自每步的运动数据逐次运动，完成一次运动后，让齿坯和齿条进行实体几何运算，实现对齿坯的一次删减(相当于一次切削)，齿条和齿坯在每步的动作如下。

(1)将齿条在原位置复制，然后对其进行 Y 轴方向平移 $\Delta Y_{\mathrm{F}i}$ 的操作。

(2)将平移过的齿条进行不复制移动，对其进行 X 轴方向平移 $\Delta X_{\mathrm{F}i}$ 的操作。

(3)将齿坯从之前的位置(若是第一次则从初始位置)，绕节曲线极坐标原点转动 ΔC_i (注意顺逆时针)。

(4)对齿坯和齿条进行实体几何运算(即布尔差)，齿坯作为主体。

以上四个步骤逐次进行，当执行完所有运动数据时，即可完成滚齿仿真加工。在滚齿加工中，滚刀的旋向有左右旋之分，所以滚刀在齿坯端面上的投影齿条就有左右运动之分，齿条的左右运动会引起齿坯的转向发生改变。在 SolidWorks 建模环境中，对于实体旋转函数，正的转动量是逆时针旋转，负的转动量是顺时针旋转。因此，在滚齿加工代码生成中也考虑了滚刀旋向对生成代码数值正负的影

响，在仿真中反映到对投影齿条的移动方向和齿坯的旋转方向的影响：当滚刀左旋时，投影齿条向右运动，齿坯顺时针旋转；当滚刀右旋时，投影齿条向左运动，齿坯逆时针旋转。采用右旋滚刀进行滚齿仿真加工的示意图如图 4.3 所示。

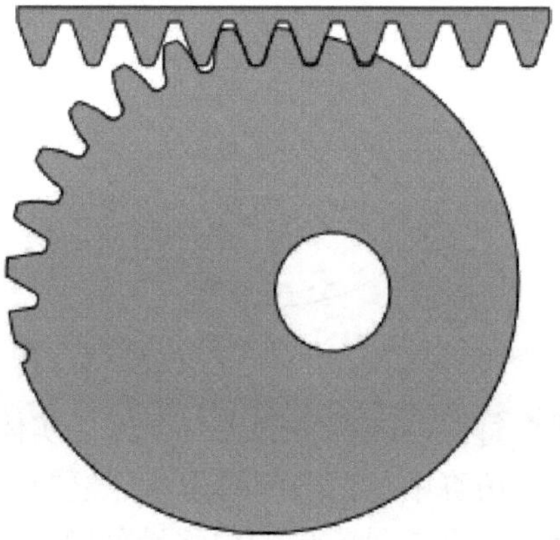

图 4.3　右旋滚刀虚拟滚齿仿真加工的示意图

基于非圆齿轮滚齿仿真加工获得的机床各轴运动数据，可以生成用于真实滚切加工的数控代码；对仿真后的非圆齿轮齿形进行分析，可以及时发现非圆齿轮设计中的一些缺陷，如根切现象、某些部位的轮齿齿厚过薄等，从而指导设计并进行优化。非圆齿轮的滚齿仿真加工，为真实滚齿加工奠定了良好基础，提高了非圆齿轮的设计效率，缩短了非圆齿轮的滚齿加工准备时间。

4.3　基于柔性电子齿轮箱的连续展成加工

4.3.1　柔性电子齿轮箱

电子齿轮箱的基本功能是以电子电路的形式或以基于微处理器的软件形式取代传统的机械式挂轮传动链，实现两个或多个运动的定速比控制，保证各运动轴之间具有严格的相对同步关系。在数控齿轮加工机床中，采用电子齿轮箱控制模块，可以实现多坐标轴按照给定的约束关系进行同步运动的目标。采用软件式电子齿轮箱控制策略，不仅可以满足滚齿机床和插齿机床加工常规圆柱齿轮对多轴联动的要求，还能满足非圆齿轮加工的变速比传动要求。本节将基于模块重构思想的软件电子齿轮箱称为柔性电子齿轮箱。

通过电子齿轮箱技术实现对非圆齿轮节曲线的直接插补，在所定义的内联非线性传动函数关系约束下，电子齿轮箱遵照该函数关系实时计算并控制各轴的运动轨迹。直接插补过程中各轴运动位移具有连续性，相比于 4.2 节所描述的基于离散节曲线的逐步展成加工技术，不存在分段运动执行的展成特点，因此本节该插补过程也称为连续展成加工。

1. 硬件式电子齿轮箱控制原理

1968 年，英国克兰菲尔德精密工程研究所(Cranfield Unit for Precision Engineering，CUPE)[4]成立，该研究所主要从事超精密测量仪器、超精密加工及相关基础技术的研究。同年，该研究所首次成功研发了基于锁相环(phase locked loop，PLL)的硬件电子齿轮箱。电气传动具有精度高且控制灵活的特性，因此电子齿轮箱不仅可以实现定速比传动，还可以在硬件电路所允许范围内实现任意给定的函数关系所确定的变速比传动。

锁相环(又称为锁相器)属于一种电路模块，在电气控制系统领域的应用非常广泛，其主要作用是对接收到的信号进行处理，从中捕捉某个时刻的相位信息。锁相环是一种相位负反馈系统，如图 4.4 所示，由鉴相器(phase detector，PD)、环路滤波器(loop filter，LF)和压控振荡器(voltage controlled oscillator，VCO)组成。其中，鉴相器的功能是比较输入信号和输出信号的相位差，得到误差电压值；环路滤波器用于滤除电压信号中的噪声和干扰，得到的电压信号作用于压控振荡器，当其输出振荡频率与输入信号频率相等时环路被锁定(又称为入锁)。

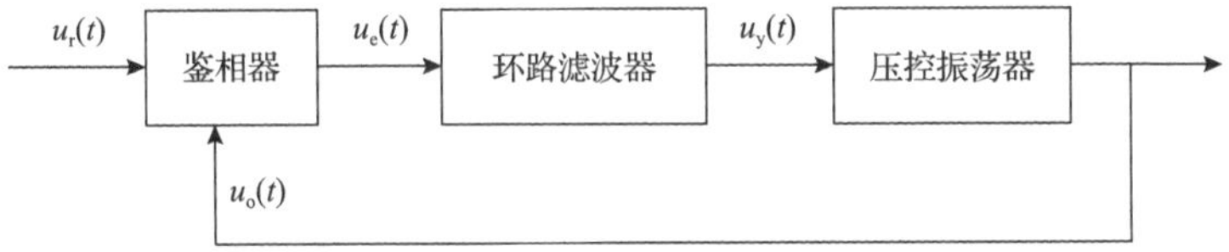

图 4.4　锁相环的组成

锁相环将参考信号与输出信号之间的相位进行比较，产生相位误差电压，用该电压值来调整输出信号的相位，以达到控制输出信号与参考信号同频的目的。并且，当参考信号与输入信号同频时，可以根据其相位误差电压来进一步调整，使两个信号之间的稳定相位差值更小。

基于锁相环的硬件式电子齿轮箱控制原理如图 4.5 所示，同步运动机构由两个控制轴组成，分别为输入轴(主运动轴)和输出轴(从运动轴)。两个控制轴的驱动电机均装有增量式编码器，用于检测各轴的速度和位置。编码器产生的脉冲信号通过鉴相倍频等信号处理电路，输入给带预置值(M 和 N)的选组计数器，其中选组计数器的预置值可以根据实际需要的传动比手动在线修改。脉冲信号经过选组计数器后，输入脉冲相位比较器(简称比相器)中，由此比相器产生两个脉冲序列的瞬时相位误差，并通过数/模(D/A)转换器变为模拟信号，最后与前馈信号和从运动轴的测速反馈信号合成后经过放大电路处理作为输出轴的驱动信号。

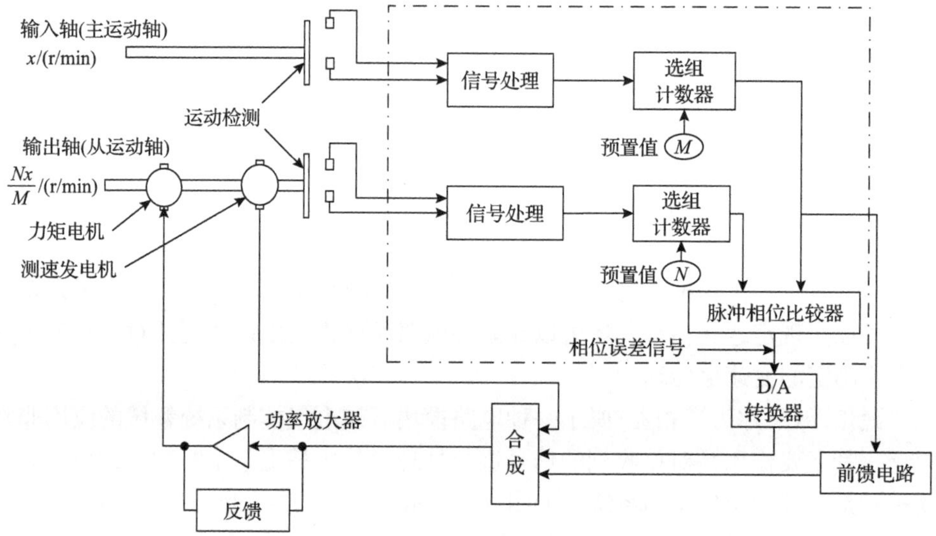

图 4.5　硬件式电子齿轮箱控制原理

锁相环式电子齿轮箱具有较高的稳态精度，但由于电子齿轮箱的压控振荡器不同于由普通电子电路所实现的压控振荡器，属于大惯性环节，由编码器、伺服电机、电力电子电路和相关的控制算法共同组成，因此该环路的相位锁定存在一定的延迟，并且在抗干扰性能与动态性能方面存在一些不可避免的缺陷。

2. 软件式电子齿轮箱控制原理

图 4.6 为克兰菲尔德精密工程研究所开发的基于微处理器或小型计算机的软件式电子齿轮箱。对比图 4.5 和图 4.6 可以看出，软件式电子齿轮箱采用微处理器

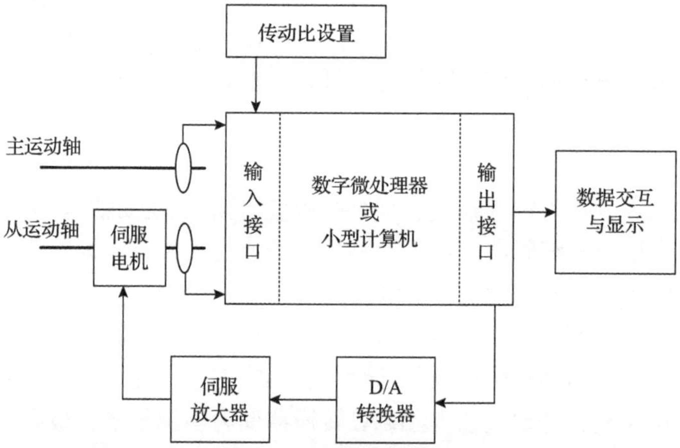

图 4.6　软件式电子齿轮箱

取代了硬件电子齿轮箱的相位比较器、硬件计数器和信号处理模块等大部分硬件电路。软件式电子齿轮箱的实现原理如下。

(1)依据被控对象的几何精度要求，选择合适的增量式编码器。

(2)根据被控对象的同步传动比要求，在计算机或微处理器中建立相应的位置精度控制算法(即设定传动比)；

(3)使主运动轴以不同的速度运动，实时(以固定的中断周期)检测并计算主运动轴编码器反馈信号与从运动轴编码器反馈信号之间的差值，并保存在相应的差值寄存器中。

(4)在每个控制周期中，将从运动轴的控制信号加上差值寄存器中的差值再乘以相应的比例控制因子，控制从运动轴做出相应的跟随运动；

(5)必要时，根据主运动轴的速度信息，估算出当前从运动轴的速度前馈信号，并叠加在从运动轴的控制信号中，最终完成对从运动轴的精确控制。

克兰菲尔德精密工程研究所分别将机械式传动链、硬件式电子齿轮箱和软件式电子齿轮箱应用于同一台滚齿机床，即采用不同的驱动方式进行齿轮加工试验，通过齿轮的加工效果来说明软件式电子齿轮箱的优势，如图 4.7 所示。从图中可以明显看出，采用机械式传动链可以加工的齿轮为 8 级精度，但是机械式传动链制造成本高，机床结构复杂，柔性低；采用硬件式电子齿轮箱虽然成本低，但加工齿轮精度比较低，为 10 级精度，并且所能加工的齿轮范围由硬件电路限制，因此

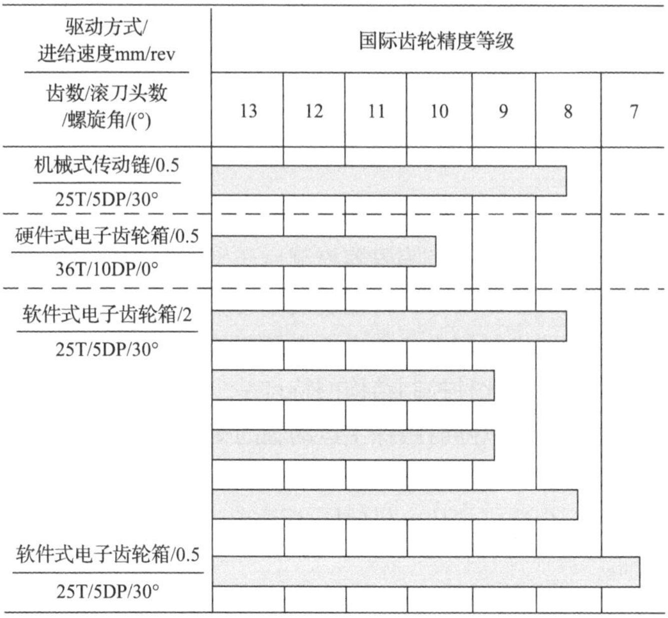

图 4.7　采用软件式电子齿轮箱的滚齿加工优势

柔性也较低；而软件式电子齿轮箱不仅具有较好的加工精度(采用与前两种相同的加工参数时，加工的齿轮精度为 7 级)，并且其加工范围宽，调整方便，具有较好的柔性。因此，基于上述分析和比较，本节用软件式电子齿轮箱。

3. 软件式电子齿轮箱结构形式

电子齿轮箱所控制的多轴同步运动关系与通用数控系统对运动的同步要求是不同的，主要体现在：通用数控系统要求各数控轴之间位置同步，采用插补模块和单轴位置控制模块实现各轴运动的控制信息处理，应用对象为机床的进给运动；而多轴同步运动关系不仅要求严格的速比关系，还要求各轴在运动过程中有较准确的相对位置关系，该运动关系的控制信息处理采用特殊的多轴耦合联动关系来控制保证，应用对象为机床内联传动，联动坐标可能是机床的进给运动，也可能包括多轴同步运动。软件式电子齿轮箱按结构形式可分为基于跟踪随动原理的主从式电子齿轮箱和基于定值控制的平行式电子齿轮箱，如图 4.8 所示。

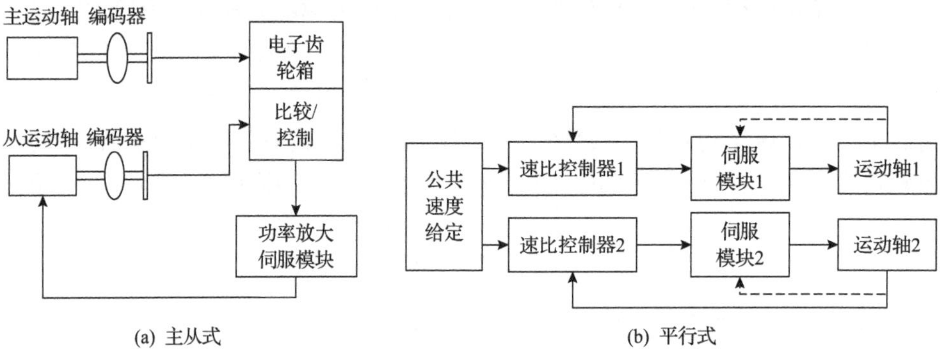

图 4.8 软件式电子齿轮箱

主从式电子齿轮箱如图 4.8(a)所示，其基本工作原理是：从运动轴对主运动轴的跟踪随动控制，主运动轴经编码器检测后产生的脉冲信号由电子齿轮箱模块变换，作为从运动轴的控制信号，将控制信号与从运动轴的反馈信号进行比较，获得的差值再由控制器进行调节，并进一步控制从运动轴做跟踪调整，进而实现所要求的多轴同步运动。此种控制结构的特点是，当主运动轴出现速度跳变或者负载突变时，从运动轴可以随时跟踪主运动轴的变化，满足主从同步的需要。但是，当系统中的从运动轴出现负载突变或速度跳变时，主运动轴不会得到任何信息反馈，这种情况下会造成主从电机的同步误差，因此通常选择控制性能最差的轴作为主运动轴。

平行式电子齿轮箱对每一个运动轴进行独立控制，与主从式电子齿轮箱中的从运动轴的控制方法类似，控制系统将公共速度给定输入各自的速比控制器，使各通道相互耦合，实现所要求的传动规律的控制，如图 4.8(b)所示。但当其中的一个控制单元发生较大扰动时，该系统的多轴同步性能就无法得到保证，因此这种控制模型无法适用于有负载扰动或其他外界干扰存在的多轴联动运动的同步控制。但是，该控制模型实现起来较为简单，因此对于大多数运动控制系统，平行式电子齿轮箱的控制模型仍是比较有效的。

4. 软件式电子齿轮箱传动精度分析

在实际运行过程中，电网电压波动和负载转矩突变、控制器干扰、运动测量误差与滞后、电机驱动器和传动机构的参数扰动等各种确定与不确定因素的存在，必然使电子齿轮箱的输出运动产生瞬时速度偏差，影响传动关系的准确性。下面对两种电子齿轮箱的传动精度进行分析，根据齿轮加工机床的多轴运动特点，选择合适的电子齿轮箱控制模型。

1) 主从式电子齿轮箱的传动精度分析

如图 4.9 所示，主从式电子齿轮箱的从运动轴的控制信号来源于主运动轴的反馈信息，因此即便主运动轴存在速度波动，同步运动的控制误差仍被限制在从运动轴的伺服跟踪误差的包络线内。从运动轴的速度偏差为

$$\Delta\omega_C = \omega_C - \omega'_C \tag{4.5}$$

式中，ω'_C 为从运动轴的理论速度；ω_C 为从运动轴的瞬时速度。

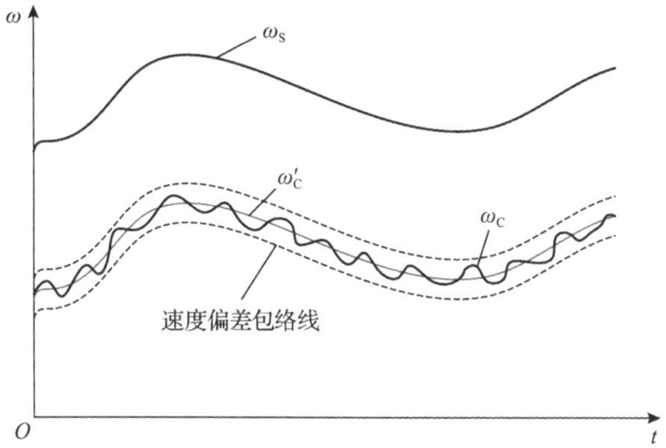

图 4.9　主从式电子齿轮箱的速度特性

故从运动轴的速度误差为

$$\delta = \frac{\Delta\omega_{Cmax} - \Delta\omega_{Cmin}}{\omega'_C} \times 100\% \tag{4.6}$$

式中，$\Delta\omega_{\text{Cmin}}$ 为从运动轴速度的最小偏差值；$\Delta\omega_{\text{Cmax}}$ 为从运动轴速度的最大偏差值。

设主运动轴和从运动轴的传动比为

$$i = \frac{\omega'_{\text{C}}}{\omega_{\text{S}}} \tag{4.7}$$

式中，ω_{S} 为主运动轴的速度。则从运动轴相对于主运动轴的最大速度偏差值和最小速度偏差值可以分别表示为

$$\Delta\omega_{\max} = \frac{\Delta\omega_{\text{Cmax}}}{i}, \quad \Delta\omega_{\min} = \frac{\Delta\omega_{\text{Cmin}}}{i} \tag{4.8}$$

故主从式电子齿轮箱的传动误差可以表示为

$$\varepsilon = \frac{\Delta\omega_{\max} - \Delta\omega_{\min}}{\omega_{\text{S}}} \times 100\% = \frac{\Delta\omega_{\text{Cmax}} / i - \Delta\omega_{\text{Cmin}} / i}{\omega_{\text{S}}} \times 100\% = \frac{\Delta\omega_{\text{Cmax}} - \Delta\omega_{\text{Cmin}}}{\omega'_{\text{C}}} \times 100\% = \delta \tag{4.9}$$

即主从式电子齿轮箱的传动误差为跟随运动轴的速度误差。

2）平行式电子齿轮箱的传动精度分析

以具有同步要求的 X 轴和 Y 轴两轴运动控制为例，平行式电子齿轮箱的速度特性如图 4.10 所示，各轴的速度偏差表达为

$$\Delta\omega_X = \omega_X - \omega_{X\text{mean}} \tag{4.10}$$

式中，ω_X 为 X 轴的瞬时速度；$\omega_{X\text{mean}}$ 为 X 轴的设定速度。

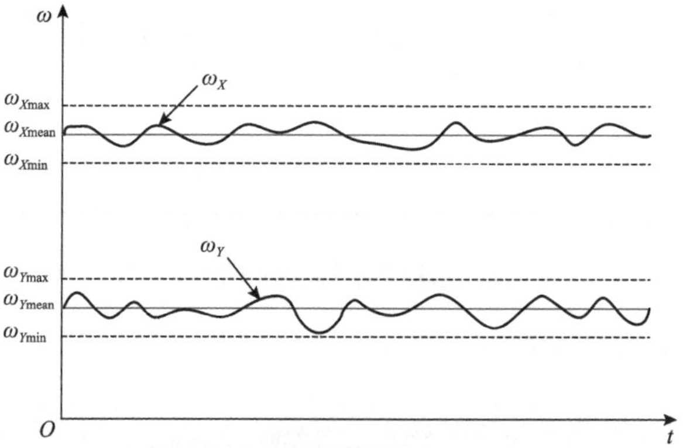

图 4.10　平行式电子齿轮箱的速度特性

$$\Delta\omega_Y = \omega_Y - \omega_{Y\text{mean}} \tag{4.11}$$

式中，ω_Y 为 Y 轴的瞬时速度；$\omega_{Y\text{mean}}$ 为 Y 轴的设定速度。

如图 4.10 所示，各轴的速度波动被限制在最大瞬时速度和最小瞬时速度之间，X 轴的速度误差可以表示为

$$\delta_X = \frac{\omega_{X\max} - \omega_{X\min}}{\omega_{X\text{mean}}} \times 100\% \tag{4.12}$$

式中，$\omega_{X\max}$ 为 X 轴的最大瞬时速度；$\omega_{X\min}$ 为 X 轴的最小瞬时速度。

$$\delta_Y = \frac{\omega_{Y\max} - \omega_{Y\min}}{\omega_{Y\text{mean}}} \times 100\% \tag{4.13}$$

式中，$\omega_{Y\max}$ 为 Y 轴的最大瞬时速度；$\omega_{Y\min}$ 为 Y 轴的最小瞬时速度。

电子齿轮箱所要实现的传动比为

$$i = \frac{\omega_{X\text{mean}}}{\omega_{Y\text{mean}}} \tag{4.14}$$

以 X 轴的速度输出为基准，Y 轴相对于 X 轴的速度偏差的最大值和最小值可以表示为

$$\Delta\omega_{\max} = \frac{\omega_{Y\max}}{i} - \omega_{X\min},\quad \Delta\omega_{\min} = \frac{\omega_{Y\min}}{i} - \omega_{X\max} \tag{4.15}$$

因此，平行式电子齿轮箱的传动误差为

$$\varepsilon = \frac{\Delta\omega_{\max} - \Delta\omega_{\min}}{\omega_{X\text{mean}}} \times 100\% = \frac{(\omega_{Y\max} - \omega_{Y\min})/i - (\omega_{X\max} - \omega_{X\min})}{\omega_{X\text{mean}}} \times 100\% = \delta_X + \delta_Y \tag{4.16}$$

即平行式电子齿轮箱的传动误差为其所控制的各运动轴速度误差之和。

综上所述，主从式电子齿轮箱的传动精度只受从运动轴的跟踪精度的影响，而平行式电子齿轮箱的传动精度受其控制下的两个运动轴的跟踪精度共同影响，因此主从式电子齿轮箱可以更容易获得较高的传动精度；另外，主从式电子齿轮箱的输入信号是一个随机变量，必然存在跟踪滞后，而平行式电子齿轮箱的各轴运动之间不存在相对滞后。根据齿轮数控加工的运动特点，本节采用以主从式为主的复合式电子齿轮箱，下面对其进行详细介绍。

4.3.2 基于柔性电子齿轮箱的非圆齿轮数控加工

1. 柔性电子齿轮箱结构形式选择

由于非圆齿轮节曲线具有非线性特性，非圆齿轮展成制造过程需要多轴之间保持高度同步的内联非线性运动关系，该过程需要重点研究两个方面的内容，即多轴之间的联动模型以及该联动模型的运动实现技术。首先，通过对展成联动模型的研究，推导与节曲线方程相关的多轴联动数学模型，保证刀具与齿坯之间的正确展成关系；然后，借助内联非线性运动实现技术，实现多轴之间的非线性同步运动，从而实现联动模型的运动控制。基于柔性电子齿轮箱技术，可以实现对非圆齿轮加工过程多轴内联非线性运动关系的控制，具有高精度、高柔性的优势。

对于主从式电子齿轮箱，输出从运动轴与输入主运动轴之间存在关联，并且在主运动轴出现波动时，从运动轴将出现相应扰动，从而满足主从运动轴之间的实时同步关系。对于平行式电子齿轮箱，各个被控制的输出运动均采用独立伺服控制模式，运动参数在控制系统中进行预设定，各个伺服运动相互同步完成所需要的合成运动，但当其中一个输出伺服轴出现扰动时，其他伺服轴不受影响，从而破坏之前的预设同步运动关系。主从式电子齿轮箱可以将难以控制的主轴排除在外，其整体控制精度仅受跟随轴运动精度的影响，因此非圆齿轮加工电子齿轮箱采用基于主轴的跟随控制方案。在每个插补周期中实时采集主轴编码器的反馈信号，电子齿轮箱模块根据非圆齿轮加工所需要的多轴联动数学模型，实时计算跟随轴的控制系数，并结合主运动轴的反馈信息计算得到从运动轴在当前插补周期的输入量，从而完成所需要的主从同步控制。

从保证各联动轴的同步性方面考虑，应选择运动控制性能最差的轴作为主运动轴。由于主从式电子齿轮箱及联动模型的约束，当主运动轴的速度出现扰动时，从运动轴可以及时响应，从而保证主从运动轴的同步性。从非圆齿轮滚切实现方面考虑，B、C、X、Z 轴的联动控制是实现非圆齿轮节曲线展成的基本保证[5]，由于 B 轴承担主切削任务，同时滚刀的切削过程具有断续切削的特点，这将导致 B 轴承受的负载特性异常复杂，影响其运动控制的准确性，因此 B 轴应作为电子齿轮箱设计的主运动轴。当 B 轴作为从运动轴时，由于非圆齿轮的滚切特性，B 轴需要做跟随变速运动，再加上 B 轴的切削负载特性，将导致 B 轴位置难以准确控制，而电子齿轮箱的从运动轴运动扰动不影响主运动轴运动，从而破坏主从运动轴的同步性要求。

2. 柔性电子齿轮箱结构模型构建

由非圆齿轮加工联动数学模型可知，工件轴的回转速度与滚刀在其径向进给

轴 (X 轴) 上的速度和位置均可以根据滚刀自身回转情况及非圆齿轮的极径计算得到。因此，与滚齿加工电子齿轮箱结构类似，四轴联动非圆滚齿加工电子齿轮箱结构模型如图 4.11 所示，机床工件回转轴 C 作为从运动轴 1，滚刀的回转轴 B 作为主运动轴 1，机床工件回转轴 C 跟随滚刀的回转轴 B 和 Z 轴的电子齿轮箱计算结果 (EGB1) 运动；径向进给轴 X 跟随主轴的电子齿轮箱计算结果 (EGB2) 与加工工艺参数所确定的径向进给量之和运动。因此，该结构模型可以满足直齿非圆齿轮和斜齿非圆齿轮的滚齿加工多轴联动控制关系。

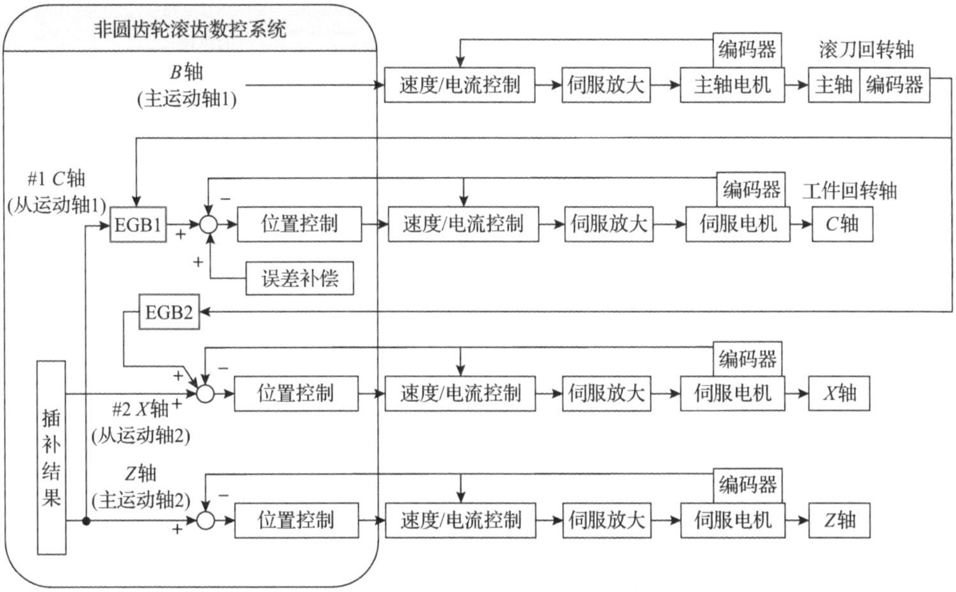

图 4.11　四轴联动非圆滚齿加工电子齿轮箱结构模型

与对角滚切加工工艺类似，当滚刀长度较长 (或过短) 时，为了使滚刀磨损均匀 (或为了避免因滚刀过短而引起工件与刀架之间的干涉)，要求滚刀在其轴线方向 (Y 轴) 有窜刀运动，即 Y 轴也参与电子齿轮箱的多轴联动。由于 Y 轴运动会引起工件回转轴的附加运动，进而也会引起 X 轴的附加运动。此时电子齿轮箱的控制轴有 5 个，因此称为五轴联动非圆滚齿加工电子齿轮箱，其结构模型如图 4.12 所示。当所需加工的齿轮节曲线发生改变时，只需重新计算电子齿轮箱联动控制系数，或重组电子齿轮箱各轴之间的关系。

本节设计的柔性电子齿轮箱可以实现数控滚齿加工、数控插齿加工 (包括斜齿轮) 及非圆齿轮加工所需要的多轴联动控制功能，当各轴之间的联动关系发生改变时，可以方便地修改电子齿轮箱的联动控制系数，并对联动轴之间进行重新组合，实现新的多轴同步控制功能。

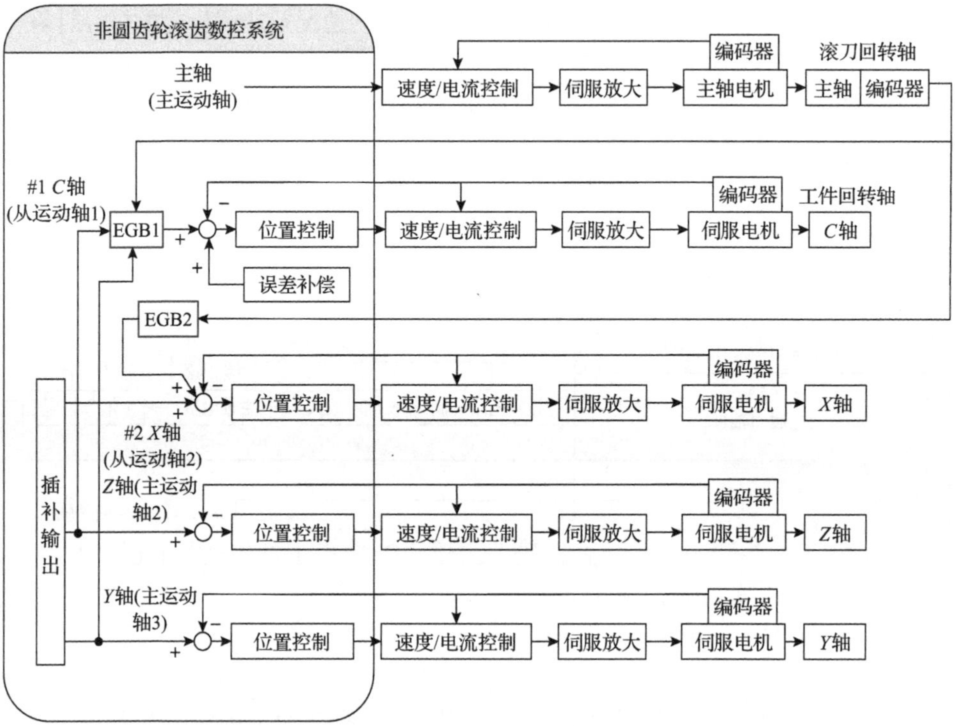

图 4.12　五轴联动非圆滚齿加工电子齿轮箱结构模型

4.4　本 章 小 结

本章主要介绍了非圆齿轮的数控加工理论，包括基于离散节曲线的逐步展成法和基于柔性电子齿轮箱的连续展成法。结合该领域的应用特点，介绍了齿轮加工数控系统和柔性电子齿轮箱技术，展开介绍了电子齿轮箱在数控系统中的实现原理。针对非圆齿轮的节曲线形状特点及加工联动要求，对柔性电子齿轮箱结构形式进行选择，并建立非圆齿轮滚齿加工电子齿轮箱结构模型，展现了柔性电子齿轮箱具有易改变、可重构的柔性特征。

参 考 文 献

[1] 韩江. 开放式网络化齿轮加工数控系统研究[D]. 合肥: 合肥工业大学, 2006.
[2] 田晓青. 柔性电子齿轮箱设计及精度控制方法研究[D]. 合肥: 合肥工业大学, 2014.
[3] 庄磊. 电子齿轮箱关键控制技术及其应用研究[D]. 南京: 南京航空航天大学, 2001.
[4] 石照耀. 英国克兰菲尔德精密工程研究所(CUPE)的超精密加工与测量技术[J]. 工具技术, 1991, 25(6): 37-40.

[5] Liu Y Y, Han J, Xia L, et al. Hobbing strategy and performance analyses of linkage models for non-circular helical gears based on four-axis linkage[J]. Strojniski Vestnik—Journal of Mechanical Engineering, 2012, 58(12): 701-708.

第 5 章　非圆齿轮数控加工技术与实现

非圆齿轮的应用场景面向变速比传动工况，根据实际需求开发的节曲线具有各异性，这对制造系统提出了高柔性、通用性的要求。制造系统分为硬件系统和软件系统，硬件系统主要包括机床本体、伺服、刀具、工装夹具等，软件系统通常指数控加工系统。数控加工系统需具有普适性，可根据不同的节曲线形状信息，准确计算和控制各联动轴的位置。本章对非圆齿轮的滚齿、插齿、剃齿、磨齿和珩齿相关技术及加工实现方法进行介绍，以非圆齿轮滚齿加工为重点，介绍滚切加工原理、电子齿轮箱插补计算及精度控制方法、切削力-包络误差的波动抑制策略以及数控滚切加工实现方法。

5.1　非圆齿轮滚齿加工

5.1.1　滚切联动模型

1. 滚切基本运动模型

对于直齿非圆齿轮的滚切联动模型，基于各运动轴位移量求导的方法过程较为烦琐，下面介绍一种基于速度矢量三角形的直接求解方法。在直齿非圆齿轮滚切过程中，滚刀沿齿轮轴线方向的进给运动与齿坯和滚刀的联动运动相互独立，滚刀和齿坯在齿坯端面的投影视图如图 5.1 所示。

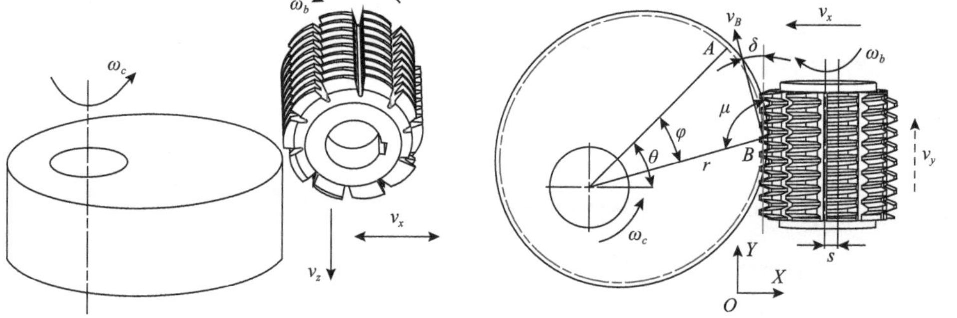

(a) 滚切立体图　　(b) 平面投影图

图 5.1　滚刀和齿坯在齿坯端面的投影视图

如图 5.1 所示，在坐标系 $S(O\text{-}XY)$ 中，滚刀对非圆齿轮齿坯实施滚切运动，其运动形式可看作在齿坯端面上，滚刀所形成的投影齿条的中线与非圆齿轮节曲线的纯滚动。滚切从节曲线的点 A 开始，加工至点 B，即投影齿条中线与非圆齿轮节曲线的切点位置，在该位置齿坯转过角度 φ，滚刀移动距离 s，节曲线的极径为 r，极角为 θ，极切角为 μ。设点 B 的速度矢量为 v_B，滚刀在 X 轴方向运动的速度矢量为 v_x，投影齿条由于滚刀回转所产生 Y 轴方向运动的速度矢量为 v_y，其中 v_B 与 v_y 的夹角记为 δ。为保证投影齿条中线与节曲线的纯滚动关系，三个速度矢量需满足以下关系：

$$v_B = v_x + v_y \tag{5.1}$$

根据式(5.1)可得各速度矢量的模存在以下关系：

$$\begin{cases} v_B = v_y / \cos\delta \\ v_x = v_y \tan\delta \end{cases} \tag{5.2}$$

式中，$v_B = r\omega_c$；$v_y = \omega_b Tm/2$，其中 T 为滚刀头数，m 为齿轮模数。δ 的余弦和正切，可根据极切角 μ 的正余弦以及 μ 与 δ 的几何关系求得

$$\begin{cases} \sin\mu = r \Big/ \sqrt{r^2 + \left(\mathrm{d}r/\mathrm{d}\varphi\right)^2} \\ \cos\mu = \left(\mathrm{d}r/\mathrm{d}\varphi\right) \Big/ \sqrt{r^2 + \left(\mathrm{d}r/\mathrm{d}\varphi\right)^2} \\ \delta = \mu - \pi/2 \end{cases} \tag{5.3}$$

根据式(5.2)和式(5.3)，整理得到齿坯转速 ω_c、滚刀相对齿坯移动速度 v_x 关于滚刀转速 ω_b 的方程为

$$\begin{cases} \omega_c = \dfrac{v_y}{r\cos\delta} = \dfrac{\sqrt{r^2 + \left(\mathrm{d}r/\mathrm{d}\varphi\right)^2}}{r^2} \dfrac{Tm}{2} \omega_b K_c \\ v_x = v_y \tan\delta = \dfrac{\mathrm{d}r/\mathrm{d}\varphi}{r} \dfrac{Tm}{2} \omega_b \end{cases} \tag{5.4}$$

式中，K_c 为符号系数，右旋滚刀取 1，左旋滚刀取−1。

2. 斜齿滚切附加运动原理及模型

斜齿非圆齿轮滚齿加工时，与直齿非圆齿轮相比，滚刀在 Z 轴方向的运动影响其他联动轴。当前对于斜齿非圆齿轮加工联动模型的研究，存在以下不足。

(1) 参考斜齿圆柱齿轮的加工联动模型，将圆柱齿轮齿坯回转轴的附加转角 $\Delta\omega_c$ 的计算公式应用到非圆齿轮，得到

$$\Delta\omega_c = \frac{v_z \tan\beta}{r} \tag{5.5}$$

式中，v_z 为滚刀 Z 轴方向的进给速度；β 为非圆齿轮螺旋角。但式(5.5)并不适用于非圆齿轮齿坯的附加转动计算，原因在于，节曲线的非圆特性不能保证极切角 μ 在每个位置像圆柱齿轮一样恒等于 90°，故 $r\Delta\omega_c = v_z \tan\beta$ 这一数学关系不能恒成立。

(2)在考虑滚刀进给速度 v_z 对齿坯转速 ω_c 产生影响的同时，忽略了其对滚刀移动速度 v_x 产生的影响。由式(5.2)可知，滚刀移动速度 v_x 与滚刀在齿坯端面投影齿条的等效移动速度 v_y 存在数学关系，对于斜齿非圆齿轮，v_z 将影响 v_y，进而影响 v_x。

针对既有研究存在的问题，这里对斜齿非圆齿轮的滚切联动模型进行修正，首先需要明确的是滚刀进给速度 v_z 对齿条的等效移动速度 v_y 的影响。将滚切过程等效为斜齿非圆齿轮与斜齿条的啮合过程，如图 5.2 所示。

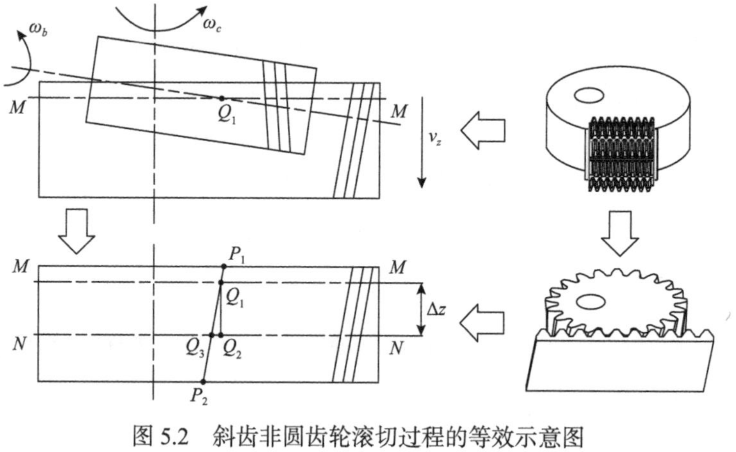

图 5.2 斜齿非圆齿轮滚切过程的等效示意图

如图 5.2 所示，斜齿非圆齿轮滚切过程每一时刻的状态等效为无限薄齿条与直齿非圆齿轮的瞬间啮合状态。点 Q_1 为 $M—M$ 截面内等效齿条中线上的一点，线段 P_1P_2 位于等效斜齿条的节平面上，且 P_1P_2 与齿轮回转轴线的夹角为齿轮螺旋角。当滚切过程中对应的齿条与齿轮的等效啮合状态由 $M—M$ 截面向下移动 Δz 到达 $N—N$ 截面时，假设滚刀正好旋转整数周，则在该时刻点 Q_1 将对应正下方的点 Q_2，而不是线段 P_1P_2 上的点 Q_3。对于图中右旋非圆齿轮的滚切过程，可理解为由于滚刀在竖直方向的运动，等效斜齿条 $N—N$ 截面所对应齿条的移动速度加快了。设在斜齿非圆齿轮滚切过程中，滚刀在齿坯端面投影齿条沿 Y 轴方向的移动速度为 v_y^*，则有

$$v_y^* = \frac{Tm_{\mathrm{n}}}{2\cos\beta}\omega_b + K_z v_z \tan\beta \tag{5.6}$$

式中，m_{n}为法向模数；β为螺旋角；K_z为符号系数，当非圆齿轮左旋顺铣或右旋逆铣时取 1，当左旋逆铣或右旋顺铣时取−1。

根据式(5.6)所表示的等效齿条的移动速度，可以求得滚刀轴的等效回转速度

$$\omega_b^* = \omega_b + K_z \frac{2v_z \sin\beta}{Tm_{\mathrm{n}}} \tag{5.7}$$

结合式(5.4)和式(5.7)，得到斜齿非圆齿轮的滚切联动模型：

$$\begin{cases} \omega_c = \dfrac{\sqrt{r^2 + \left(\mathrm{d}r/\mathrm{d}\varphi\right)^2}}{r^2}\left(K_c\omega_b \dfrac{Tm_{\mathrm{n}}}{2\cos\beta} + K_z v_z \tan\beta\right) \\ v_x = \dfrac{\mathrm{d}r/\mathrm{d}\varphi}{r}\left(\omega_b \dfrac{Tm_{\mathrm{n}}}{2\cos\beta} + K_z v_z \tan\beta\right) \end{cases} \tag{5.8}$$

根据式(5.8)，滚刀沿齿坯轴向进给时，将同时在齿坯回转轴 C 和滚刀移动轴 X 的方向产生附加运动。

3. 滚切联动模型的运动学验证

为验证式(5.8)所推导的滚切联动模型，本节从刚体运动学仿真角度出发，使斜齿非圆齿轮和滚刀在联动模型约束下运动，检查运动过程中有无卡死及干涉现象，以此来验证联动模型的正确性。斜齿非圆齿轮齿面模型的构建问题，可转化为齿轮轴线方向各截面的直齿非圆齿轮的齿廓求解问题，然后通过将各层截面齿廓曲线放样为曲面来获得斜齿非圆齿轮齿的齿廓[1]，具体可参照第 2 章内容。

采用阿基米德蜗杆构建滚刀的运动学仿真模型，阿基米德蜗杆的螺旋齿侧面是阿基米德螺旋面。蜗杆轴线剖面与阿基米德螺旋面的交线是直线，其端剖面是阿基米德螺旋线。这种基本蜗杆制成的滚刀，制造与检验滚刀齿形均比渐开线蜗杆简单和方便，但存在微量的齿形误差，不过这种误差在允许范围内，因此生产中大多数精加工滚刀的基本蜗杆均用阿基米德蜗杆代替渐开线蜗杆。构建的阿基米德蜗杆实体模型如图 5.3 所示。

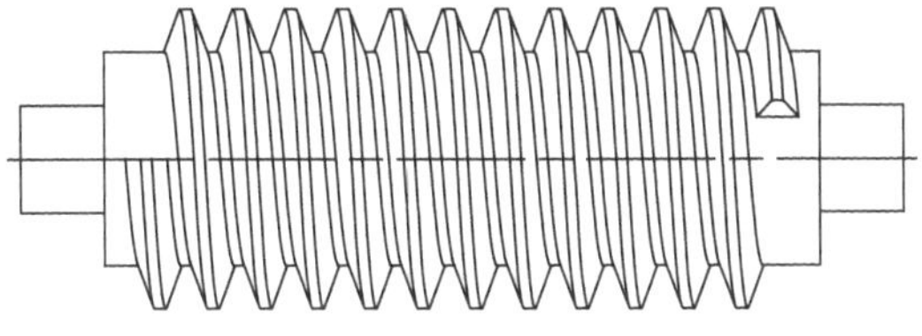

图 5.3　构建的阿基米德蜗杆实体模型

斜齿非圆齿轮滚切加工的运动学仿真模型如图 5.4 所示。

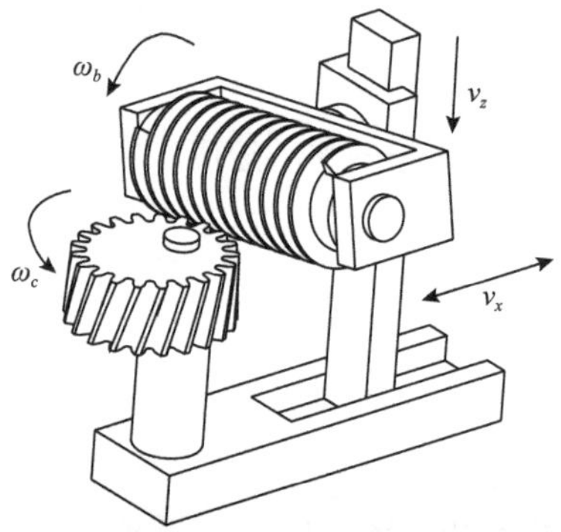

图 5.4　斜齿非圆齿轮滚切加工的运动学仿真模型

斜齿非圆齿轮和滚刀的设计参数如表 5.1 所示。

表 5.1　斜齿非圆齿轮和滚刀的设计参数

非圆齿轮		滚刀	
参数	取值	参数	取值
齿数	21	类型	阿基米德蜗杆
法向模数/mm	4	头数	1
螺旋角/(°)	15	螺距/mm	12.594
节曲线	椭圆	螺旋角/(°)	5.814
偏心率	0.4	齿形角/(°)	20.041
旋向	右旋	旋向	右旋

其中，滚刀的螺距和齿形角均为其轴截面参数，椭圆节曲线的极坐标为

$$r(\varphi)=\frac{A\left(1-e^{2}\right)}{1+e\cos\varphi} \tag{5.9}$$

式中，A 为椭圆半长轴；e 为偏心率。

在构建仿真模型的基础上，需根据式(5.8)将各联动轴的位移量转化为关于时间 t 的参量，式(5.8)可简化为

$$\begin{cases}\omega_c=f_{cb}(\varphi)\omega_b+f_{cz}(\varphi)v_z\\ v_x=f_{xb}(\varphi)\omega_b+f_{xz}(\varphi)v_z\end{cases} \tag{5.10}$$

式中，$f_{cb}(\varphi)$、$f_{cz}(\varphi)$、$f_{xb}(\varphi)$ 和 $f_{xz}(\varphi)$ 分别为以 φ 为自变量的 C 轴、X 轴关于 B 轴、Z 轴的速比系数。设仿真总时间为 T，在 ω_b 和 v_z 给定的情况下，微小时间

段 Δt 内 B 轴和 Z 轴的位移量分别为 Δb 和 Δz，则 θ 和 s 关于 t 的数值关系的求解流程如图 5.5 所示。

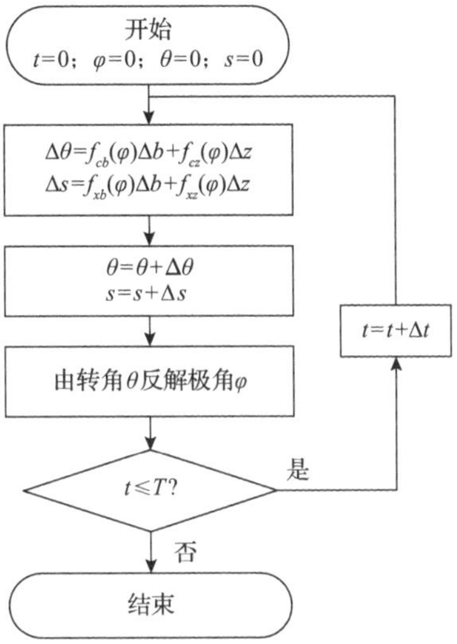

图 5.5 联动模型的运动仿真数据求解流程

如图 5.5 所示，在求解流程中引入了时间变量 t，该过程可视为基于电子齿轮箱滚切加工时的插补计算流程，当时间步长 Δt 取得足够小时，如等于一个插补周期，则 $\Delta\theta$ 和 Δs 便是在一个插补周期内 C 轴和 X 轴的位移量。当滚刀转速取 200r/min，滚刀轴向进给速度取 1mm/s，时间步长 Δt =1ms，仿真时间为 7s 时，采用逆铣滚切方式，计算得到的 C 轴和 X 轴的位移随时间 t 的变化规律如图 5.6 所示。

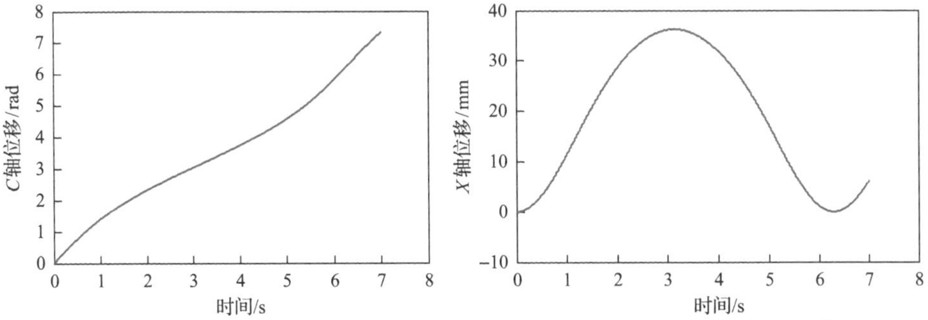

(a) C轴位移随时间变化曲线 (b) X轴位移随时间变化曲线

图 5.6 C 轴和 X 轴位移随时间变化曲线

基于图 5.6 所示的位移数据开展运动学仿真，滚刀和齿轮的体积干涉量的量级为 0.01mm^3，该干涉量主要由几何模型构建误差、插补计算误差引起，可验证式(5.8)所示的滚切联动模型的正确性。该运动仿真的过程示意图如图 5.7 所示。

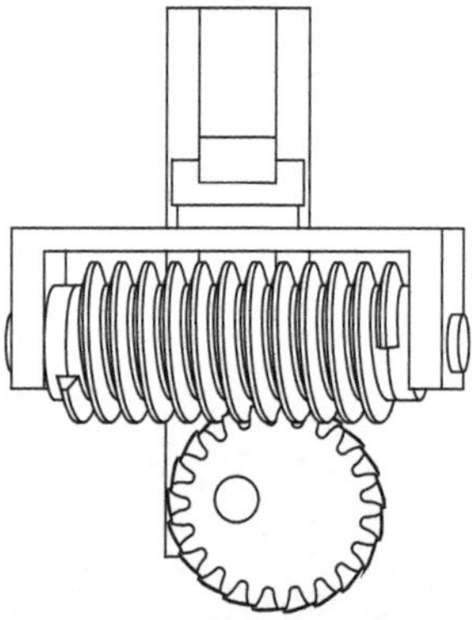

图 5.7　滚切联动模型运动仿真的过程示意图

4. 滚切联动模型的等同变换形式

式(5.8)所示的斜齿非圆齿轮滚切联动模型描述了滚刀与齿坯的运动约束，其核心在于确保非圆齿轮与滚刀的正确分齿展成过程，以及切削出正确的斜齿非圆齿轮螺旋面。通过适当变换可获得多种滚切联动模式，以满足不同的滚切工艺或不同类型齿轮的滚切。

对于变齿厚非圆齿轮的滚切，为了在齿轮的不同截面内形成依次线性变化的变位系数，需要在滚刀径向移动轴(X 轴)上附加运动，该运动与滚刀在 Z 轴方向的位置具有线性比例关系。变齿厚非圆齿轮滚切示意图如图 5.8 所示。

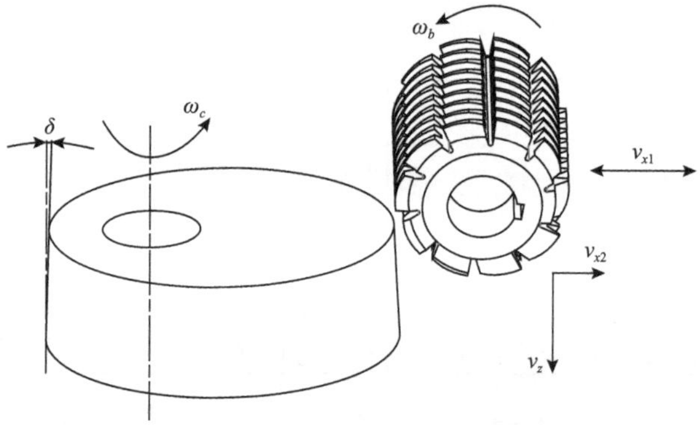

图 5.8　变齿厚非圆齿轮滚切示意图

加工变齿厚非圆齿轮时，齿轮各截面变位系数不同会引起齿坯锥角 λ_c 不同，因此滚刀在 X 轴方向需要附加运动 v_{x2}，此时式(5.8)所表示的 v_x 相当于 v_{x1}，得到的变齿厚斜齿非圆齿轮的滚切联动模型为

$$
\begin{cases}
\omega_c = \dfrac{\sqrt{r^2 + (\mathrm{d}r / \mathrm{d}\varphi)^2}}{r^2}\left(K_c\omega_b \dfrac{Tm_\mathrm{n}}{2\cos\beta} + K_z v_z \tan\beta\right) \\
v_x = \dfrac{\mathrm{d}r / \mathrm{d}\varphi}{r}\left(\omega_b \dfrac{Tm_\mathrm{n}}{2\cos\beta} + K_z v_z \tan\beta\right) + K_x v_z \tan\delta
\end{cases}
\tag{5.11}
$$

式中，K_x 为符号系数，顺滚时取−1，逆滚时取 1。

当滚刀窜刀轴参与滚切联动时，需要将窜刀轴的速度 v_{yb} 所引起的滚刀投影齿条沿图 5.1(b)所示的笛卡儿坐标系 Y 轴方向速度 v_y 的影响考虑在内。考虑窜刀运动的滚切示意图如图 5.9 所示。

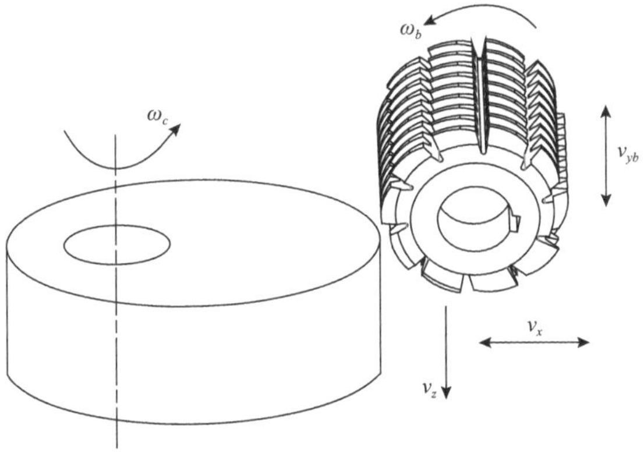

图 5.9　考虑窜刀运动的滚切示意图

设滚刀螺旋升角为 λ_b，单位时间内的窜刀量增量 Δy_b 引起的投影齿条位移增量 Δy 的计算公式推导如下，将窜刀量增量 Δy_b 等效为滚刀轴转角增量 Δb，则有

$$
\Delta b = \frac{2\pi\Delta y_b}{p} = \frac{2\pi\Delta y_b}{\pi m_\mathrm{n} / \cos\lambda_b}
\tag{5.12}
$$

式中，p 为滚刀轴向螺距。根据滚刀旋转一周，滚刀在齿坯端面投影齿条移动一个齿轮的端面齿距，得

$$
\Delta y = \frac{\Delta b}{2\pi} \times \frac{\pi m_\mathrm{n}}{\cos\beta} = \frac{\dfrac{2\pi\Delta y_b}{\pi m_\mathrm{n} / \cos\lambda_b}}{2\pi} \times \frac{\pi m_\mathrm{n}}{\cos\beta} = \Delta y_b \frac{\cos\lambda_b}{\cos\beta}
\tag{5.13}
$$

当考虑窜刀轴的速度时，结合式(5.6)，可得滚刀投影齿条的虚拟移动速度：

$$
v_y = \frac{Tm_\mathrm{n}}{2\cos\beta}\omega_b + K_z v_z \tan\beta + v_{yb}\frac{\cos\lambda_b}{\cos\beta}
\tag{5.14}
$$

则窜刀轴参与联动的滚切联动模型为

$$\begin{cases}\omega_c = \dfrac{\sqrt{r^2 + \left(\mathrm{d}r / \mathrm{d}\varphi\right)^2}}{r^2}\left(K_\mathrm{c}\dfrac{Tm_\mathrm{n}}{2\cos\beta}\omega_b + K_z v_z \tan\beta + v_{yb}\dfrac{\cos\lambda_b}{\cos\beta}\right) \\ v_x = \dfrac{\mathrm{d}r / \mathrm{d}\varphi}{r}\left(\dfrac{Tm_\mathrm{n}}{2\cos\beta}\omega_b + K_z v_z \tan\beta + v_{yb}\dfrac{\cos\lambda_b}{\cos\beta}\right)\end{cases} \tag{5.15}$$

5.1.2 电子齿轮箱插补计算及精度分析

1. 速比模型电子齿轮箱传动结构设计

对于非圆齿轮的滚切加工，适合采用主从式电子齿轮箱，滚刀回转轴 B 和滚刀在齿坯轴线方向的进给轴 Z 作为主运动轴，并保持匀速运动；齿坯回转轴 C 和滚刀移动轴 X 作为从运动轴，根据实际加工位置做变速运动。根据式(5.8)设计的加工主从式电子齿轮箱传动方案如图 5.10 所示。

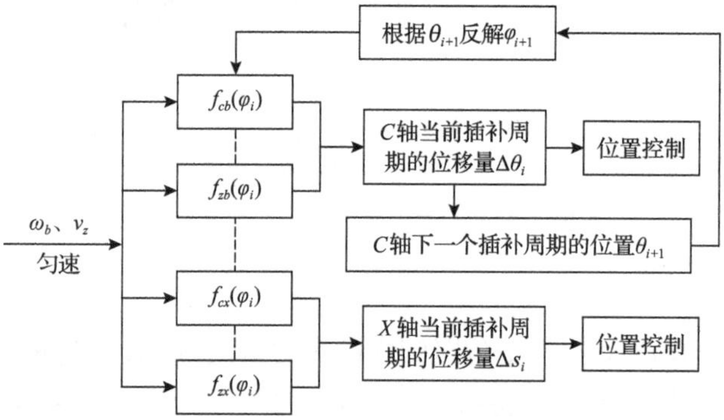

图 5.10 加工主从式电子齿轮箱传动方案

在不考虑各伺服轴位置控制误差的情况下，在电子齿轮箱的插补计算过程中，影响计算精度的因素主要有以下两个方面。

(1) 根据 θ 反解 φ 的数值计算过程中产生的误差：根据各个插补周期的 $\Delta\theta$ 进行累加计算所得的 θ 自身存在数值误差；另外，在由 θ 反解 φ 的过程中，需要求解超越方程，存在数值近似误差，该误差的存在将反映到各轴位移量的求解中。

(2) 每个插补周期内 $\Delta\theta$ 和 Δs 的计算误差：在单个插补周期内，C 轴和 Z 轴的速度均视为匀速，而插补周期不可能无限小，如此一来将引起计算位置误差，而且随着齿坯回转圈数的增加所产生的位置误差将呈现累加状态。

2. 极角超越方程求解及收敛特性

根据图 5.1(b)所示的几何关系可求得齿坯转角 θ 和极角 φ 构成的超越方程为

$$f(\varphi)=\theta-\varphi-\arctan\left(r/\left(\mathrm{d}r/\mathrm{d}\varphi\right)\right)+\varphi_0+\mu_0=0 \tag{5.16}$$

式中，φ_0 和 μ_0 分别为加工初始位置 φ 和 μ 的初始值。由于存在反正切函数，超越方程需采用数值方法进行求解。将式(5.16)转化为一个同解方程：

$$\varphi=\theta-\arctan\left(r/\left(\mathrm{d}r/\mathrm{d}\varphi\right)\right)+\varphi_0+\mu_0=f_{\mathrm{d}}(\varphi) \tag{5.17}$$

式(5.17)可视为求解 φ 的简单迭代形式，简单迭代的形式如下：

$$\begin{cases}\varphi_1=f_{\mathrm{d}}(\varphi_0)\\ \varphi_2=f_{\mathrm{d}}(\varphi_1)\\ \varphi_3=f_{\mathrm{d}}(\varphi_2)\\ \quad\vdots\\ \varphi_k=f_{\mathrm{d}}(\varphi_{k-1})\end{cases} \tag{5.18}$$

式中，k 为大于等于 1 的正整数，迭代过程直到进行至 φ_k 与 φ_{k-1} 的差值小于设定的误差限 ε。下面对简单迭代过程的收敛性进行讨论，对于简单迭代过程，存在以下收敛定理。

设迭代函数 $f_{\mathrm{d}}(\varphi)$ 在区间 $[a,b]$ 上连续，且满足

条件 1：当 $a\leqslant\varphi\leqslant b$ 时，$a\leqslant f_{\mathrm{d}}\leqslant b$；

条件 2：存在一正数 L 满足 $0<L<1$，并且对区间 $[a,b]$ 内的任意 x 值，均有 $|\mathrm{d}f_{\mathrm{d}}/\mathrm{d}\varphi|\leqslant L$。则有

结论 1：方程 f_{d} 在区间 $[a,b]$ 上存在唯一解 φ^*；

结论 2：区间 $[a,b]$ 内的任意初始值 φ_0，通过迭代 $\varphi_k=f_{\mathrm{d}}(\varphi_{k-1})$ 均收敛于 φ^*。

根据该定理，极角 φ 的定义域为 $0\leqslant\varphi\leqslant2\pi$，并有 $0\leqslant f_{\mathrm{d}}\leqslant2\pi$，即满足收敛定理的条件 1，下面对条件 2 进行推导证明。

f_{d} 的导数根据式(5.17)可求得

$$L=\left|\frac{\mathrm{d}f_{\mathrm{d}}}{\mathrm{d}\varphi}\right|=\left|\frac{\left(\dfrac{\mathrm{d}r}{\mathrm{d}\varphi}\right)^2-r\dfrac{\mathrm{d}^2r}{\mathrm{d}\varphi^2}}{\left(\dfrac{\mathrm{d}r}{\mathrm{d}\varphi}\right)^2+r^2}\right| \tag{5.19}$$

对于采用滚切法加工的非圆齿轮，其节曲线满足全凸性条件，即曲率半径均大于零，则存在

$$r^2+2\left(\frac{\mathrm{d}r}{\mathrm{d}\varphi}\right)^2-r\frac{\mathrm{d}^2r}{\mathrm{d}\varphi^2}>0 \tag{5.20}$$

可变形为

$$\left(\frac{\mathrm{d}r}{\mathrm{d}\varphi}\right)^2 - r\frac{\mathrm{d}^2 r}{\mathrm{d}\varphi^2} > -r^2 - \left(\frac{\mathrm{d}r}{\mathrm{d}\varphi}\right)^2 \tag{5.21}$$

根据式(5.21)和式(5.19)得

$$\frac{\mathrm{d}f_{\mathrm{d}}}{\mathrm{d}\varphi} > -1 \tag{5.22}$$

为了确定 $\mathrm{d}f_{\mathrm{d}}/\mathrm{d}\varphi$ 的极大值限，引入非圆齿轮副的传动比函数，设非圆齿轮副的传动比函数为 $i_{12}(\varphi)$，传动中心为 A，则主动轮极径 r 的表达式为

$$r = A\frac{1}{1+i_{12}(\varphi)} \tag{5.23}$$

对式(5.23)分别求一阶、二阶导数得

$$\begin{cases} \dfrac{\mathrm{d}r}{\mathrm{d}\varphi} = -A\dfrac{\dfrac{\mathrm{d}i_{12}}{\mathrm{d}\varphi}}{(1+i_{12})^2} \\ \dfrac{\mathrm{d}^2 r}{\mathrm{d}\varphi^2} = -A\dfrac{(1+i_{12})\dfrac{\mathrm{d}^2 i_{12}}{\mathrm{d}\varphi^2} - 2\left(\dfrac{\mathrm{d}i_{12}}{\mathrm{d}\varphi}\right)^2}{(1+i_{12})^3} \end{cases} \tag{5.24}$$

将式(5.24)代入式(5.20)，可得采用传动比函数表示的节曲线全凸条件为

$$\frac{\mathrm{d}^2 i_{12}}{\mathrm{d}\varphi^2} > -(1+i_{12}) \tag{5.25}$$

根据式(5.24)和式(5.25)，非圆齿轮节曲线极径的二阶导数的极小值限的求解公式为

$$\begin{aligned} \frac{\mathrm{d}^2 r}{\mathrm{d}\varphi^2} &= -A\frac{(1+i_{12})\dfrac{\mathrm{d}^2 i_{12}}{\mathrm{d}\varphi^2} - 2\left(\dfrac{\mathrm{d}i_{12}}{\mathrm{d}\varphi}\right)^2}{(1+i_{12})^3} = -A\frac{1}{1+i_{12}} \times \frac{(1+i_{12})\dfrac{\mathrm{d}^2 i_{12}}{\mathrm{d}\varphi^2} - 2\left(\dfrac{\mathrm{d}i_{12}}{\mathrm{d}\varphi}\right)^2}{(1+i_{12})^2} \\ &= -r\frac{(1+i_{12})\dfrac{\mathrm{d}^2 i_{12}}{\mathrm{d}\varphi^2} - 2\left(\dfrac{\mathrm{d}i_{12}}{\mathrm{d}\varphi}\right)^2}{(1+i_{12})^2} > -r\frac{-(1+i_{12})^2 - 2\left(\dfrac{\mathrm{d}i_{12}}{\mathrm{d}\varphi}\right)^2}{(1+i_{12})^2} = r + 2r\frac{\left(\dfrac{\mathrm{d}i_{12}}{\mathrm{d}\varphi}\right)^2}{(1+i_{12})^2} \end{aligned} \tag{5.26}$$

将式(5.26)代入式(5.19)得

$$\frac{\mathrm{d}f_{\mathrm{d}}}{\mathrm{d}\varphi}=\frac{\left(\dfrac{\mathrm{d}r}{\mathrm{d}\varphi}\right)^2-r\dfrac{\mathrm{d}^2r}{\mathrm{d}\varphi^2}}{\left(\dfrac{\mathrm{d}r}{\mathrm{d}\varphi}\right)^2+r^2}<\frac{\left(\dfrac{\mathrm{d}r}{\mathrm{d}\varphi}\right)^2-r\left[r+2r\dfrac{\left(\dfrac{\mathrm{d}i_{12}}{\mathrm{d}\varphi}\right)^2}{\left(1+i_{12}\right)^2}\right]}{\left(\dfrac{\mathrm{d}r}{\mathrm{d}\varphi}\right)^2+r^2}<1 \tag{5.27}$$

由式(5.22)和式(5.27)可得 $0<|\mathrm{d}f_{\mathrm{d}}/\mathrm{d}\varphi|<1$，即非圆齿轮滚切过程中，由转角求解极角的数值过程满足迭代法收敛条件，在区间$[0,2\pi]$上式(5.16)存在唯一解，并且对于该区间内的任意初始值，通过式(5.18)所给出的不动点迭代形式，均可收敛至精确解 φ^*。在满足收敛条件的前提下，还需讨论提升收敛速度的问题，以缩短计算时间，最大限度地压缩插补周期，提高插补计算精度。

对简单迭代方案加速是提高收敛速度的有效途径，Steffensen 迭代法作为一种高效的数值求解方法，综合了 Aitken 加速迭代方法及不动点迭代的优点，可避免 Newton 迭代法对 $f(\varphi)$的导数求解需求，同时回避了 Newton 法、改进 Newton 法、弦截法的局部收敛特征，即收敛特性不依赖初始值选取。Steffensen 迭代法的不动点迭代形式为

$$\varphi_k=\varphi_{k-1}-\frac{\left[f_{\mathrm{d}}\left(\varphi_{k-1}\right)-\varphi_{k-1}\right]^2}{f_{\mathrm{d}}\left[f_{\mathrm{d}}\left(\varphi_{k-1}\right)\right]-2f_{\mathrm{d}}\left(\varphi_{k-1}\right)+\varphi_{k-1}} \tag{5.28}$$

基于式(5.28)，以选定的初始值 φ_0 开始迭代过程，迭代的终止条件设定为

$$|\varphi_k-\varphi_{k-1}|\leqslant\varepsilon \tag{5.29}$$

下面以椭圆齿轮的滚切过程为例，测试 Steffensen 迭代法在求解方程(5.16)过程中的收敛特性，所采用的椭圆齿轮参数同表 5.1。当 ε 分别取 10^{-4}rad、10^{-5}rad、10^{-6}rad、10^{-7}rad 时，迭代初始值取 $\varphi_0=0$，得到 Steffensen 迭代次数如图 5.11 所示。

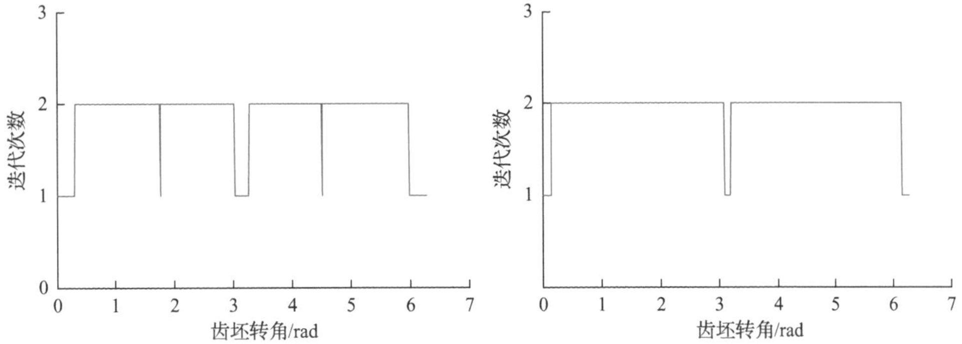

(a) $\varepsilon=10^{-4}$rad　　(b) $\varepsilon=10^{-5}$rad

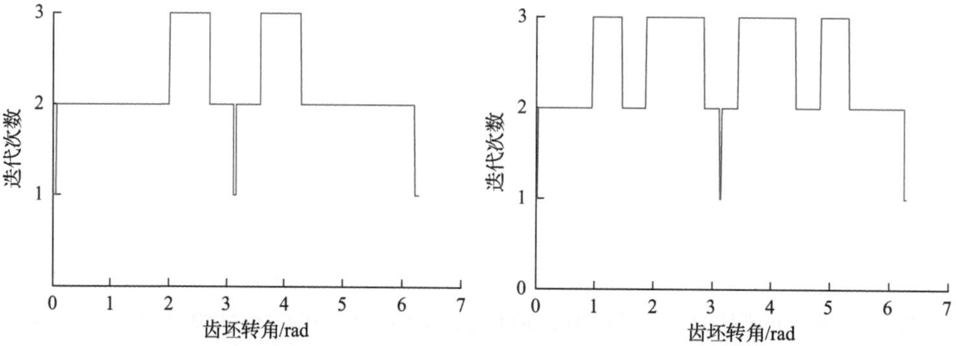

(c) $\varepsilon=10^{-6}$rad　　(d) $\varepsilon=10^{-7}$rad

图 5.11　ε 对迭代次数的影响

所采用的迭代法在一定的误差限下达到预期精度，迭代次数在 1～3 次波动，具有优异的收敛速度及迭代次数均衡特性。该特性对插补运算过程较为有利，因为每个插补周期所需的运算时间趋于一致，可以据此设定更为合理的插补周期，提高插补运算精度。

3. 插补误差计算方法及评价

直齿/斜齿非圆齿轮以及变厚斜齿非圆齿轮的滚齿加工过程，在齿坯端面的投影上，均可视为齿条中线与非圆齿轮节曲线的纯滚动。从纯滚动的角度看非圆齿轮的滚切运动，可以认为：不同的滚切形式下，齿条中线在 Y 轴方向的位移量 l、在 X 轴方向的位移量 s，以及齿坯在 C 轴方向的转角位移量 θ，均具有一一对应关系，三者对应关系的求解如图 5.12 所示。

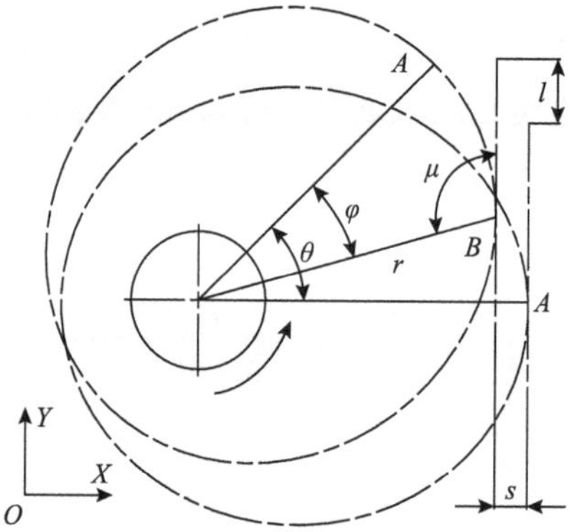

图 5.12　齿条中线和非圆齿轮节曲线的位移关系求解

如图 5.12 所示，非圆齿轮节曲线与齿条中线执行纯滚动运动时，二者初始相切于点 A，并从点 A 纯滚动至点 B，在该过程中非圆齿轮节曲线的转角位移量为 θ，

齿条中线在 X 轴方向和 Y 轴方向的位移量分别为 s 和 l；非圆齿轮节曲线在点 A 对应的极径、极角和极切角分别为 r_0、θ_0 和 μ_0，在点 B 对应的极径、极角和极切角分别为 r、θ 和 μ。非圆齿轮节曲线和齿条中线的位移量求解为

$$\begin{cases}\theta=\varphi+\mu-\varphi_0-\mu_0\\ l=\int_{\varphi_0}^{\varphi}\sqrt{r^2+\left(\mathrm{d}r/\mathrm{d}\varphi\right)^2}\mathrm{d}\varphi-r\cos\mu\\ s=r\sin\left(\mu\right)-r_0\end{cases}\tag{5.30}$$

根据式(5.30)，对非圆齿轮节曲线的极角进行离散取值，获取 N 个 $\varphi_i\left(i=1,2,\cdots,N\right)$；然后计算对应的 N 组 θ_i、s_i 和 l_i，采用分段三次样条插值法，获取 θ、s 关于 l 的函数关系，以此作为柔性电子齿轮箱理论计算误差的评价基准。由于 θ、s 关于 l 没有显式函数关系式，在采用插值法构建数学关系式时，不可避免地引入插值计算误差，需对插值计算误差的数量级进行评估。

以椭圆齿轮为例，设计参数与 5.1.1 节滚切联动模型仿真所用到的参数相同，在节曲线上以等弧长获取 500 组 φ_i，以此获得 θ、s 关于 l 的插值函数关系，所产生的插值计算误差如图 5.13 所示。

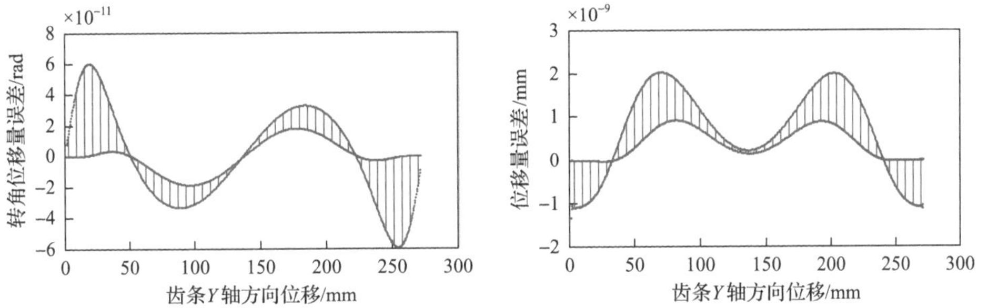

(a) 转角位移量 θ 的插值计算误差　(b) 位移量 s 的插值计算误差

图 5.13　θ、s 关于 l 的插值计算误差

如图 5.13 所示，采用分段三次样条插值法构建 θ、s 关于 l 的函数关系，所产生的误差量级分别为 10^{-11}rad 和 10^{-9}mm，该误差量级满足采用插值函数作为基准评价插补计算误差的要求。在非圆齿轮滚切过程中，当加工进行到时刻 t 时，齿坯轴和滚刀轴位置的插补误差的评价流程如下。

(1)根据时间 t，结合式(5.30)，计算滚刀轴在齿坯端面投影齿条在 Y 轴方向的位移量 l、齿坯回转轴的转角位移量 θ、滚刀 X 轴方向的位移量 s。

(2)将 l 代入由数组 $\left[l_i,\theta_i\right]$ 形成的分段三次样条插值函数中，计算求得 θ'。

(3)将 l 代入由数组 $\left[l_i,s_i\right]$ 形成的分段三次样条插值函数中，计算求得 s'。

(4)计算齿坯回转轴转角位移量的插补计算误差 $\delta_\theta=\theta-\theta'$，滚刀 X 轴方向位

移量的插补计算误差 $\delta_s = s - s'$。

对插补数据的计算过程进行分析，发现滚刀转速 ω_b、滚刀轴向进给速度 v_z、插补周期 t_b、迭代误差限 ε、加工时间 t 均会对齿坯轴和滚刀轴的插补计算误差有影响。以滚齿加工联动仿真模型为例，当滚刀转速 ω_b 取 200r/min，滚刀轴向进给速度 v_z 取 1mm/s，插补周期 t_b=2ms，加工时间 t=7s，迭代误差限 ε 取 10^{-4}rad 时，插补计算误差 δ_θ、δ_s 的图形如图 5.14 所示。

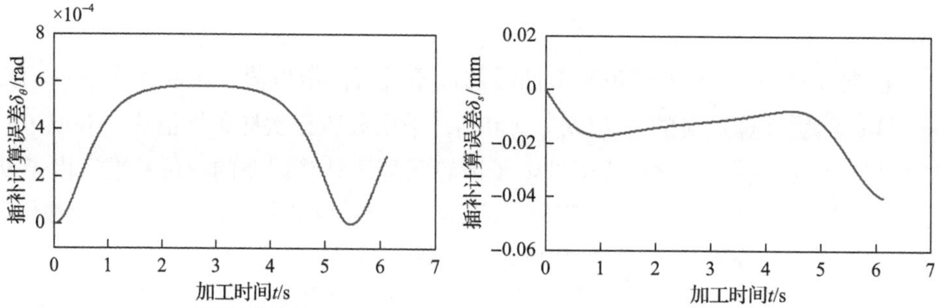

(a) 插补计算误差δ_θ　　(b) 插补计算误差δ_s

图 5.14　t_b=2ms，$\varepsilon=10^{-4}$rad，t=7s 对应的插补计算误差

当 ε 继续取 10^{-5}rad、10^{-6}rad、10^{-7}rad 时，插补计算误差 δ_θ、δ_s 相比 $\varepsilon=10^{-4}$rad 时未出现明显改善，对比图 5.11(a)的迭代次数分布图可知，当 $\varepsilon=10^{-4}$rad 时，大部分区间的迭代次数为 2 次，通过 2 次迭代大部分区间的数值近似误差已达到 $10^{-5}\sim10^{-7}$，考虑到迭代次数的均衡性，在编制插补加工程序时可取 $\varepsilon=10^{-5}$rad。

当加工时间 t=7s，迭代误差限 ε 取 10^{-5}rad，插补周期 t_b=1ms 时，插补计算误差 δ_θ、δ_s 的图形如图 5.15 所示。

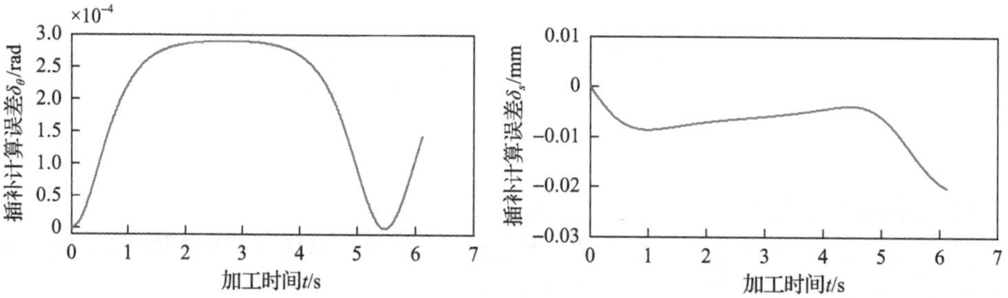

(a) 插补计算误差δ_θ　　(b) 插补计算误差δ_s

图 5.15　t_b=1ms，$\varepsilon=10^{-5}$rad，t=7s 对应的插补计算误差

对比图 5.15 和图 5.14 可知，插补周期由 2ms 缩短至 1ms 时，插补计算误差 δ_θ、δ_s 以相同的比例下降，可见缩短插补周期是改善插补计算误差的有效途径。降低滚刀转速 ω_b 及滚刀轴向进给速度 v_z 可以获得和缩短插补周期同样的效果，其中

v_z在正常值内的变化对插补计算误差的影响可忽略不计。ω_b减小后 δ_θ、δ_s也以相同的比例下降，这里不再给出图形表示，但 ω_b减小后，为保证切削速度，需要外径更大的滚刀。将插补计算过程视为一个积分逼近过程，插补周期、滚刀转速、滚刀轴向进给速度的降低，均等效于积分步长的缩短。

当插补周期 t_b=2ms，迭代误差限 ε 取 10^{-5}rad 时，加工时间 t=100s，插补计算误差 δ_θ、δ_s的图形如图 5.16 所示。

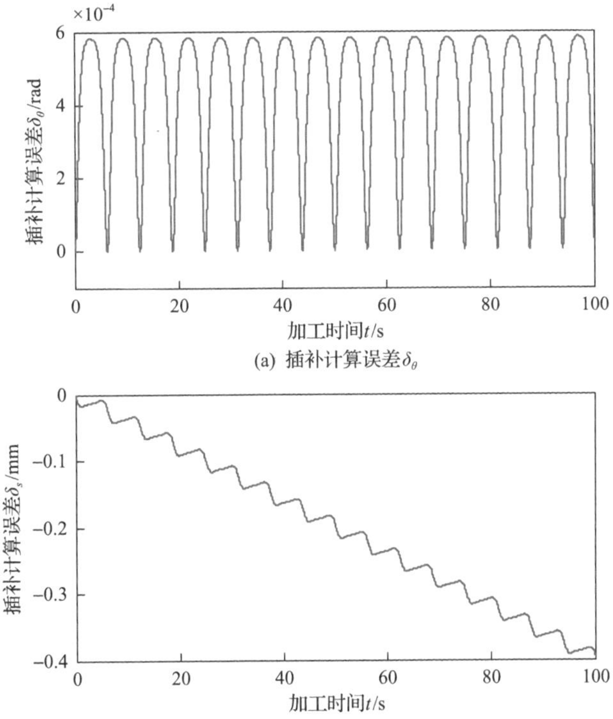

(a) 插补计算误差δ_θ

(b) 插补计算误差δ_s

图 5.16　t_b=2ms，ε=10^{-5}rad，t=100s 对应的插补计算误差

如图 5.16 所示，随着加工时间的延长、齿坯回转圈数的增加，齿坯轴和滚刀轴的插补计算误差均出现了不同程度的累积，δ_θ 累积的数值量级相比单个插补周期的最大插补计算误差可忽略不计，而 δ_s的累积误差需引起重视，该误差的累积将导致较大的进刀深度误差。

4. 累积误差的成因分析

对于椭圆齿轮滚切过程中，插补计算误差 δ_θ和 δ_s所出现的不同累积特性，可从积分逼近的角度进行分析。如图 5.16 所示，齿坯完成一圈加工用时 6262ms，共经历 3131 个插补周期，完成一圈加工后齿坯轴和滚刀轴的插补计算误差，即 δ_θ

和 δ_s 分别为

$$\begin{cases} \delta_\theta = \sum\limits_{i=1}^{3131} f_1(i)\Delta l_i \\ \delta_s = \sum\limits_{i=1}^{3131} f_2(i)\Delta l_i \\ f_1(i) = \sqrt{r^2 + (\mathrm{d}r / \mathrm{d}\varphi_i)^2} \Big/ r^2 \\ f_2(i) = (\mathrm{d}r / \mathrm{d}\varphi_i) / r \end{cases} \tag{5.31}$$

式中，Δl_i 为每个插补周期内滚刀在齿坯端面的投影齿条沿 Y 轴方向的位移量。在齿坯完成一圈加工的时间内，齿坯回转量计算系数 f_1 与滚刀移动量计算系数 f_2 的变化曲线如图 5.17 所示。

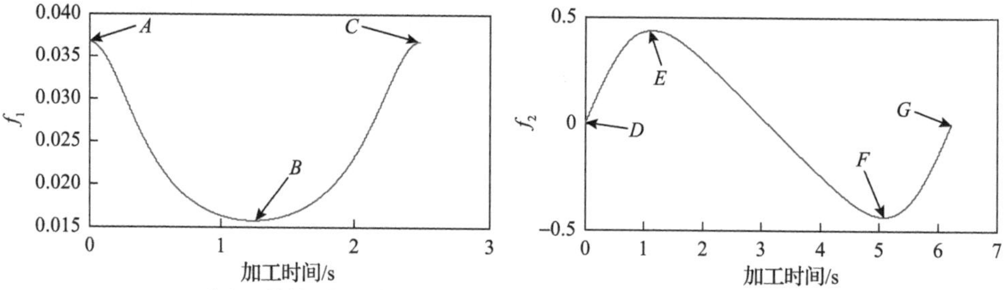

(a) 齿坯回转量计算系数 f_1　　(b) 滚刀移动量计算系数 f_2

图 5.17　插补计算系数 f_1、f_2 的变化曲线

如图 5.17 所示，对于 f_1，在齿坯的一转内，AB 段为递减状态，BC 段为递增状态，根据每个插补周期位移量的计算方法，可知在 AB 段的每个插补周期内计算的齿坯转角量偏大，在 BC 段的每个插补周期内计算的齿坯转角量偏小。AB 段和 BC 段的 f_1 曲线又具有对称性，如此一来，齿坯在加工一周后，齿坯转角的累积误差将接近零。对于 f_2，DE 段和 FG 段为递增状态，EF 段为递减状态。由于递增与递减区间曲线的不对称性，计算偏差无法实现近似抵消，从而导致误差的依次累积。

通过对椭圆齿轮滚切加工过程中插补计算误差的累积特性分析，可得出如下结论：基于以速比联动模型搭建的电子齿轮箱进行非圆齿轮滚齿时，随着齿坯加工圈数的增加，插补计算误差是否出现累积取决于非圆齿轮节曲线函数所对应速比系数的递减区间和递增区间是否有对称特性。例如，椭圆齿轮滚切过程中，齿坯转角无误差累积现象，但滚刀的位移量出现误差累积现象，该特性同样会在二阶、三阶等高阶椭圆齿轮的滚齿加工过程中出现。

5.1.3　插补精度的两种优化方法

1. 速比模型构建的电子齿轮箱传动结构

为改善椭圆齿轮滚切过程中滚刀位移量插补计算误差的累积问题，对电子齿轮箱的插补计算过程进行改良。根据前面的分析，齿坯回转轴的位移量计算具有较高的精度，且误差累积的数量级可忽略不计，在每个插补周期内，根据当前的极角 φ_i 计算齿坯转角的位移增量$\Delta\theta_i$，然后预计算出下一个插补点的极角值 φ_{i+1}，将 φ_{i+1} 和 φ_i 分别代入式(5.28)，计算出 s_{i+1} 和 s_i，则滚刀移动轴在当前插补周期的位移增量$\Delta s_i=s_{i+1}-s_i$，根据该思路构建改良的主从式电子齿轮箱传动方案如图 5.18 所示。

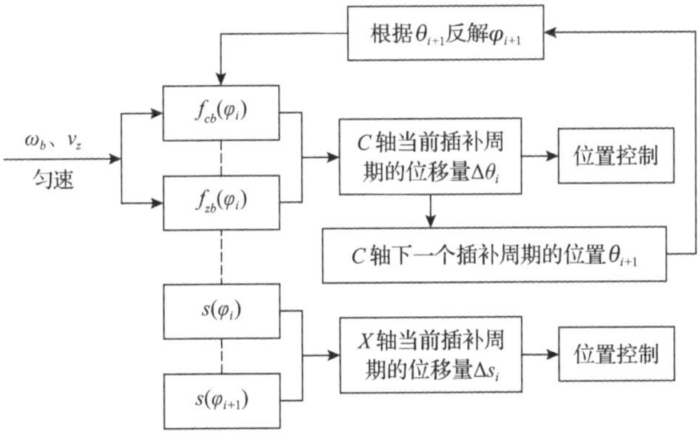

图 5.18　改良的主从式电子齿轮箱传动方案

基于图 5.18 所示改良的电子齿轮箱传动方案，重新计算图 5.16 所示的回转轴 B 的插补计算误差 e_s，得到的图形如图 5.19 所示。

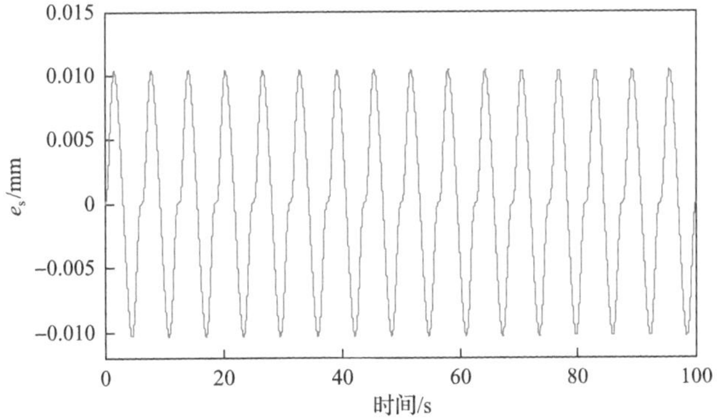

图 5.19　经改良的插补计算误差 e_s

对比图 5.19 和图 5.16 可知，采用改良的电子齿轮箱传动方案，滚刀在 Y 轴方向的插补计算误差 e_s 的累积现象得到大幅改善，可以满足齿坯的多圈数展成加工需求。

2. 位比模型构建的电子齿轮箱传动结构

通过前面的分析，可以归纳出采用速比联动模型构建电子齿轮箱传动方案进行非圆齿轮滚切加工时的不足之处，具体如下。

(1)在每个插补周期内，需要用迭代法求解超越方程，导致插补计算量增加。

(2)在执行齿坯的多圈连续滚切加工时，误差的累积效应与节曲线形式相关，限制了非圆齿轮的滚切加工范围。

(3)对于由列表曲线、分段曲线表达的自由节曲线非圆齿轮的滚切，插补计算模块程序设计较为复杂，而且针对不同的非圆齿轮需要重新编程，通用性差。

针对以上问题，提出一种基于位移量关系(位比)模型构建的电子齿轮箱传动方案，该方案直接以多轴之间位移量的非线性函数为插补计算依据，从而避免了速比联动模型由多轴间速度关系间接求解各个插补周期微位移量而引起的误差累积现象。位比模型构建的电子齿轮箱传动方案设计如图 5.20 所示。

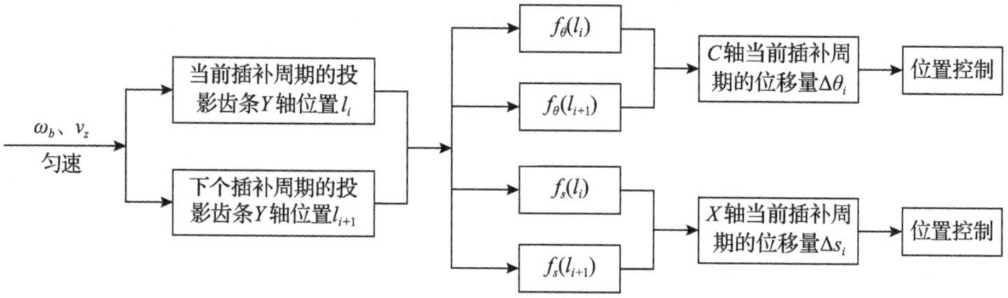

图 5.20　位比模型构建的电子齿轮箱传动方案

每个插补周期的投影齿条 Y 轴位移量 Δl_i 可根据式(5.32)获得

$$\Delta l_i = \left(\frac{Tm_{\mathrm{n}}}{2\cos\beta}\omega_b + K_z v_z \tan\beta\right)\Delta t \tag{5.32}$$

式中，Δt 为插补周期，当 ω_b 和 v_z 为定值时，每个插补周期的 Δl_i 为定值。

图 5.20 所示方案面临的主要问题是如何将 θ、s 关于 l 的函数关系简洁、准确地传递到数控系统的插补计算模块。因为 θ、s 和 l 均是关于 φ 的非线性函数，而 θ 与 φ 之间存在超越函数关系，所以 θ、s 和 l 之间难以获得显式函数关系式。本节采用分段三次样条插值来构建函数 $f_\theta(l)$ 和 $f_s(l)$，该插值方法产生的分段函数具有规范统一的数学表达形式，当将插值系数作为外部输入时，可实现计算模块的统一性。

5.1.4　滚齿切削力计算及波动特性

单位切削力系数法是金属切削过程切削力求解的常用方法，该方法将切削力的计算转化为单位面积切削力的叠加，并通过求解逐个微元切削刃的切削力矢量和，对整体切削力进行求解。滚刀切削刃的切削过程属于斜刃非自由切削，不再适用金属切削机理研究中常用的直角正交切削理论模型，当前分析滚齿切削力广泛采用的数学模型是 Kienzle-Victor 切削力经验公式(K-V 公式)。该公式将切削力与切削层面积建立联系：

$$\begin{cases} F_c = AK_s \\ K_s = K_c / h^u \end{cases} \tag{5.33}$$

式中，F_c 为主切削力，N；A 为切削层面积，mm^2；K_s 为比切力，N/mm^2；K_c 为单位截面对应的切削力，该单位截面的公称厚度和宽度均为 1mm；h 为切削层厚度；u 为定值系数，反映切削层厚度 h 对比切力 K_s 的影响程度；其中 K_c 和 u 的取值由工件材料所定，可通过试验法获得。式(5.33)的图解示意如图 5.21 所示。

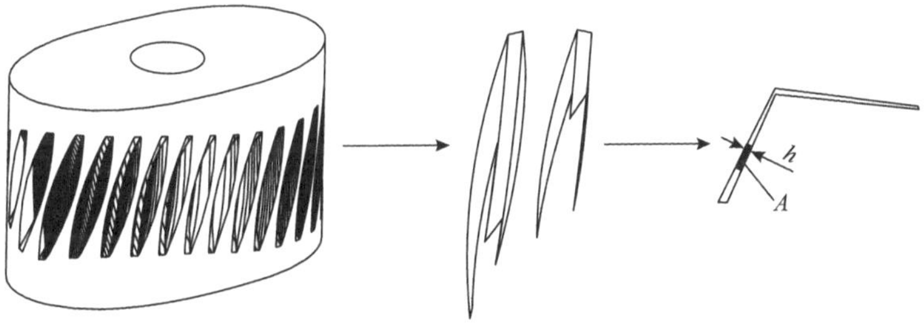

图 5.21　Kienzle-Victor 切削力经验公式的图解示意

如图 5.21 所示，通过切削仿真获得单次切削过程的未变形切屑，分析切屑的各个截面，并按照切削层厚度的局部均匀性将截面离散划分成多个微小面积，对每个微小面积通过式(5.33)开展切削力求解，然后将各个微小面积的切削力进行矢量加和，可获得某个切削瞬间的总切削力。

1. 未变形切屑特征提取

1)仿真模型的构建

滚齿过程为断续切削，与铣削过程具有一定的相似性，其切削仿真的开展，需要建立在齿坯实体模型和滚刀切削轨迹模型的基础上。沿着滚刀的容屑槽方向，分布成排的切削刃，当滚刀绕自身回转轴线转动，从一个容屑槽转动到下一个容屑槽时，可以理解为上一个容屑槽所对应的成排切削刃，在滚刀轴线方向运动了一定距离。

基于以上表述，根据滚刀设计参数、工艺参数可构建出某排切削刃的切削轨迹，当滚刀转动过一排齿时，下一排齿的切削轨迹可以视为上一排齿所对应切削轨迹在滚刀轴线方向的移动。设定仿真所使用的滚刀为直槽零度前角滚刀，滚刀在容屑槽内的轴向截形可视为一标准齿条，考虑滚刀转动和沿齿坯轴向进给运动，可求得该齿条上某点的空间轨迹。将单次断续切削过程中，滚刀转动和轴向进给运动转化为单排切削刃的空间运动轨迹。使滚刀轴截面齿形沿该空间轨迹扫描，即可得到单排刀齿的空间切削轨迹实体，获得的滚齿切削轨迹实体模型如图 5.22 所示。

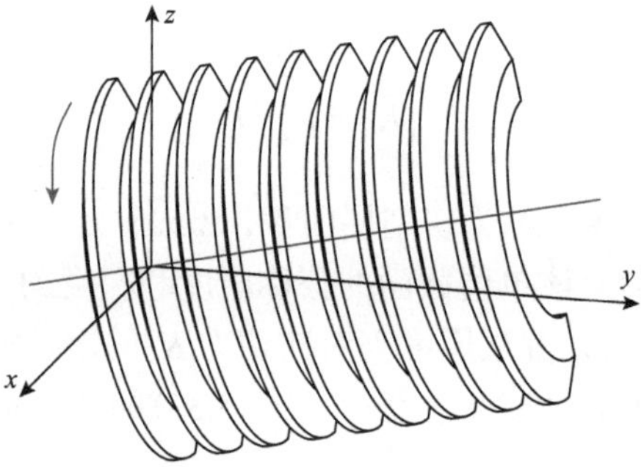

图 5.22　滚齿切削轨迹实体模型

将齿坯和滚齿切削轨迹实体模型进行装配，形成用于滚齿切削仿真的实体模型。数控滚齿机床通常配备沿滚刀轴向运动的窜动轴(习惯称为 Y 轴)，为了区别在联动模型推导中所用到的滚刀投影齿条的切向虚拟移动 Y 轴，这里将滚刀的轴向窜刀轴称为 y_b 轴。滚刀对齿坯的切削过程，根据安装在 Z 轴方向进给位置的不同，分为切入行程、完全切入行程和切出行程，处于完全切入行程中的切削轨迹实体模型与齿坯实体模型如图 5.23 所示。

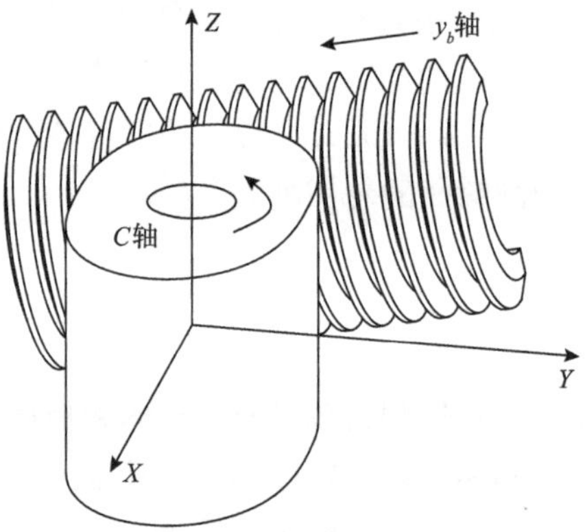

图 5.23　处于完全切入行程中的切削轨迹实体模型与齿坯实体模型

如图 5.23 所示，在以齿坯回转中心为坐标原点构建的笛卡儿坐标系中，滚刀单排刀齿完成一次断续切削，齿坯和切削轨迹的实体需要进行如下步进运动：①齿坯在 C 轴方向的步进转动；②切削轨迹实体在滚刀轴线 y_b 轴方向的步进移动；

③切削轨迹实体在 Z 轴方向的步进移动；④切削轨迹实体在 X 轴方向的步进移动。仿真模型对应的非圆齿轮和滚刀的设计参数如表 5.2 所示。

表 5.2　仿真模型对应的非圆齿轮和滚刀的设计参数

非圆齿轮工艺参数	
齿数	30
法向模数/mm	4
螺旋角/(°)	15
节曲线	二阶椭圆
偏心率	0.3
旋向	右旋
滚刀工艺参数	
滚刀类型	阿基米德蜗杆
头数	1
螺距/mm	12.5788
螺旋升角/(°)	2.5473
轴截面模数/mm	4.0039
旋向	右旋
外圆直径/mm	100
节圆直径/mm	90
切削安装角/(°)	12.4526
周向开槽数	8
Z 轴方向进给速度/(mm/rev)	2
半转进给量/mm	0.03333

2)仿真执行软件开发

在根据非圆齿轮和滚刀的设计参数所构建出的滚刀切削轨迹实体模型、非圆齿轮齿坯实体模型基础上，使二者在前面所计算出的断续切削运动数据约束下逐次运动到切削位置，开展实体模型的布尔差运算，实现对齿坯的切削。为提高仿真执行效率，并适应各种不同类型非圆齿轮、不同滚刀的切削仿真需求，本节对非圆齿轮滚切仿真软件进行开发研究。基于 SolidWorks 软件的应用程序接口(application programming interface，API)，采用 VBA 语言编程进行仿真软件开发，该仿真软件的执行流程如图 5.24 所示。

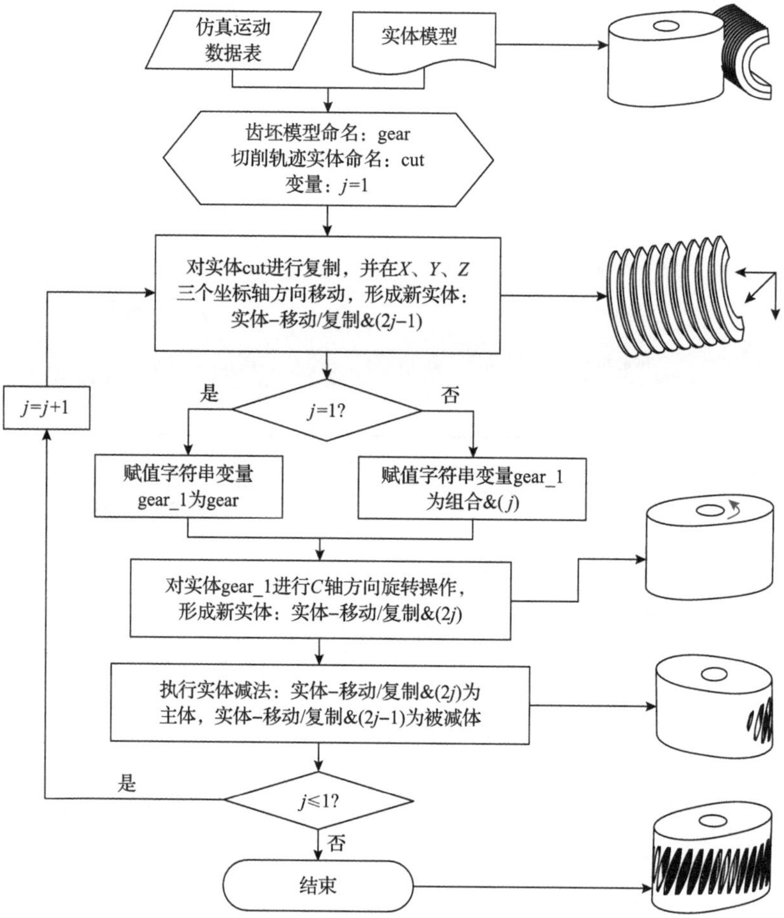

图 5.24　仿真软件的执行流程

该仿真软件采用计算数据外部导入的模式，以数据表形式从外部导入切削轨迹实体建模所用到的滚刀轴截面齿形数据、空间切削轨迹曲线数据、齿坯节曲线数据、实体模型的步进运动数据，用于完成模型构建和切削仿真。为方便单步切屑体积的变化分析，在仿真过程中每次执行实体的布尔差后，更新当前实体的体积数据，并将该数据同步记录在数据表中。仿真软件运行界面如图 5.25 所示。

3）切屑几何模型获取

上述切削仿真所模拟的是滚刀在完全切入状态下的切削特性，仿真开始时齿坯为完整状态，但在实际滚切加工过程中，滚刀在 Z 轴方向采用逐步切入方式。为获取滚刀完全切入状态下断续切削所产生的切屑模型，本节采用二周滚切仿真

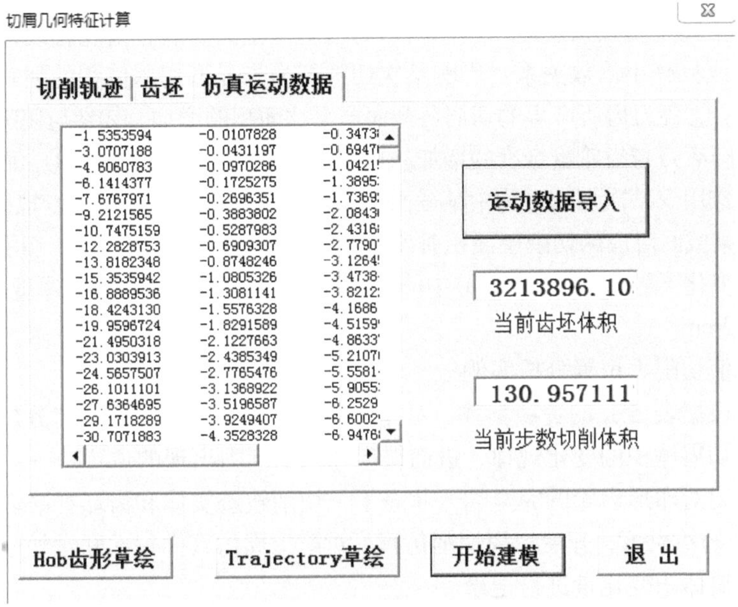

图 5.25　仿真软件运行界面

方法，即在第一周滚切仿真的基础上，以第一周仿真所得到的齿坯模型为新的齿坯，开展第二周仿真。在上述切屑过程仿真执行完毕后，可在此基础上获取某步切削所对应的未变形切屑，将某步所执行的实体进行布尔差运算，编辑修改为实体求交运算，获取切削实体轨迹模型与当前齿坯模型的重合部分，即该步切削所对应的未变形切屑。

2. 峰值切削力位置估计

对非圆齿轮的滚切过程而言，在节曲线不同位置切削力出现较大幅度波动是其重要特征，也是其与圆柱齿轮滚切过程的明显区别。在圆柱齿轮的切削力相关研究中，广大学者更多关注的是滚刀一个回转周期内的切削力变化特性，基于此开展优化工艺、改进刀具涂层等相关研究。对非圆齿轮而言，滚刀各个回转周期内的切削工况均存在差异，且当节曲线形状发生变化时，分析结果会呈现较大偏差。峰值切削力是一个重要参量，关系到允许的加工进给参数、机床及工装刚度、主轴切削功率是否满足等相关问题，本节将峰值切削力作为重点探讨对象。

1) 未变形切屑体积与切削力的正相关关系

由于非圆齿轮滚切过程中节曲线不同位置切削力的波动幅度大，如何根据当前的联动切削方式，找到切削力最大的位置，是分析峰值切削力面临的首要问题。在滚切仿真过程中，某次断续切削所产生的未变形切屑体积是可以间接获取的数据，本节将未变形切屑体积与切削力间的正相关关系作为分析的前提，原因如下：当滚刀处于完全切入状态时，整体滚刀每齿所产生的切屑在齿轮轴线方向的长度基本相当或具有小倍数关系。影响某次切削行为未变形切屑体积的因素可总结为两个方面：①各刀齿所产生的切屑各截面层平均面积的增加，②参与切削的刀齿数的增加，即滚刀与齿轮重合度的增加。其中，因素②正作用于条件①，而因素①的成立，正作用于某次切削行为中某截面出现最大切削层面积的概率。根据 K-V 公式，可知某截面对应的切削层面积对该时刻的切削力起主导性影响，切削力对切削层厚度的变化不敏感，当式(5.33)中的定值系数 u 取 0.2 时，切削层厚度从 0.02mm 变化到 0.2mm。

2)峰值切削力位置分析实例

本节根据表 5.1 的各项参数，对卵形齿轮开展整周切削仿真，分析仿真过程中未变形切屑体积的变化规律，进而得出峰值切削力出现的位置。

在滚刀对卵形齿轮的完全切入状态下，切削轨迹实体和齿坯在滚切联动模型(式(5.8))的约束下，开展二周切削仿真，对第二周仿真中每次断续切削所产生的未变形切屑体积变化量进行记录。

在该仿真实例中，在节曲线不同位置的未变形切屑体积出现了较大幅度的波动，滚切从卵形齿轮的最长轴位置开始，在最长轴向最短轴过渡过程中，未变形切屑体积出现了逐步增加的现象。未变形切屑体积的最大值出现在第 60 次、第 180 次的切削行为中，该两个位置恰好位于卵形齿轮的最短轴附近，即节曲线曲率半径最大的位置。未变形切屑体积最大位置所对应的滚刀切削轨迹实体与非圆齿轮齿坯的相对位置如图 5.26 所示。

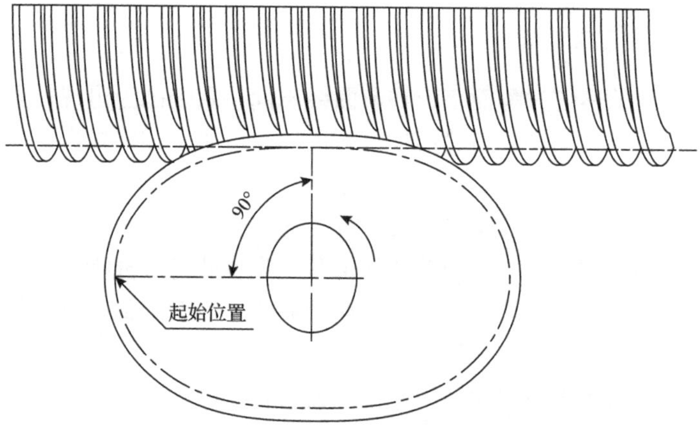

图 5.26　未变形切屑体积最大位置所对应的滚切联动模型

将未变形切屑体积与曲率半径的变化曲线显示在同一图形上，如图 5.27 所示。

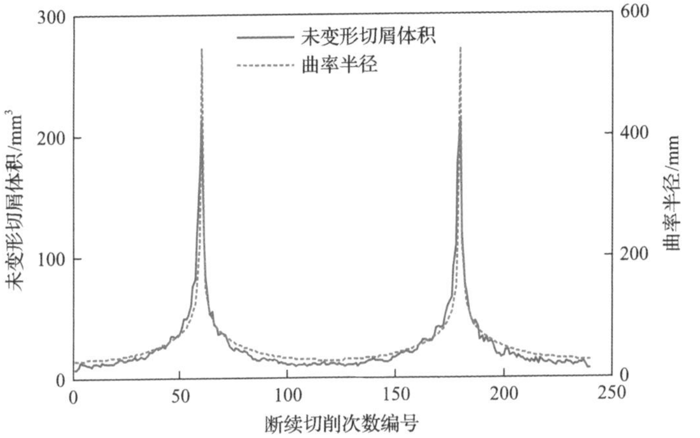

图 5.27　滚切联动模型对应的未变形切屑体积与曲率半径对比图

由图 5.27 分析可知，每次断续切削所产生的未变形切屑体积与各位置的曲率半径变化趋势基本吻合，且最大和最小切屑的体积倍数与最大和最小曲率半径的倍数也基本相当。据此得出如下结论：基于滚切联动模型所开展的卵形齿轮滚切，每次断续切削所产生的未变形切屑体积与该位置的节曲线曲率半径成正比关系，整周切削过程中的峰值切削力出现在曲率半径最大的位置。此外，对所选卵形齿轮分析对象而言，曲率半径最大位置是极径最小位置，峰值切削力与极径长度成反比关系。

5.1.5　包络误差建模及波动分析

1. 齿面微小面片及分布特征

滚切加工具有断续切削的特点，最终加工生成的齿面由断续加工中依次产生的微小面片构成。在节曲线上分布的各个轮齿具有相同的模数，但由于不同位置曲率半径的变化以及保证联动加工所约束的运动关系不同，各轮齿具有不同的切削工况，从而造成齿面形成过程的差异，并引起齿面精度的不均匀性。2.3.2 节以齿廓形成特征点的数量为对比对象，分析了等极角展成和等弧长展成对齿廓精度均匀性的影响，并得出等弧长方案可以实现不同曲率半径位置轮齿齿面的包络线密度基本一致的结论[2]。

在实际滚切加工过程中，由于滚切联动模型的约束，投影齿条节线与非圆齿轮节曲线的切点在单位时间内的极角增量或弧长增量会出现线性或非线性的变化规律，齿面包络线分布也将在节曲线不同位置呈现不同特性。为使齿槽的仿真成形过程可以反映滚刀对齿坯的离散切削过程，在计算齿条与齿坯的仿真运动数据时，以滚刀转过单排齿为仿真步长。设滚刀圆周齿槽数为 K，计算滚刀每转过 $2\pi/K$ 角度时，各联动轴所对应的位移增量，从而得到整周滚切仿真的加工数据。

以斜齿非圆齿轮加工为例，设滚刀圆周齿槽数 K=12，对斜齿非圆齿轮滚切联动模型(式(5.8))开展齿面包络线分布仿真，仿真过程示意图如图 5.28 所示。椭圆齿轮在长短轴位置的齿廓包络轨迹如图 5.29 所示。

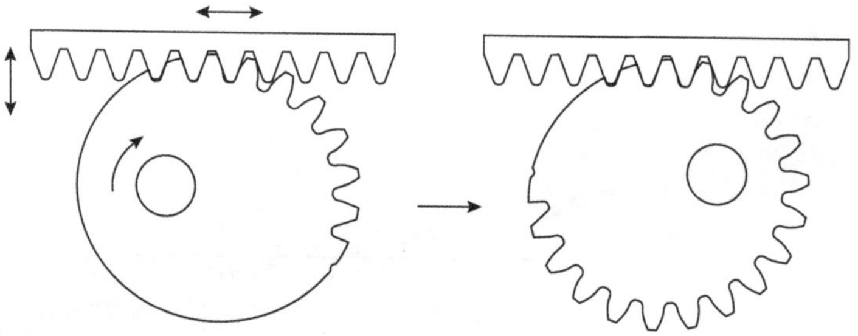

图 5.28　斜齿非圆齿轮滚切联动模型的包络线分布仿真过程示意图

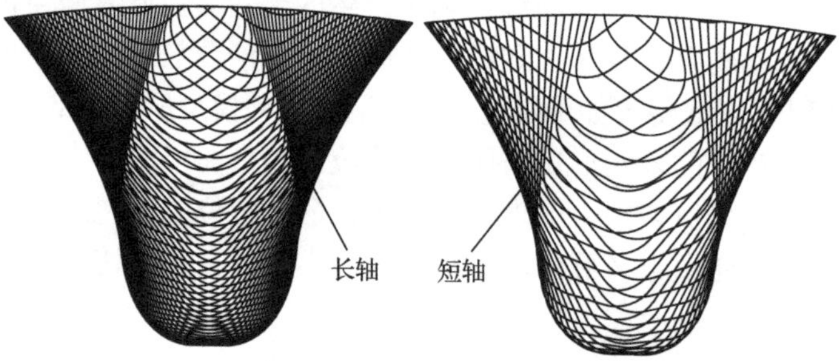

图 5.29　椭圆齿轮长短轴位置的齿廓包络轨迹

为分析节曲线不同位置齿廓形成特征点数量与极径、节曲线曲率半径的综合关系，将这三者的变化趋势以极角为自变量表达在一个图形中，如图 5.30 所示。

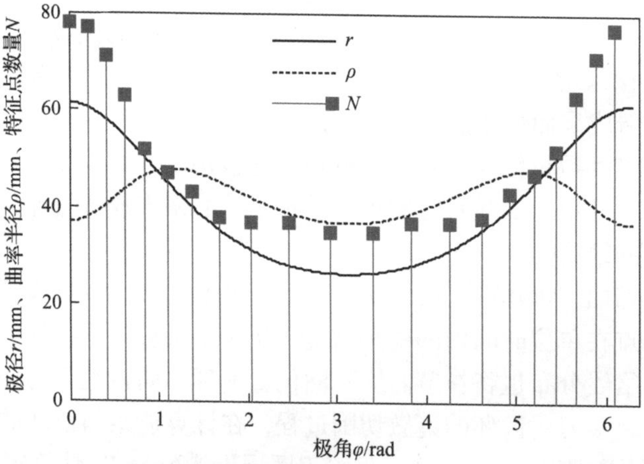

图 5.30　齿廓特征点数量分布

如图 5.30 所示，基于斜齿非圆齿轮滚切联动模型开展齿廓包络特性仿真，在节曲线不同位置的包络线密度存在较大差异。通过对椭圆齿轮节曲线极径、节曲线曲率半径、构成各齿槽齿廓的齿廓形成特征点数量的对比分析，得出结论如下：①齿廓包络线密度与节曲线极径大小呈正相关关系，在极径大的位置包络线稠密，极径小的位置包络线稀疏；②节曲线不同位置的曲率半径与包络线密度分布无明显关联，例如，该椭圆齿轮在极角 0°和 180°位置具有相同的曲率半径，但齿廓包络线分布存在较大差异。

2. 当量齿轮-当量滚刀模型分析法

非圆齿轮等模数、变曲率半径、变极径的特殊性，导致包络误差的分布不但与其设计参数有关，还与滚切联动模型有关，例如，图 5.29 所示的基于滚切联动模型加工的椭圆齿轮，在长、短轴位置，虽然曲率半径、理论齿形相同，但齿廓包络线密度存在很大差异。这里在由曲率半径定义齿数为 z_{d} 的当量圆齿轮基础上，提出在节曲线不同位置定义当量滚刀槽数 K_{d}，该方法可综合考虑滚切联动模型、节曲线极径、节曲线曲率半径、滚刀参数的影响因素，如图 5.31 所示。

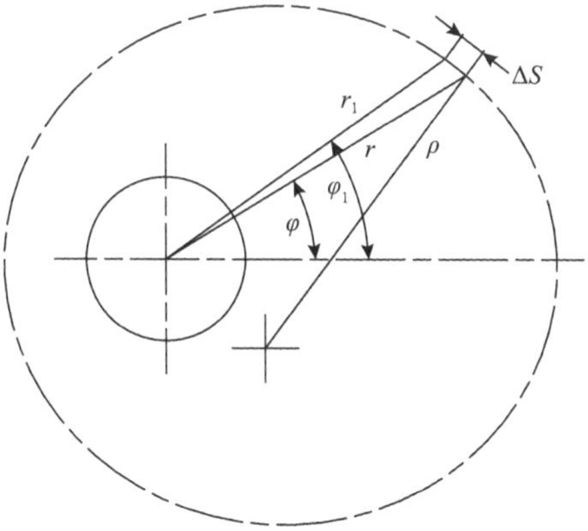

图 5.31　当量参数计算示意图

如图 5.31 所示，当滚刀旋转过一排齿，所对应投影齿条在其节线方向产生位移量 ΔL，非圆齿轮节曲线发生的弧长变化量为 ΔS，则 z_{d} 和 K_{d} 分别为

$$\begin{cases} z_{\mathrm{d}} = 2\rho / m \\ K_{\mathrm{d}} = \pi m / \Delta S \\ \Delta L = \pi m / K_{\mathrm{d}} + r_1 \cos\mu_1 - r\cos\mu \end{cases} \tag{5.34}$$

式中，极角 φ 位置对应极径 r、曲率半径 ρ 和极切角 μ；极角 φ_1 位置对应极径 r_1 和极切角 μ_1。以前面所用椭圆齿轮为例，分析计算在滚切该齿轮过程中各位置的

当量齿轮齿数和当量滚刀槽数，如图 5.32 所示。

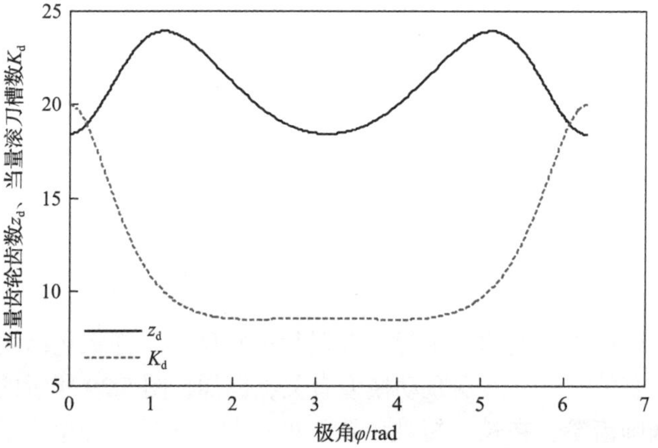

图 5.32　z_d与K_d的计算

如图 5.32 所示，对于椭圆齿轮，在当量齿轮齿数一致的情况下，在长短轴位置的当量滚刀槽数差了约 2.5 倍。相当于在长轴位置，单个齿廓的切削次数约是短轴位置的 2.5 倍，同时该比例关系与图 5.30 所示的滚切仿真所得到的齿面特征点数量的比例关系相吻合，说明所提当量滚刀槽数的合理性。在节曲线不同位置，具有不同当量滚刀槽数的几何解释，可以由图 5.31 和式(5.34)进行理解，在滚刀匀速旋转情况下，投影齿条单位时间内在非圆齿轮节曲线上对滚过的弧长不恒定。

基于齿廓形成特征点到理论齿廓的精度评价数学模型，开展包络误差对当量齿轮齿数、当量滚刀槽数的单一控制变量影响规律研究。非圆齿轮不同位置齿廓的包络误差与该位置的 z_d 和 K_d 有关，下面通过控制变量法分析这两个因素对包络误差的影响，给出 z_d 和 K_d 对非圆齿轮整周齿廓包络误差最大值 δ_{max} 的影响规律，在此基础上对 δ_{max} 的位置和数值进行分析计算。令 K_d=10，z_d=18～25，步长取 1，各齿廓形成特征点到理论齿廓的包络误差如图 5.33 所示。令 z_d=20，K_d=9～19，步长取 2，各齿廓形成特征点到理论齿廓的包络误差如图 5.34 所示。

对图 5.33 和图 5.34 进行分析，结论可归纳如下：在 K_d 不变的情况下，z_d 的变化对包络产生的齿廓形成特征点数量几乎没有影响，但 δ_{max} 随着 z_d 的增大而减小；在 z_d 不变的情况下，K_d 增加会使齿廓形成特征点数量增加，并且 δ_{max} 随着 K_d 的增大而减小。根据该结论，对于椭圆齿轮，其 δ_{max} 将出现在短轴位置附近，该位置的 z_d 和 K_d 均为最小，取 z_d=19，K_d=9，得 δ_{max}=0.00342mm。以椭圆齿轮长轴位置对应齿槽为 1 号齿槽，编号按逆时针方向依次增加，各齿槽齿廓的包络误差最大值如图 5.35 所示。

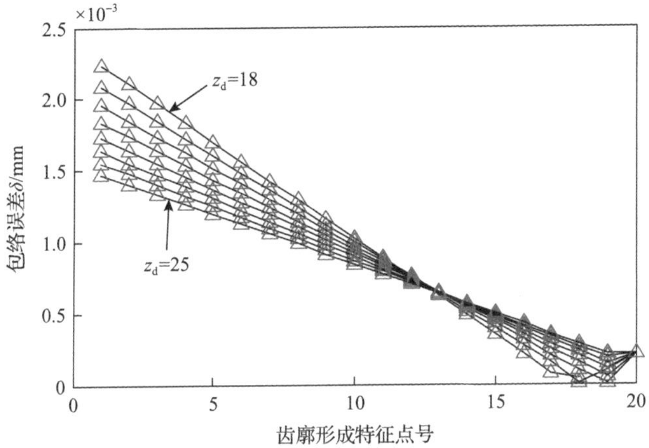

图 5.33　z_d 变化对 δ 的影响

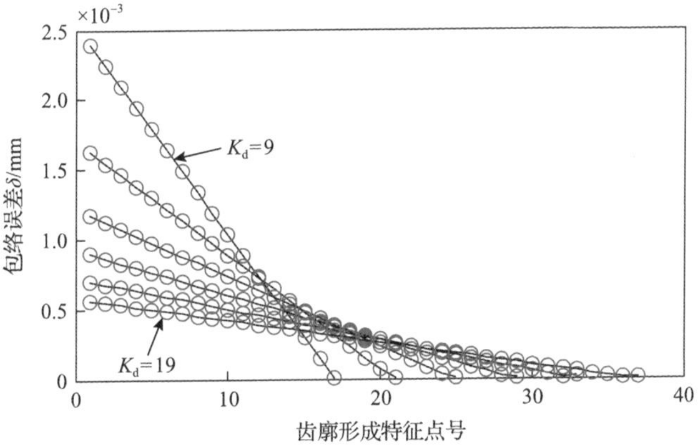

图 5.34　K_d 变化对 δ 的影响

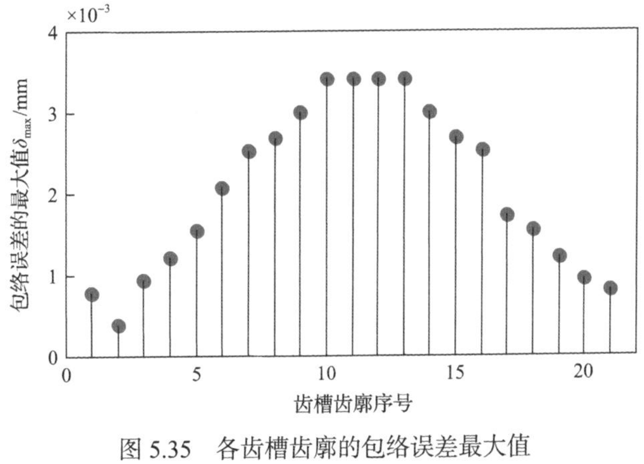

图 5.35　各齿槽齿廓的包络误差最大值

如图 5.35 所示，对于椭圆齿轮分析例，在 z_{d} 和 K_{d} 双重波动变化的情况下，各齿槽齿廓的 $\delta_{\max}$ 从长轴到短轴呈现了递增的趋势。

5.1.6　切削力-包络误差的波动抑制策略

1. 单插补周期弧长匀化切削模型

对于断续切削展成过程，加工生成的齿面由断续包络产生的大量微小面片构成，齿面上分布规则排布的包络线。当包络线的密度比较大时，代表当前齿面经历的断续切削次数较多，每次产生的切屑体积较小，从而有助于降低切削力的波动以及包络误差。

非圆齿轮滚切过程中滚刀匀速转动，单插补周期弧长匀化的实现要保证滚刀投影齿条在 Y 轴方向单位时间内产生的位移等于非圆齿轮节曲线的弧长增量，即滚刀节圆柱面与非圆节曲柱面的切点相对于滚刀的位置保持不变。结合现有通用型数控滚齿机的运动功能设计，该条件可以通过滚刀轴的窜刀功能满足。

在机床窜刀能力足够的前提下，滚切过程中可使投影齿条中线与非圆齿轮节曲线的切点始终保持在投影齿条上的同一点，即在滚切加工的不同位置，滚刀轴保持速度时变的窜刀运动，该过程定义为全局跟踪补偿，如图 5.36 所示。

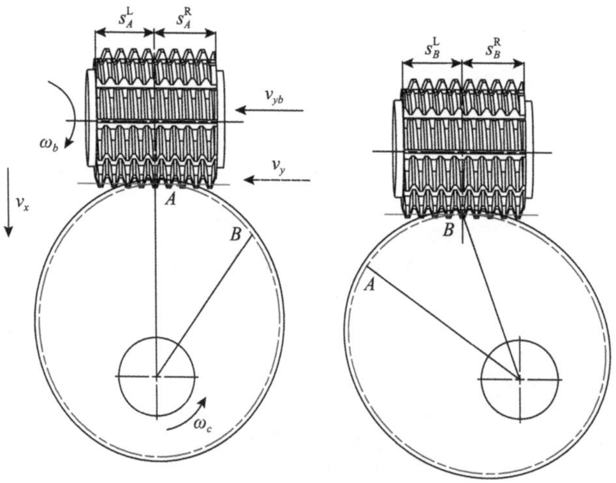

图 5.36　滚刀轴全局跟踪补偿示意图

如图 5.36 所示，采用全局跟踪补偿方法，滚切从节曲线上的点 A 开始，点 B 为节曲线上的任意一点。过点 A 作垂直于投影齿条节线的垂线，该垂线到滚刀左右两侧的距离分别为 s_A^{L} 和 s_A^{R}，同理得到点 B 对应的 s_B^{L} 和 s_B^{R}，存在数值关系 $s_A^{\mathrm{L}} = s_B^{\mathrm{L}}$ 以及 $s_A^{\mathrm{R}} = s_B^{\mathrm{R}}$。滚刀投影齿条中线与非圆齿轮节曲线的切点，在非圆齿轮滚切的不同位置保持为滚刀投影齿条上的同一点。

由于节曲线为非圆形，在滚刀不进行窜刀运动的情况下，滚刀投影齿条中线与非圆齿轮节曲线的切点将在 Y 轴方向发生往复移动。滚切过程中齿条中线与非圆齿轮节曲线的切点到 X 轴的距离 s_x 为

$$s_x = r\cos\mu = \frac{r\dfrac{\mathrm{d}r}{\mathrm{d}\varphi}}{\sqrt{r^2+\left(\dfrac{\mathrm{d}r}{\mathrm{d}\varphi}\right)^2}} \tag{5.35}$$

式中，μ 为切点位置的极切角。

根据电子齿轮箱插补过程的分析，当基于速比联动模型进行展成加工时，需要将速比系数转换为关于极角 φ 的函数。式(5.35)对 φ 求导，得

$$v_{yb}^*(\varphi) = \frac{\left(\dfrac{\mathrm{d}r}{\mathrm{d}\varphi}\right)^2}{\left[r^2+\left(\dfrac{\mathrm{d}r}{\mathrm{d}\varphi}\right)^2\right]^{\frac{1}{2}}} + \frac{r\dfrac{\mathrm{d}^2r}{\mathrm{d}\varphi^2}\left[r^2+\left(\dfrac{\mathrm{d}r}{\mathrm{d}\varphi}\right)^2\right]^2 - r\left(\dfrac{\mathrm{d}r}{\mathrm{d}\varphi}\right)^2 - \left(\dfrac{\mathrm{d}r}{\mathrm{d}\varphi}\right)^2\dfrac{\mathrm{d}^2r}{\mathrm{d}\varphi^2}}{\left[r^2+\left(\dfrac{\mathrm{d}r}{\mathrm{d}\varphi}\right)^2\right]^{\frac{5}{2}}} \tag{5.36}$$

式(5.36)中 $v_{yb}^*(\varphi)$ 的物理意义可以理解为滚刀窜刀轴所对应的投影齿条在 Y 轴方向的移动速度，将该式代入式(5.15)，获得滚刀窜刀轴全局跟踪补偿的速比联动模型：

$$\begin{cases} \omega_c = \dfrac{\sqrt{r^2+(\mathrm{d}r/\mathrm{d}\varphi)^2}}{r^2}\left(K_c\omega_b\dfrac{Tm_{\mathrm{n}}}{2\cos\beta}+K_y v_z\tan\beta+v_{yb}\dfrac{\cos\lambda}{\cos\beta}\right) \\ v_x = \dfrac{\mathrm{d}r/\mathrm{d}\varphi}{r}\left(\omega_b\dfrac{Tm_{\mathrm{n}}}{2\cos\beta}+K_y v_z\tan\beta+v_{yb}\dfrac{\cos\lambda}{\cos\beta}\right) \\ v_{yb} = v_{yb}^*(\varphi)\dfrac{\cos\beta}{\cos\lambda} \end{cases} \tag{5.37}$$

全局窜刀方案的联动模型如图 5.37 所示。

2. 模型优化对切削力波动的抑制分析

采用与基于滚切联动模型所开展的滚切仿真相同的仿真模型及工艺参数，利用基于全局跟踪补偿滚切联动模型求解切削轨迹实体和齿坯实体模型的运动数据，得到各断续切削周期所产生的未变形切屑体积变化规律。为了分析各断续切削位置所产生未变形切屑体积与该位置节曲线曲率半径之间的关系，绘制未变形切屑体积与各位置曲率半径曲线的对比图如图 5.38 所示。

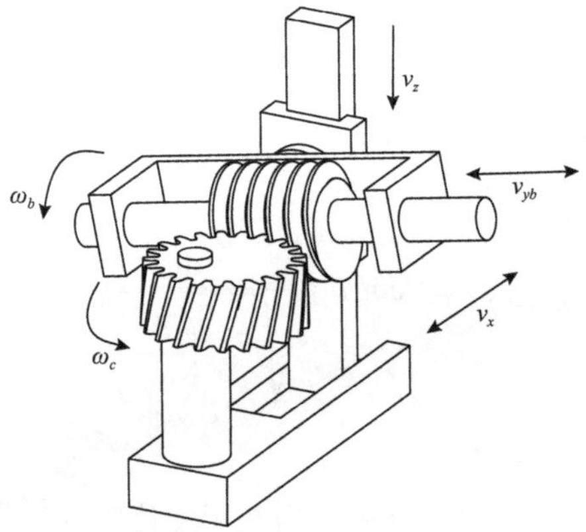

图 5.37　全局窜刀方案联动模型

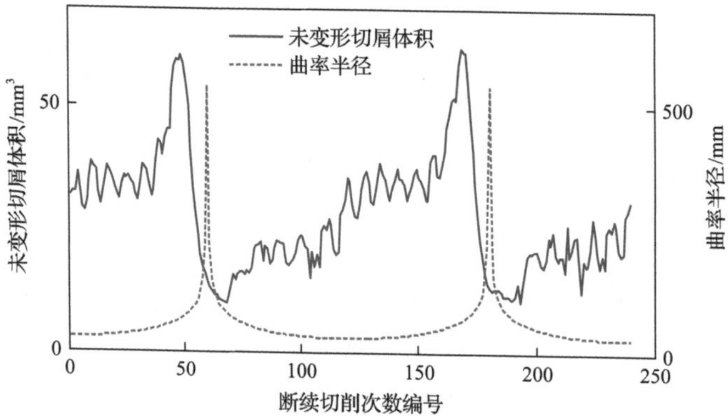

图 5.38　全局跟踪补偿滚切联动模型对应的未变形切屑体积与曲率半径对比图

如图 5.38 所示，基于全局跟踪补偿滚切联动模型所仿真得到的切屑体积变化，将该图与图 5.27 进行对比可知：在节曲线不同位置断续切削所产生的未变形切屑体积的不均匀度，全局跟踪补偿滚切联动模型相比于滚切联动模型具有大幅度的改善，未变形切屑最大体积与最小体积的比值由 19.3∶1 降为 6.2∶1；同时，全局跟踪补偿滚切联动模型消除了滚切联动模型在最大切屑体积位置的大幅度阶跃波动现象，这对改善切屑过程的稳定性具有重要意义。未变形切屑体积最大位置所对应的全局跟踪补偿滚切联动模型如图 5.39 所示。

将图 5.39 与图 5.26 进行对比得出以下结论：①对于全局跟踪补偿滚切联动模型，曲率半径最大位置不是未变形切屑体积最大位置；②滚切联动模型所对应的未变形切屑体积与曲率半径的正相关关系不再保持；③全局跟踪补偿滚切联动模型所对应未变形切屑体积的最大位置和最小位置，分别位于曲率半径最大位置两侧的基本对称位置，并有未变形切屑体积最大位置位于曲率半径递增一侧，切屑体积最小位置位于曲率半径递减一侧。

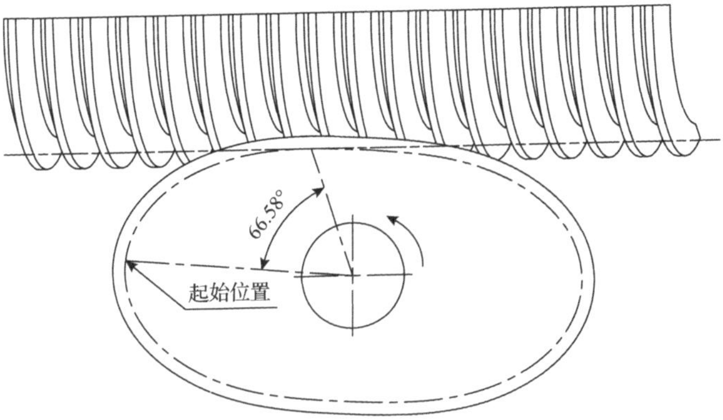

图 5.39　未变形切屑体积最大位置对应的全局跟踪补偿滚切联动模型

3. 模型优化对包络误差的波动影响

根据齿条节线与非圆齿轮节曲线的纯滚动位置关系，节曲线的非圆特征导致不同位置极切角 μ 不恒等于 90°，从而引起齿条节线与非圆齿轮节曲线切点 Y 轴坐标的波动，该波动叠加到滚刀自转所引起的位移上。基于这一分析，在滚切过程中可采用窜刀运动来补偿齿条节线与非圆齿轮节曲线切点 Y 轴坐标的波动，设计以极角 φ 为自变量的滚刀等效齿条插齿刀在 Y 轴方向运动的补偿函数

$$v_{yb}^{*}(\varphi)=\xi\frac{\mathrm{d}(r\cos\mu)}{\mathrm{d}\varphi} \tag{5.38}$$

式中，r 和 μ 均为关于 φ 的函数；ξ 为常值系数，将式(5.38)代入式(5.37)得到包络误差优化改善模型。

按照式(5.38)所构造的补偿函数在 $[0,2\pi]$ 上的积分为零，可保证滚刀在对非圆齿轮的单圈滚切中左右窜刀量之和为零，不引起多圈连续滚切过程由于滚刀持续朝一个方向的窜刀量累加而导致的窜刀行程不足问题。

5.1.7　数控滚切加工实现

非圆齿轮节曲线形状具有不确定性，因此采用主从复合式柔性电子齿轮箱直接控制。其功能启动控制代码为 G82，功能关闭控制代码为 G80。其中，G82 包含七个参数，分别为半长轴 A(mm)、模数 Q(mm)、椭圆阶数 N、偏心率 K、滚刀头数 L、加工起始极角 D(°)和滚刀螺旋升角 W(°)。

以椭圆齿轮滚齿加工为例，椭圆齿轮节曲线的极坐标方程为

$$r(\varphi)=\frac{A\left(1-k^{2}\right)}{1-k\cos\varphi} \tag{5.39}$$

式中，A 为半长轴；k 为偏心率。取该椭圆齿轮齿数为 27，模数为 3mm，偏心率为 0.3，据此可计算出半长轴为 41.44896mm。因此，本试验所采用的控制代码为 G82 A41.44896 Q2 N1 K0.3 L1 D0 W10。

选取滚刀转速为 200r/min，采用自主研发的齿轮机床数控系统，在重庆机床(集团)有限责任公司和浙江佳雪数控机床有限公司的数控滚齿机上实现柔性电子齿轮箱控制非圆齿轮的滚切加工过程，如图 5.40 所示。滚齿加工过程中滚刀运动的参考轨迹和实际轨迹如图 5.41 所示，滚刀在 X 轴方向的参考轨迹和实际轨迹如图 5.42 所示，如图 5.43 为工件回转轴(C 轴方向)的运动轨迹，整个运行过程中各轴的跟随误差分析如图 5.44 所示。

本试验为一阶椭圆齿轮加工试验，如图 5.41 和图 5.42 所示，刀具首先快速运动到一个固定的切削起始点，并保证 X 轴径向进给到位，然后刀具沿 Z 轴进

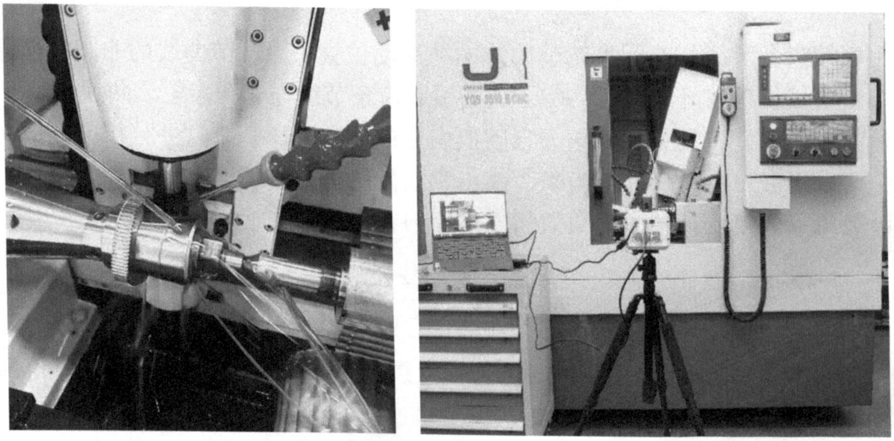

图 5.40　滚切加工过程

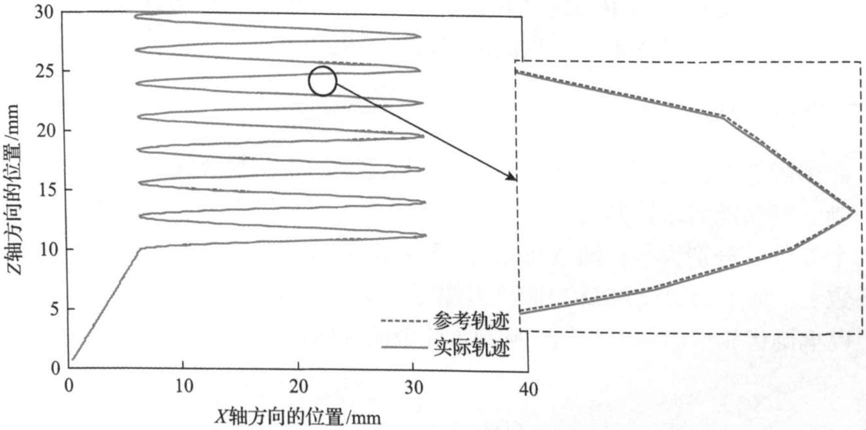

图 5.41　滚刀的运动轨迹

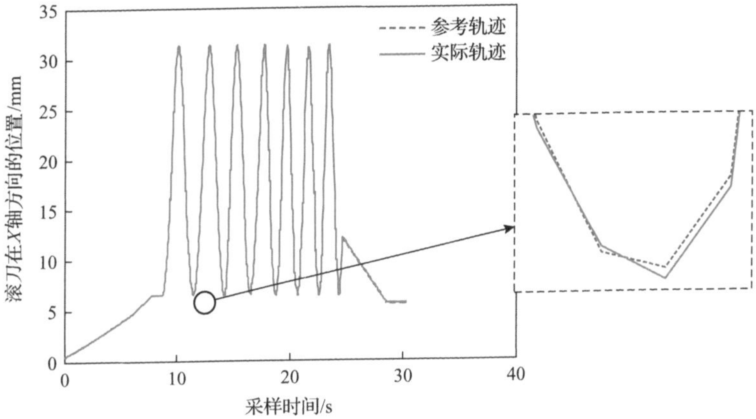

图 5.42　滚刀在 X 轴方向的运动轨迹

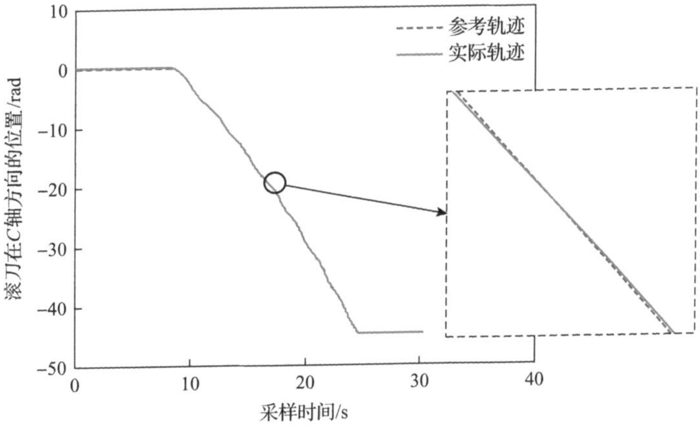

图 5.43　滚刀在 C 轴方向的运动轨迹

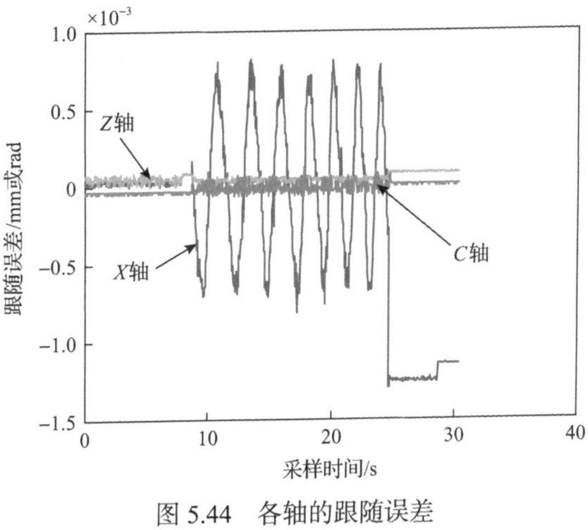

图 5.44　各轴的跟随误差

行轴向切削运动，同时刀具在 X 轴的方向上做往复运动，以适应工件回转过程中切削点与工件回转轴线之间的距离变化。该运动规律符合非圆齿轮的加工运动特征。

如图 5.44 所示，各轴的跟随误差中 X 轴的跟随误差最大，原因是在切削过程中，X 轴做快速的往复运动，跟随误差随速度的增大而增大，但总体误差仍保持在较小的范围内(1.5μm)。该试验用于说明所设计的柔性电子齿轮箱可以精确实现非圆齿轮的滚齿加工运动控制。

为验证前面所分析滚切联动模型所存在的大曲率半径位置切削力波动问题，以及速比电子齿轮箱存在的多圈加工误差累积问题。本节基于滚切联动模型搭建速比电子齿轮箱传动模型，开展卵形齿轮加工试验，加工过程如图 5.45 所示。

图 5.45　卵形齿轮最短轴位置附近滚切实例

如图 5.45 所示，某型号流量计用卵形齿轮的滚切加工试验中，观测到当加工进行到最短轴附近时，机床出现异响和较大幅度的振动，最短轴位置附近切削力的突然大幅度升高是导致该现象的原因。对所加工齿轮上下两端面的齿深进行测量，齿深误差约为 0.06mm，该误差由多圈滚切加工中滚刀前后移动轴的累积误差产生，验证了 5.1.2 节的相关分析结论。

5.2　非圆齿轮插齿加工

5.2.1　非圆齿轮插齿联动模型

从运动学方面理解，插齿加工过程可以看作插齿刀节圆与非圆齿轮节曲线的纯滚动。插齿刀节圆与非圆齿轮节曲线的纯滚动示意图如图 5.46 所示。

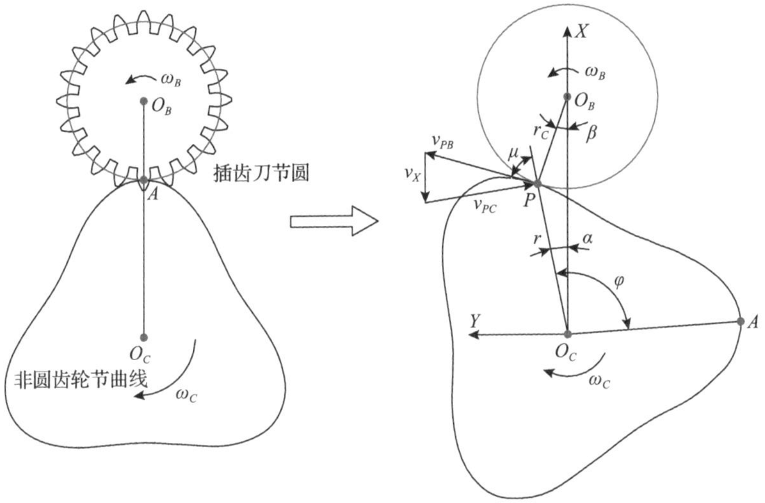

图5.46　插齿刀节圆与非圆齿轮节曲线的纯滚动示意图

如图5.46所示，在笛卡儿坐标系 $S(O_C\text{-}XY)$ 中，非圆齿轮节曲线极坐标原点与 O_C 重合，为保证插齿刀节圆与非圆齿轮节曲线的纯滚动，插齿刀与非圆齿轮需要进行三个运动：插齿刀绕自身回转中心 O_B 的转动，转速为 ω_B；齿轮绕自身回转中心 O_C 的转动，转速为 ω_C；插齿刀沿 O_B 与 O_C 连线的移动，线性速度为 v_X。

设加工初始时，插齿刀节圆与非圆齿轮节曲线相切于点 A，插齿刀逆时针旋转，加工中的某一刻插齿刀节圆与非圆节齿轮曲线相切于点 P，点 P 对应的非圆节齿轮曲线极径与 O_BO_C 的夹角为 α，插齿刀节圆半径与 O_BO_C 的夹角为 β。此时，点 P 相对于插齿刀回转中心 O_B 的圆周速度为 v_{PB}，相对于齿轮回转中心 O_C 的圆周速度为 v_{PC}。要满足插齿刀节圆和非圆齿轮节曲线的纯滚动，二者在点 P 的相对速度为零。根据二者水平方向相对速度为零这一条件，得到

$$r_C\omega_B\cos\beta = r\omega_C\cos\alpha \tag{5.40}$$

式中，r_C 为插齿刀分度圆半径；r 为点 P 对应的节曲线极径。

根据插齿刀与非圆齿轮在竖直方向的相对速度为零，有

$$v_X = r_C\omega_B\sin\beta + r\omega_C\sin\alpha \tag{5.41}$$

又根据图5.46所示的几何关系得 $r_C\sin\beta = r\sin\alpha$，故式(5.41)可化简为

$$v_X = r\sin\alpha(\omega_B + \omega_C) \tag{5.42}$$

根据式(5.40)和式(5.42)，可得 v_X 和 ω_C 关于 ω_B 的关系为

$$\begin{cases}\omega_C = \dfrac{r_C \cos\beta}{r\cos\alpha}\omega_B \\ v_X = \tan\alpha\left(r_C\cos\beta + r\cos\alpha\right)\omega_B\end{cases} \tag{5.43}$$

设非圆齿轮节曲线的极坐标方程为 $r = r(\varphi)$ ，则式(5.43)中角度 α 和 β 分别为

$$\begin{cases}\alpha = \arctan\dfrac{r_C\cos\mu}{r + r_C\sin\mu} \\ \beta = \arctan\dfrac{r\cos\mu}{r\sin\mu + r_C}\end{cases} \tag{5.44}$$

式中，μ 为点 P 极径与节曲线切线的夹角，并有 $\mu = \arctan\left[r/\left(\mathrm{d}r/\mathrm{d}\varphi\right)\right]$，据此可得 $\sin\mu$ 与 $\cos\mu$ 为

$$\begin{cases}\sin\mu = r\Big/\sqrt{r^2 + \left(\mathrm{d}r/\mathrm{d}\varphi\right)^2} \\ \cos\mu = \left(\mathrm{d}r/\mathrm{d}\varphi\right)\Big/\sqrt{r^2 + \left(\mathrm{d}r/\mathrm{d}\varphi\right)^2}\end{cases} \tag{5.45}$$

5.2.2 齿面两侧加工余量的匀化方法

基于圆柱齿轮加工所用的三轴联动插齿机，对于中小模数的非圆齿轮插齿加工，插齿刀在非圆齿轮的径向可多次进刀实现加工余量的去除。在分次进刀过程中，会出现齿面两侧加工余量不等甚至齿面一侧无加工余量的情况，本节对该问题进行研究分析。

插齿刀径向进给的前后两次加工中，插齿刀与非圆齿轮间的运动关系相同，但前一次插齿刀与非圆齿轮回转中心的距离相比于后一次增大 Δd。参照图 5.46，设前一次加工时插齿刀的回转中心变为 O_{B1}，插齿刀与非圆齿轮的速度瞬心为 P_1，P_1 到 O_C 的距离为 r_1，P_1 到 O_B 的距离为 r_{C1}，非圆齿轮节曲线极径与 $O_{B1}O_C$ 的夹角为 α_1，插齿刀节圆半径与 $O_{B1}O_C$ 的夹角为 β_1。此时，v_X 的可参照式(5.41)表达为

$$v_X = r_{C1}\omega_B\sin\beta_1 + r_1\omega_C\sin\alpha_1 \tag{5.46}$$

根据图 5.46 所示的几何关系可得 $r_{C1}\sin\beta_1 = r_1\sin\alpha_1$ ，进而结合式(5.46)得

$$\begin{cases}v_X = r_1\sin\alpha_1\left(\omega_B + \omega_C\right) \\ v_X = r_{C1}\sin\beta_1\left(\omega_B + \omega_C\right)\end{cases} \tag{5.47}$$

由式(5.42)和式(5.47)可得

$$\begin{cases}r\sin\alpha = r_1\sin\alpha_1 \\ r_C\sin\beta = r_{C1}\sin\beta_1\end{cases} \tag{5.48}$$

由于$\alpha \neq \alpha_1$、$\beta \neq \beta_1$，根据式(5.48)可得$r \neq r_1$、$r_C \neq r_{C1}$，因此前后两次径向进刀时，参与展成运动的非圆齿轮节曲线和插齿刀节圆均发生了变化。同时，根据式(5.48)可推得点P_1位于点P的正上方，该因素是非圆齿轮分次进刀插齿加工过程中，轮齿两侧加工余量不均的根源。插齿过程中轮齿两侧加工余量不均情况如图 5.47 所示。

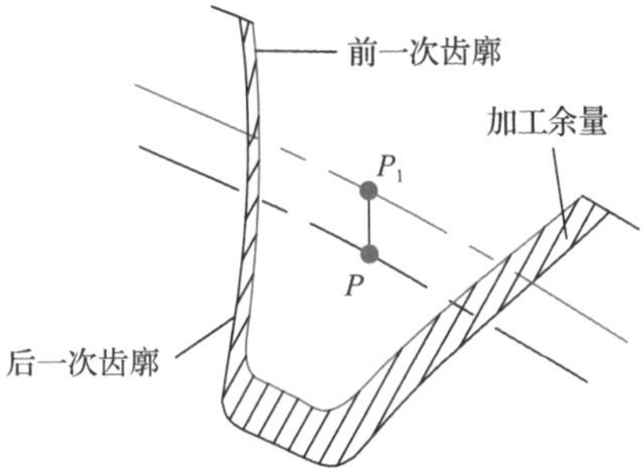

图 5.47　前后两次径向进刀对应的轮齿两侧加工余量不均情况

按照插齿刀与非圆齿轮的展成运动原理所加工的非圆齿轮，其轮齿在齿高方向具有沿非圆齿轮节曲线法线方向分布的特点，若将刀具从后一次加工时的每个位置沿非圆齿轮节曲线的法线方向向外偏移一个距离，使点P位于点P_1的法线方向，则此时所产生的齿廓相对于前一次齿廓具有轮齿两侧加工余量均匀的特性，此种情况如图 5.48 所示。

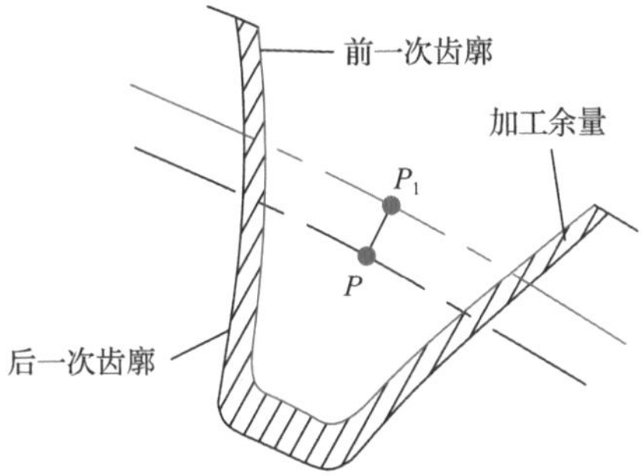

图 5.48　前后两次进刀对应的轮齿两侧加工余量均化情况

在充分了解非圆齿轮插齿加工中齿面两侧加工余量不均产生原因及消除机理的基础上，本节提出一种分次进刀插齿加工中齿面两侧加工余量匀化的方法。该方法通过保证前后两侧加工中插齿刀节圆与非圆齿轮节曲线不变，改变插齿刀与非圆齿轮的展成运动关系，以此保证分次进刀过程齿面两侧加工余量的均匀。按照这种方法，进行前后两次径向进刀时插齿刀节圆与非圆齿轮节曲线的运动原理如图 5.49 所示。

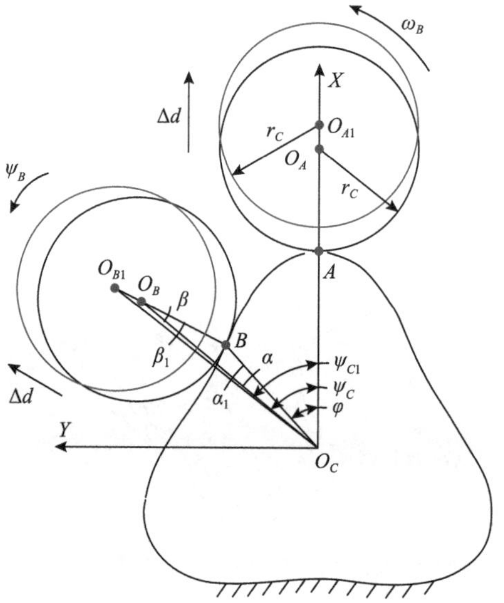

图 5.49　插齿刀节圆与非圆齿轮节曲线的运动原理

如图 5.49 所示，根据反转法分析原理，可将非圆齿轮固定于坐标系 $S(O_C\text{-}XY)$ 中，设点 A 为非圆齿轮节曲线加工起点，点 B 为节曲线上的某一点。为了匀化齿面两侧加工余量，这里将前一次加工的插齿刀沿理论节圆与理论节曲线纯滚动各个时刻切点的法线方向向外偏移距离 Δd 。例如，在点 A 时，插齿刀的回转中心由点 O_A 变化为 O_{A1}；在 B 点时，点 O_B 变化为 O_{B1}。设极径 O_CB 对应的极角为 φ 、$\alpha = \angle BO_CO_B$ 、$\beta = \angle BO_BO_C$ 、$\psi_C = \angle AO_CO_B$ ，当理论节圆由点 O_B 偏移至 O_{B1} 时，$\alpha_1 = \angle BO_CO_{B1}$、$\beta_1 = \angle BO_{B1}O_C$、$\psi_{C1} = \angle AO_CO_{B1}$。

由上所述，非圆齿轮插齿加工的进刀过程可以看作将理论纯滚动每个时刻的位置沿插齿刀节圆与非圆齿轮节曲线切点的法线方向向外偏移 Δd，该过程也可看作刀具相对于齿轮的一种相对运动关系。设进刀加工时，插齿刀节圆圆心相对于非圆齿坯节曲线的位置由点 O_{A1} 变化到点 O_{B1} 的过程中，插齿刀相对于自身回转中心的旋转角度为 ψ_{B1}，相对于齿坯中心 O_C 的旋转角度为 ψ_{C1}，点 O_{B1} 与点 O_C 的距离为 L_1。

根据上面提出的非圆齿轮插齿加工策略，可知 ψ_{B1} 应等于理论节圆与节曲线纯滚动时插齿刀的转角 ψ_B，并结合图 5.49 所示的几何关系，ψ_{B1} 与 ψ_{C1} 的计算公式为

$$\begin{cases}\psi_{B1} = S_{AB} / r_C - \beta \\ \psi_{C1} = \varphi - \alpha_1\end{cases} \tag{5.49}$$

式中，β 的计算可参照式(5.44)；S_{AB} 为节曲线上点 A 到点 B 的弧长，并有

$$S_{AB}=\int_0^{\varphi}\sqrt{r^2+(\mathrm{d}r/\mathrm{d}\varphi)^2}\,\mathrm{d}\varphi \tag{5.50}$$

同时，O_{B1} 与 O_C 的距离为 L_1，可表示为

$$L_1=r\cos\alpha_1+(r_C+\Delta d)\cos\beta_1 \tag{5.51}$$

式(5.49)和式(5.51)中 α_1 和 β_1 分别为

$$\begin{cases}\alpha_1=\arctan\dfrac{(r_C+\Delta d)\cos\mu}{r+(r_C+\Delta d)\sin\mu}\\ \beta_1=\arctan\dfrac{r\cos\mu}{r\sin\mu+(r_C+\Delta d)}\end{cases} \tag{5.52}$$

如此一来，将式(5.44)、式(5.50)和式(5.52)代入式(5.49)，可得到插齿刀与非圆齿轮的转角 ψ_{B1} 和 ψ_{C1}，将式(5.52)代入式(5.51)，可得到插齿刀与非圆齿轮回转中心的距离 L_1。

在进行非圆齿轮的插齿加工进刀时，使插齿刀和非圆齿轮的运动满足 ψ_{B1}、ψ_{C1} 和 L_1 三者之间的一一对应关系，可实现前一次进刀加工过程给后一次进刀加工留下的齿面两侧加工余量的均匀化。此时，前后两次进刀加工过程对应的插齿刀回转中心的运动轨迹具有等距曲线的相对关系。

5.2.3 非圆齿轮数控插齿加工实现

本节将自主研发的齿轮机床数控系统，应用在天津第一机床总厂生产的四轴三联动 YK5132B 数控插齿机上，如图 5.50 所示。

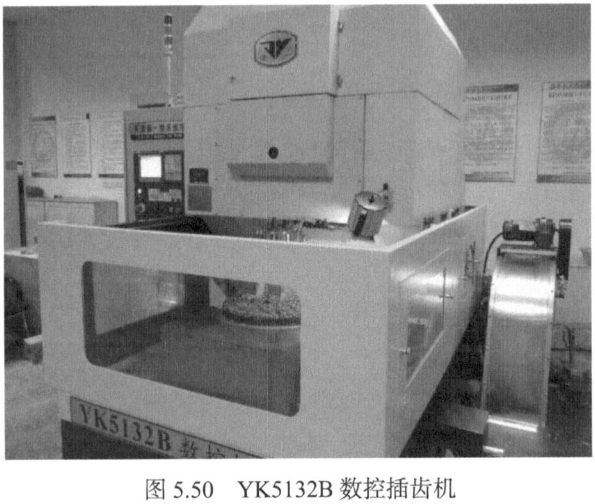

图 5.50　YK5132B 数控插齿机

非圆齿轮插齿加工 G 代码 G84，G84 包含六个参数，A 为半长轴，N 为椭圆阶数，K 为偏心率，R 为插齿刀节圆半径，D 为加工起始极角，S 为剩余进刀量。

在 YK5132B 数控插齿机上进行三阶椭圆齿轮加工，三阶椭圆齿轮及插齿刀的参数如表 5.3 所示，加工过程如图 5.51 所示。

表 5.3　三阶椭圆齿轮及插齿刀的参数

三阶椭圆齿轮参数	取值	插齿刀参数	取值
齿数 z	42	齿数 z_0	20
模数 m/mm	3	模数 m_0/mm	3
压力角 α/(°)	20	压力角 α_0/(°)	20
阶数 n	3	螺旋角 β_0/(°)	0
偏心率 k	0.1348		
半长轴 A/mm	61.1089		
齿宽 B/mm	30		

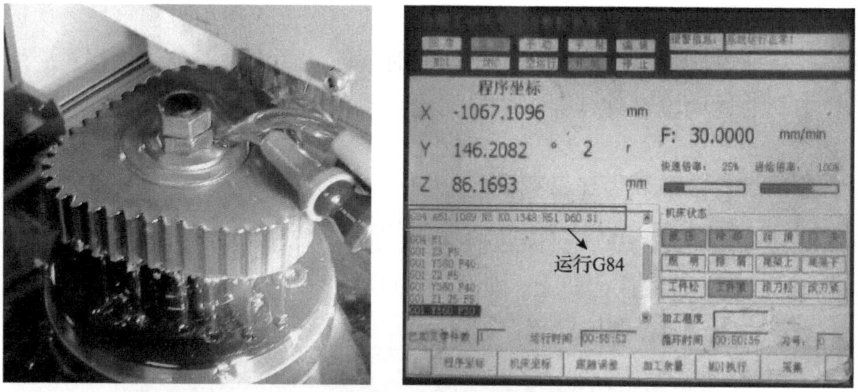

图 5.51　三阶椭圆齿轮插齿加工

根据非圆齿轮加工电子齿轮箱控制原理及插齿加工运动特点，设计非圆齿轮插齿加工电子齿轮箱，其功能启动控制代码为 G84，功能关闭控制代码为 G80。

三阶椭圆齿轮节曲线的极坐标方程为

$$r(\theta)=\frac{A\left(1-k^2\right)}{1-k\cos(3\varphi)} \tag{5.53}$$

式中，A 为半长轴；k 为偏心率。取三阶椭圆齿轮齿数为 42，模数为 3mm，偏心率为 0.1348，据此可计算出半长轴为 61.1089mm。因此，本试验所采用的控制代码为 G84 A61.1089 N3 K0.1348 R30 D0 S1。

与上述试验相同，在各轴空载的条件下，采用电子齿轮箱控制模拟非圆齿轮插齿加工运动过程，其中插齿刀冲程速度为 250 次/min。图 5.52 为插齿加工过程中插齿刀在 *X* 轴方向的运动轨迹，图 5.53 为工件回转轴运动轨迹，图 5.54 为插齿刀回转轴运动轨迹，整个运行过程中各轴的跟随误差分析如图 5.55 所示。

本试验为三阶椭圆齿轮加工运动控制试验，在插齿加工过程中，当插齿刀进给到位后工件回转一周，如图 5.52 所示，插齿刀沿 *X* 轴方向进行三次往复运动，以适应工件回转过程中切削点与工件回转轴线之间的距离变化。如图 5.55 所示，与非圆齿轮的滚切加工运动控制试验类似，各轴跟随误差中 *X* 轴的跟随误差最大，因为在切削运动过程中，*X* 轴做快速的往复运动，跟随误差随速度的增大而增大，但该试验的总体误差仍可以保持在较小的范围内(1μm)。该试验用于说明本节所设计的柔性电子齿轮箱结构可以精确实现非圆齿轮的插齿加工运动控制。

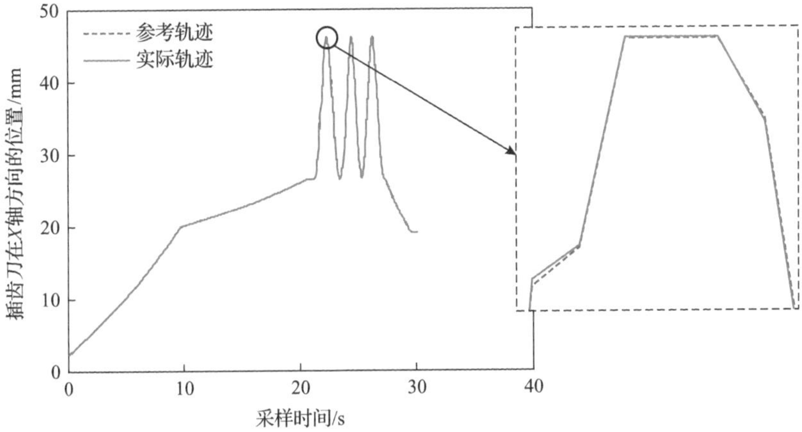

图 5.52　插齿刀在 *X* 轴方向的运动轨迹

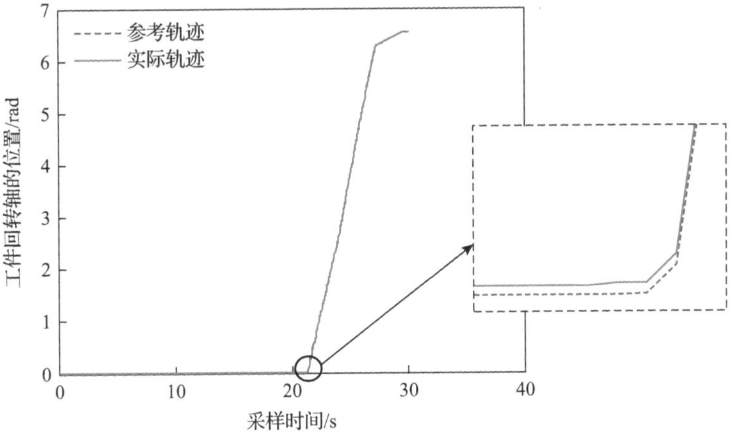

图 5.53　工件回转轴的运动轨迹

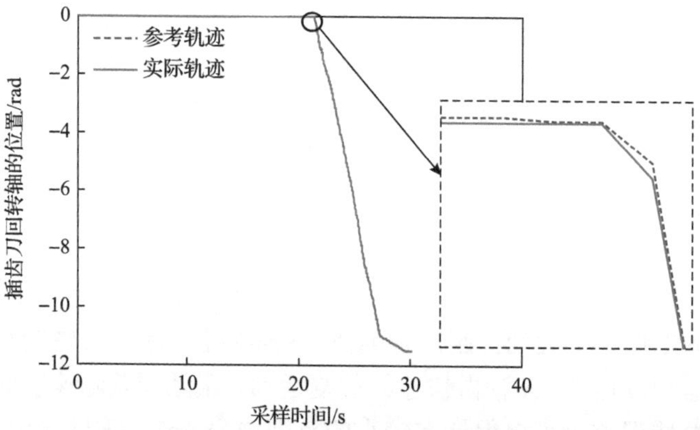

图 5.54　插齿刀回转轴的运动轨迹

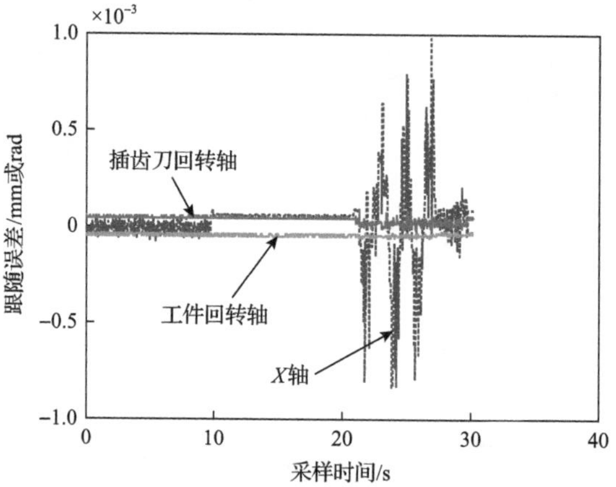

图 5.55　各轴的跟随误差

5.3　非圆齿轮剃齿加工

5.3.1　适用于非圆齿轮的剃齿加工形式

非圆齿轮的剃齿加工原理与圆柱齿轮类似，基于交叉轴斜齿圆柱齿轮(剃齿刀)与非圆齿轮的啮合运动开展，同时在剃齿刀的齿面开出小槽以产生切屑刃。通过剃齿刀与非圆齿轮齿面的无侧隙啮合产生的加压以及齿面滑移产生切削，非圆齿轮可以在剃齿刀作用下自由转动，也能进行伺服驱动，当进行伺服驱动时称为强力剃齿。剃齿加工的工艺可分为轴向剃齿和径向剃齿。轴向剃齿时剃齿刀齿形为常规齿形，刀具齿面与齿轮齿面为理论点接触，需要刀具在齿轮轴线方向运动以加工整个齿面；径向剃齿时剃齿刀齿面为双曲面形式，刀具齿面与齿轮齿面为理论线接触，刀具仅需原位转动即可加工整个齿面。此外，轴向剃齿、径向剃齿又可衍生出对角剃齿、切向剃齿，以提高加工效率。

从非圆齿轮的加工适用性方面考虑，非圆齿轮各个位置的齿面存在各异性，当采用径向剃齿加工时，需要针对不同的非圆齿轮、齿轮的各个齿面进行剃齿刀设计开发。相比于径向剃齿加工的缺点，轴向剃齿加工虽然在加工效率方面具有劣势，但是可使用圆柱齿轮的剃齿刀，对不同形状的非圆齿轮具有适用性强、成本低的优势。轴向剃齿加工非圆齿轮的运动示意图如图 5.56 所示。

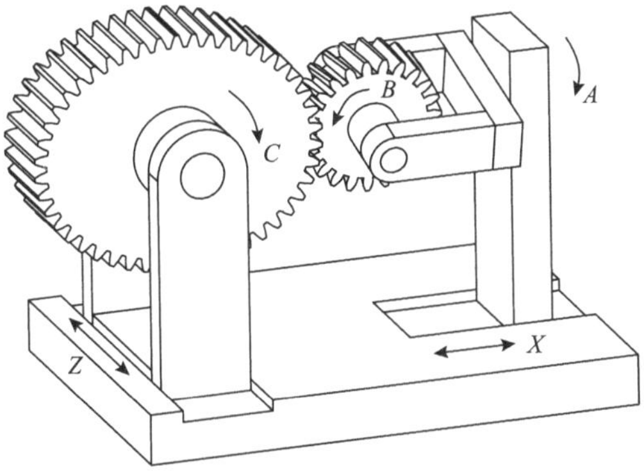

图 5.56　轴向剃齿加工非圆齿轮的运动示意图

如图 5.56 所示，应用于非圆齿轮的轴向剃齿加工机床，在各运动功能轴设置方面与圆柱齿轮轴向剃齿加工机床类似，不同点在于 X 轴需参与内联传动。图中各轴的释义如下：X 轴，剃齿刀在节曲线半径方向的往复移动轴，并完成加工余量的径向进给；Z 轴，非圆齿轮沿其轴线方向的运动轴，用于实现整个齿面的剃齿加工；A 轴，剃齿刀安装摆角调整轴，和剃齿刀与工件的设计螺旋角有关；B 轴，剃齿刀回转轴，该运动产生切削作用；C 轴，工件回转轴，该轴可自由随动或由伺服驱动。

5.3.2　高阶椭圆齿轮的剃齿加工实现

在对非圆齿轮剃齿加工实现原理分析的基础上，本节以高阶椭圆为例，对其剃齿加工的 G 代码开发实现进行探讨。剃齿加工方法采用自由剃齿形式，非圆齿轮无伺服驱动，在剃齿刀带动下运动。由滚齿加工过程电子齿轮箱的构建方式以及插补精度分析可知，基于位比关系构建电子齿轮箱传动模型，实现非线性位移跟随关系，在插补计算的简洁度、插补误差控制方面更具优势。基于位比模型构建的非圆齿轮剃齿加工电子齿轮箱传动结构如图 5.57 所示。

如图 5.57 所示，非圆齿轮剃齿加工过程中 X 轴跟随 B 轴运动，X 轴位移关于 B 轴位移的函数 $f_X(\psi_B)$ 为超越函数，求解过程烦琐且计算量较大。本节在求解 B 轴、X 轴一系列离散位移量数据的基础上，采用高次样条函数对该离散数据关系进行最小二乘拟合逼近。高阶椭圆齿轮构造的函数表达如下：

$$L_X = \begin{cases} f_X(\psi_B), & \psi_B \in [0, W] \\ f_X(2W - \psi_B), & \psi_B \in [W, 2W] \end{cases} \tag{5.54}$$

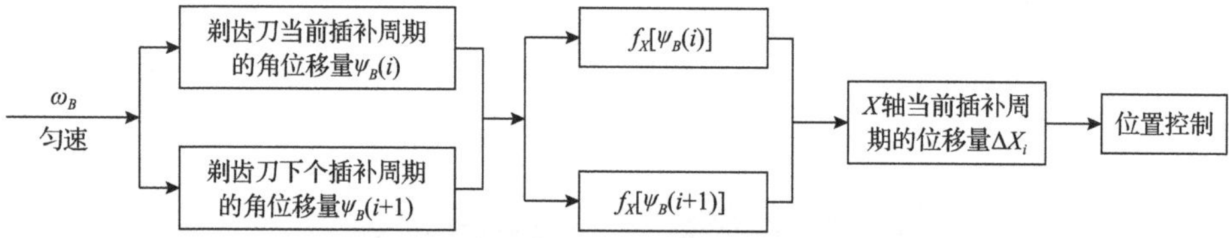

图 5.57　基于位比模型构建的非圆齿轮剃齿加工电子齿轮箱传动结构

考虑到剃齿刀存在多圈旋转的问题，自变量ψ_B求解定义为$\psi_B = \psi_B - \text{int}(\psi_B / 2W)$，其中$W$表示$N$阶椭圆齿轮齿坯转过180°/$N$时，剃齿刀转过的角度。

流量计中所用某二阶椭圆齿轮的主要设计参数如下：齿数取86，模数取1mm，偏心率取0.15，剃刀齿数取156。经分析采用10次样条拟合，可将X轴位移的逼近误差控制在0.1μm量级，设计剃齿加工专用G代码G87格式如下：D为剃齿刀与齿轮中心距离最大值，X为剃齿刀与齿轮中心距离最小值，W为齿轮转过180°/N时的剃齿刀转角，A为多项式10次项系数，B为多项式9次项系数，C为多项式8次项系数，H为多项式7次系数，I为多项式6次系数，J为多项式5次系数，K为多项式4次系数，O为多项式3次系数，P为多项式2次系数，Q为多项式1次系数，R为多项式0次系数。

对该二阶椭圆齿轮的加工G代码的具体参数定义为：D=140.40883，X=127.65000，W=42.29508，A=1587.66133，B=4725.24454，C=6002.22689，H=4271.45095，I=1837.10902，J=499.42534，K=59.51810，O=8.00149，P=41.78125，Q=0.00804，R=140.40880，对该非圆齿轮旋转一整周过程中X轴跟随B轴的运动进行插补计算仿真，如图5.58所示。

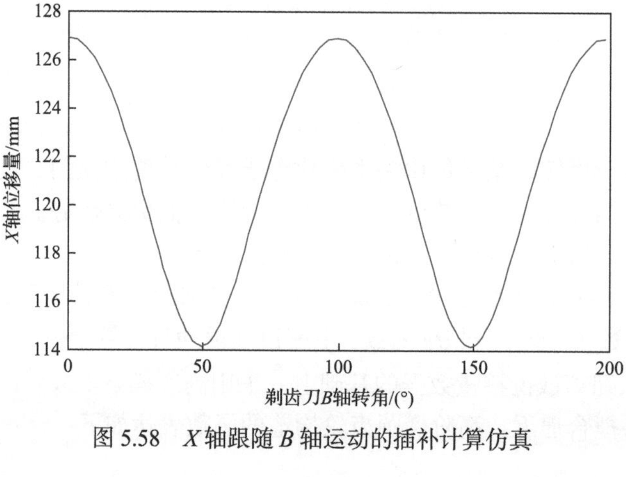

图 5.58　X轴跟随B轴运动的插补计算仿真

5.3.3　非圆齿轮剃齿加工试验

本节将自主研发的齿轮机床数控系统应用在南京第二机床有限公司的 YN4212LC2 型圆柱齿轮剃齿机上，进行数控系统升级改造，采用前面所述高阶椭圆齿轮剃齿加工专用 G87 代码开展卵形齿轮剃齿试验，加工过程如图 5.59 所示。该代码通过后缀参数表达了从运动轴与主运动轴的位移量数学关系，在插补加工中省去了基于速比模型进行位移量求解的过程，插补计算简单且精度高。卵形齿轮剃齿加工过程如图 5.59 所示。

图 5.59　卵形齿轮剃齿加工过程

试验过程在工件上涂有红丹粉，加工后通过观察红丹粉的分布来确定加工过程的齿面压力分布情况，如图 5.59 所示。工件各齿面压力较为均匀，无明显挤压过重或变形等情况。对剃齿加工过程电子齿轮箱从运动 X 轴的数据进行实时采集与记录，该轴的实际位置与理论位置监控图形如图 5.60 所示。

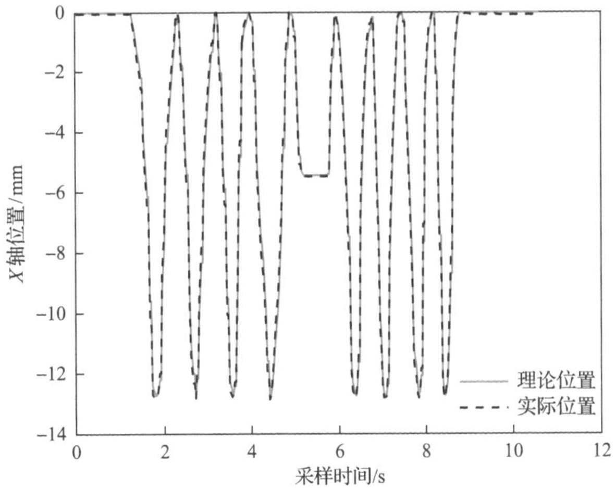

图 5.60　剃齿机 X 轴实际位置与理论位置监控图形

通过上述数据分析可以看出，非圆齿轮剃齿加工过程中，X 轴根据工件极径的变化做频繁的往复运动，运动曲线光滑且理论曲线与实际曲线相吻合；X 轴在往复运动过程中跟随误差始终保持在 0.005mm 以内，具有较高的跟踪精度，在多次正反转剃齿加工过程中无累积误差产生。

5.4　非圆齿轮磨齿、珩齿加工

5.4.1　非圆齿轮磨齿加工

1. 适用于非圆齿轮的磨齿加工形式

磨齿加工过程中，在保证磨齿刀与齿轮做展成运动的前提下，磨齿刀齿表面的磨粒与被加工齿面产生高速相对运动起到微量切削作用，用于修正前面加工及热处理工序产生的误差，并降低齿面粗糙度。当前适用于圆柱齿轮的磨齿加工方法可分为展成法磨齿、成形法磨齿。由于非圆齿轮齿廓的各异性，成形法磨齿需要定制与每个不同齿槽形状相对的成型砂轮，并在整周轮齿的磨削加工中，频繁更换工具砂轮以匹配当前所加工轮齿，对非圆齿轮的加工适用性不高。展成法磨齿可分为蜗杆砂轮磨齿、大平面砂轮磨齿、锥形砂轮磨齿、碟形砂轮磨齿，这四种加工形式均对非圆齿轮具有适用性，并且对不同类型非圆齿轮磨削加工的灵活度好，其加工示意图如图 5.61 所示。

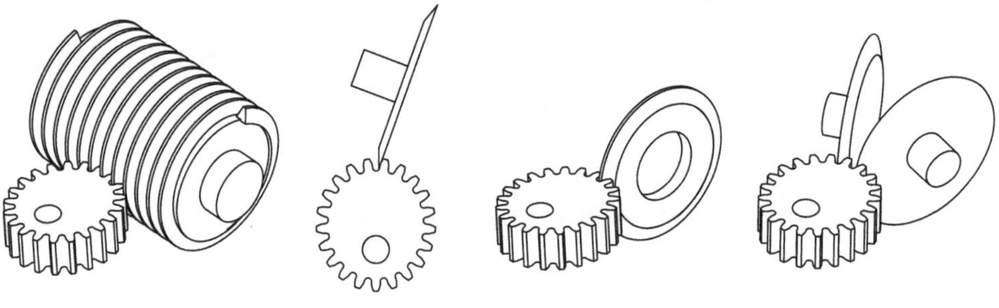

(a) 蜗杆砂轮磨齿　(b) 大平面砂轮磨齿　(c) 锥形砂轮磨齿　(d) 碟形砂轮磨齿

图 5.61　适用于非圆齿轮的磨齿加工形式

如图 5.61 所示，蜗杆砂轮磨齿在不同齿面间的切换为连续式过渡，其他三种加工形式均为间歇式分度展成。从磨削工艺特点的角度进行分析，蜗杆砂轮磨齿的基本运动与滚齿相似且具有较高的加工效率，但由前面关于非圆齿轮滚齿的切削力波动分析结果可知，齿轮的非圆形特征将导致砂轮各齿不同区域、不同齿间的磨削载荷差异较大，砂轮局部载荷将导致砂轮不同区域不均匀的磨损，并有较高的磨损烧伤风险，从而产生齿廓/齿面加工误差。此外，还需关注的是，在不同形状非圆齿轮的整周磨削过程中，不同位置的最大磨削量、磨削力/热问题均有各异性，对于不同的非圆齿轮，在加工开展前需开展充分的事前分析，防止加工过程局部载荷过高、磨削力过大、磨削温度过高等导致的加工质量问题。

相比于蜗杆砂轮对非圆齿轮连续包络磨齿所存在的工艺问题，间歇式分度展成磨齿虽然在加工效率方面有所降低，但工艺过程具有更好的可控性，磨削过程仅同时对 1～2 个齿面开展磨削，此外对不同模数、压力角、节曲线形状的非圆齿轮也具有较好的适应性。

从磨削加工所需开展的非线性展成运动模型、多轴运动形式、电子齿轮箱传动结构及插补误差、磨削力波动等方面考虑，蜗杆砂轮磨齿加工与滚齿加工具有较高的可类比性，不同点在于：①蜗杆砂轮相比滚刀具有更高的回转速度，对变速比电子齿轮箱的位置同步控制精度和响应具有更高的要求；②磨齿加工中，自动高效的对刀技术方案只适用于圆柱齿轮，对于非圆齿轮，需要针对其差异化的形状特征进行开发设计；③磨削工艺参数的优化，非圆齿轮磨削过程的力/热问题更加复杂多变，如何进行有效的事前仿真分析，从而针对个性化的节曲线形状制定合理的磨削工艺参数也是需要克服的技术问题。

2. 间歇式展成磨齿的电子齿轮箱实现

对于间歇式展成磨齿，其运动模型基于齿条与非圆齿轮的展成运动原理，与蜗杆砂轮具有相似性。磨齿刀均具有圆盘状的外形特征，为形成整个齿面在高度方向、长度方向的磨削成形，刀具在回转的同时需要相对齿轮在齿轮轴线方向、节曲线切线方向产生往复性运动，以锥形砂轮磨齿为例，其间歇展成过程如图 5.62 所示。

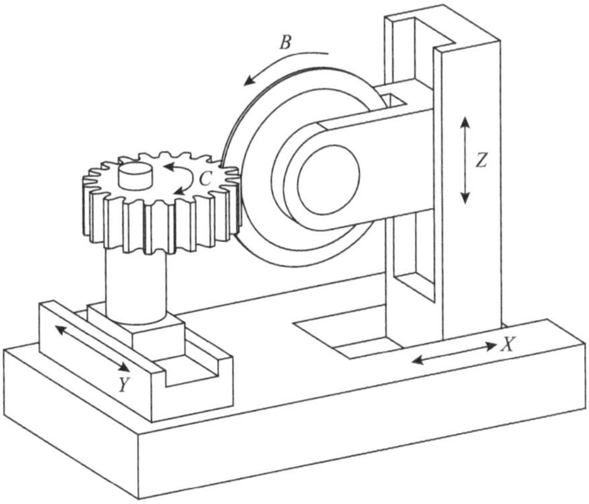

图 5.62　锥形砂轮磨齿的间歇展成过程

相对于蜗杆砂轮磨齿的连续展成运动，锥形砂轮磨齿从运动形式上看有两大区别点：展成运动方向的往复变换和间歇分度运动。如图 5.62 所示，基于锥形砂轮开展非圆齿轮磨齿需要以下运动轴：*B* 轴，砂轮绕自身回转轴线高速旋转，以形成主切削运动；*C* 轴，齿轮绕自身回转轴线的往复转动，以完成当前齿槽左右齿面的磨削；*Y* 轴，齿轮在水平方向的往复平动，以补偿节曲线非圆形特征引起的运动关联，以及齿槽更换的运动所需；*X* 轴，砂轮节曲线半径方向的往复移动，以补偿节曲线非圆形特征引起的运动关联，以及齿厚方向的磨削余量控制；*Z* 轴，砂轮在竖直方向的往复进给运动，以完成齿轮厚度方向全齿面的磨削；其中 *X* 轴、*Y* 轴、*C* 轴需要保持内联非线性运动关系，当加工斜齿轮时，*Z* 轴参与内联运动。

如图 5.62 所示，在锥形砂轮对各齿槽的分度式磨削加工过程中，电子齿轮箱始终保持打开状态，保证各轴展成关系始终处于内联同步状态。*X* 轴为从运动轴，当一个齿槽磨削加工完成后，更换下一个齿槽加工时，由于未设计 *X* 轴方向的让刀运动，需要使砂轮在 *Z* 轴方向运动的两个位置点与工件保持适当的安全距离，防止在齿槽分度时出现砂轮与齿轮的干涉问题。

对于电子齿轮箱的传动结构设计，可参考滚齿加工的电子齿轮箱传动方案，采用主从式电子齿轮箱结构：以 *Y* 轴、*Z* 轴为主动轴，*X* 轴、*C* 轴为从动跟随轴，加工过程运动控制流程如图 5.63 所示。

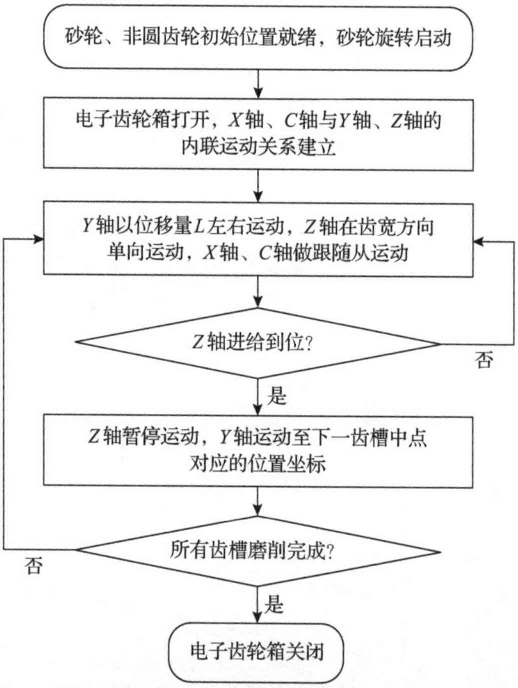

图 5.63　锥形砂轮磨齿的电子齿轮箱加工过程运动控制流程

5.4.2　非圆齿轮珩齿加工

珩齿加工可分为内啮合(强力)珩齿和外啮合珩齿加工。内啮合珩齿加工相比外啮合珩齿加工具有更大的重合度，同时较多参与切削的珩轮齿数可降低切削力波动，具有更高的生产效率且齿面无烧伤，此外在齿面形成的弧形纹路可以有效降低传动噪音，抑制啮合产生的高频谐振，在圆柱齿轮精加工中广泛应用。从加工余量分析，珩齿工艺的加工余量约为剃齿工艺的 1/10，通常不超过 0.025mm，用于齿面加工粗糙度、纹路的改善。

对非圆齿轮而言，当采用外啮合珩齿加工时，在剃齿工艺的基础上将剃齿刀更换为外啮合珩磨轮即可，加工过程与剃齿具有相同的运动关系模型，这里不再赘述。当采用内啮合方式开展珩齿加工时，齿轮形状的非圆形特征将导致珩磨轮需要针对性定制，对不同非圆齿轮的适用性差且工艺成本高。非圆齿轮内啮合珩齿加工的运动原理如图 5.64 所示。

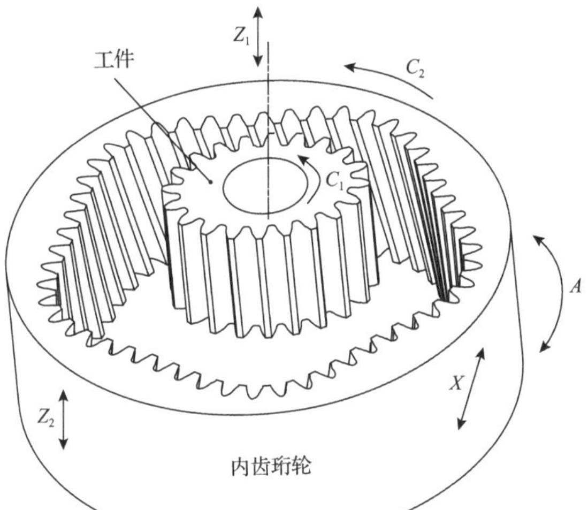

图 5.64　非圆齿轮内啮合珩齿加工原理图

如图 5.64 所示，非圆齿轮内啮合珩齿加工用到的内齿珩轮，与被加工非圆齿轮相配合形成交错轴斜齿轮传动，通过二者齿面之间的滑移和压力产生珩磨作用。图中各轴的定义如下：C_1 轴，工件旋转轴；C_2 轴，内齿珩轮旋转轴；Z_1 轴，工件移动轴；Z_2 轴，珩磨轮移动轴；X 轴，珩磨轮径向进给轴；A 轴，珩磨轮相对齿轮轴交角调整轴。加工过程中，非圆齿轮与内齿珩轮均围绕自身轴线旋转，无需产生径向相对运动。

在开展内齿珩轮设计时，受被加工齿轮尺寸以及机床结构尺寸的限制，内齿珩轮需保持合适的外形尺寸，该问题可通过调整非圆齿轮与内齿珩轮之间的平均速比进行优化。设被加工件为三阶椭圆齿轮，主要设计参数如下：模数为 3mm，齿数为 30，偏心率为 0.1；与高阶椭圆齿轮做内啮合传动的非圆齿轮节曲线也为高阶椭圆，取内齿珩轮的椭圆阶数分别为五、六、七时，对应的节曲线计算结果如图 5.65 所示。

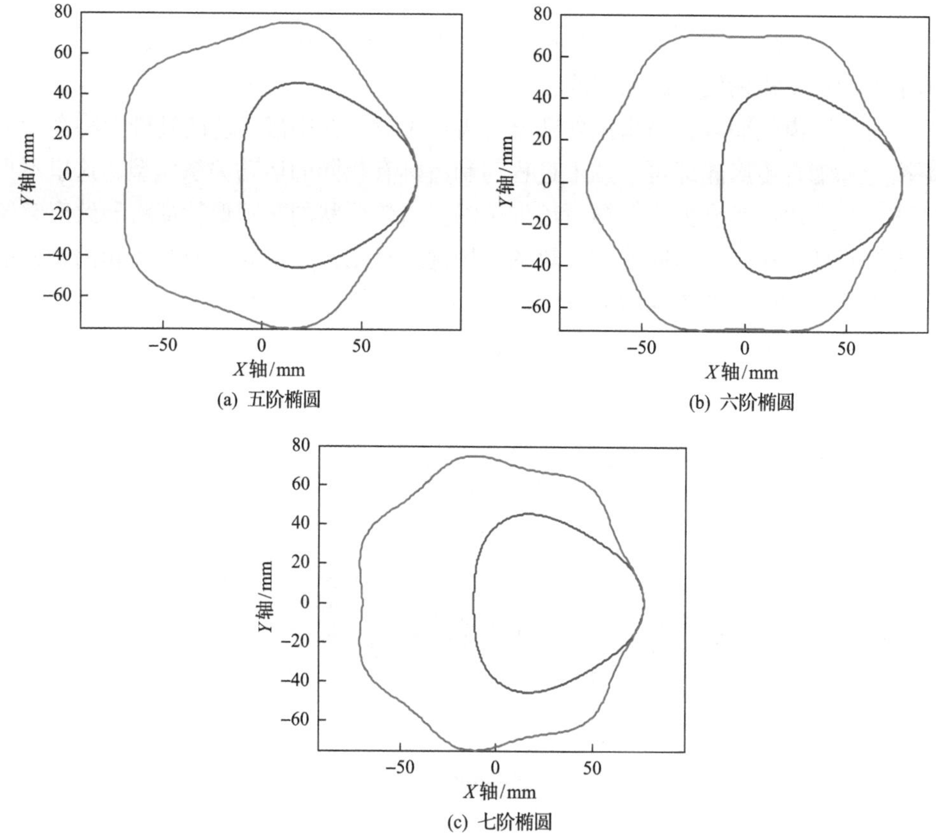

图 5.65　内齿珩轮节曲线计算结果

5.5 本章小结

本章围绕非圆齿轮的滚齿、插齿、剃齿、磨齿和珩齿相关技术展开讨论，重点以滚齿、插齿为分析例，从加工原理、电子齿轮箱插补、切削力和包络误差波动的角度对非圆齿轮加工中存在的若干问题开展研究，并得到一些重要结论。对适用于非圆齿轮的剃齿、磨齿和珩齿加工形式开展讨论，并对加工基本原理进行相关介绍。

参考文献

[1] Sałaciński T, Przesmycki A, Chmielewski T. Technological aspects in manufacturing of non-circular gears[J]. Applied Sciences, 2020, 10(10): 3420.

[2] 员贝贝. 基于包络特征的非圆齿轮齿廓设计与齿形优化研究[D]. 兰州: 兰州理工大学, 2022.

第 6 章　非圆齿轮精度评价与测量

齿轮传动精度直接影响机器的运动精度、工作精度、承载能力、使用寿命等，而传动精度取决于各个零件的制造精度与互换性精度。齿轮的精度评价和偏差测量是保证齿轮质量的主要途径[1]。目前关于非圆齿轮精度评价与测量的相关研究很少，存在如下问题。首先，对于应用越来越广泛的非圆齿轮，没有可用的精度评价标准，无法对非圆齿轮的加工精度与使用性能进行系统的评价，限制了非圆齿轮的发展；其次，在评价主要精度指标时，取样范围较小，通常只有几条曲线，无法在一次测量中获得非常准确的评价；最后，各项齿轮精度指标通常按极值法进行指标值计算及等级评定，无法对误差的变化趋势做出有效评价[2]。齿轮常用的接触式测量方法有啮合测量法、坐标测量法和展成测量法。齿轮啮合测量分为单面啮合[3]、双面啮合[4]和整体误差测量[5]。由于缺少相应的精度评价体系，非圆齿轮测量方法的研究也较少，主要集中于综合偏差测量方法的研究。想要提高非圆齿轮的加工精度，减小加工过程中的误差，除了对综合偏差进行测量，还必须解决非圆齿轮单项偏差的测量问题。

6.1　非圆齿轮精度评价

6.1.1　非圆齿轮偏差项目

1. 非圆齿轮的加工误差

齿轮加工误差是指齿轮工作齿面上各种几何形状和相对位置的宏观几何量偏差。产生非圆齿轮加工误差的主要因素如下。

(1) 几何偏心，由齿轮基准轴线与齿轮工作时的旋转轴线不重合所引起。

(2) 运动偏心，由机床分度误差及安装偏心所引起。

(3) 机床传动链误差，由传动链各元件误差所引起，直齿非圆齿轮受分度链误差的影响，斜齿非圆齿轮受分度链误差和差动链误差的影响。

(4) 刀具制造与安装误差，包括刀具的径向跳动、轴向窜动、齿形角误差等。

由几何偏心和运动偏心产生的误差以齿轮一转为周期，为长周期误差，该项误差会导致齿轮一转中传动比不均匀，影响齿轮运动的准确性。由机床传动链误差和刀具误差在齿轮一转中多次重复出现，为短周期误差，该项误差会使齿轮的传动比发生变化，影响运动平稳性。非圆齿轮加工误差的周期叠加如图 6.1

所示。

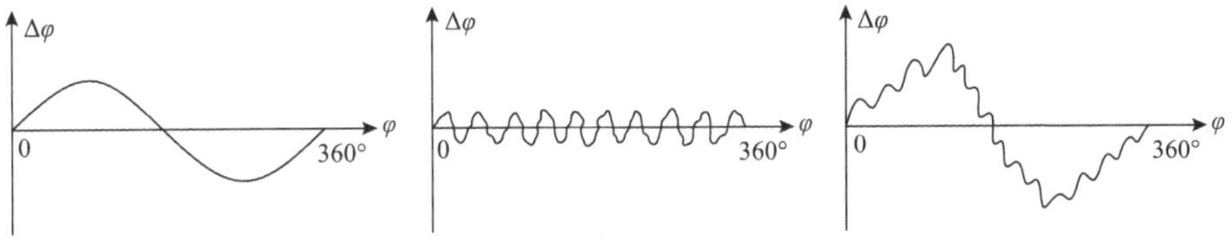

图 6.1　非圆齿轮加工误差的周期叠加

根据刀具与齿坯的运动关系，非圆齿轮的加工误差有四种来源：齿坯和刀具在中心连线方向上的运动误差、齿坯和刀具间的运动分度误差、刀具自身误差、刀具沿齿坯轴向的运动误差引起的误差。加工误差可根据齿轮偏差项目的检测结果来进行分析、修正。

非圆齿轮一般采用渐开线直齿条刀、滚刀和插齿刀进行切制，与圆柱齿轮加工刀具相同，二者加工误差的来源与性质基本一致，故可通过类比圆柱齿轮的偏差项目来确定非圆齿轮的偏差项目。由于非圆齿轮与圆齿轮在几何特征上存在差异，偏差项目需要进行有针对性的调整，提出符合非圆齿轮几何特征的新偏差项，剔除不适用的旧偏差项。

2. 综合偏差项目

1) 切向综合偏差项

切向综合偏差包括切向综合总偏差 F_i' 与一齿切向综合偏差 f_i'。切向综合总偏差 F_i' 是指被测齿轮与测量齿轮做单面啮合传动，被测齿轮转动一周时，齿轮节曲线上的实际转角与理论转角的最大偏差值[6]，即在保持设计安装距的情况下，被测齿轮仅有一侧齿面与测量齿轮接触，被测齿轮一转范围内实际转角与理论转角之差的总幅值(以节曲线弧长计值)，如图 6.2 所示。F_i' 是几何偏心、运动偏心以及各短周期误差(以一齿为周期的误差)综合影响的结果，可反映齿轮传动的准确性。

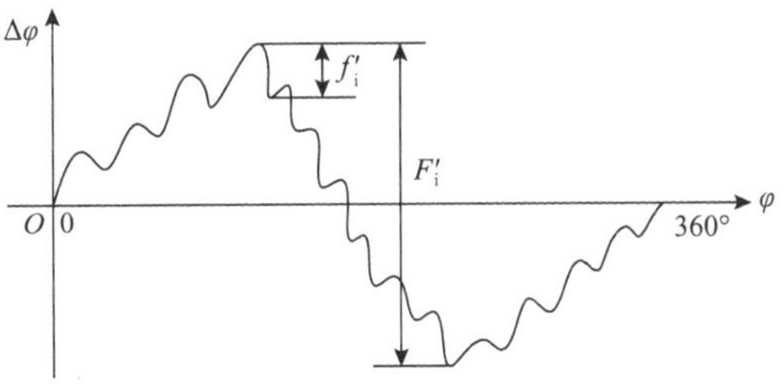

图 6.2　切向综合偏差

一齿切向综合偏差 f_i' 是指一个齿距内的切向综合偏差值，即在保持设计安装距的情况下，被测齿轮与测量齿轮做单面啮合传动时，被测齿轮一齿距角内实际转角与理论转角之差的最大幅值(以节曲线弧长计值)[6]，如图 6.2 所示。f_i' 通常由刀具制造、安装误差以及机床传动链的短周期误差引起，可反映齿轮传动的平稳性。

2) 径向综合偏差项

径向综合偏差包括径向综合总偏差 F_i'' 与一齿径向综合偏差 f_i''。径向综合总偏差 F_i'' 是指被测齿轮与测量齿轮做双面啮合传动时，被测齿轮一转之内，两齿轮安装距最大值、最小值的差值与非圆齿轮设计极径最大值、最小值的差值之间的偏差值[6]，即在保持被测齿轮左右齿面同时与测量齿轮接触的情况下，被测齿轮一转范围内实际安装距最大变动量与理论安装距变动量之间的差值，如图 6.3 所示。F_i'' 是径向偏差(几何偏心等)、短周期误差(齿廓偏差等)以及刀具与齿坯的安装调整误差综合影响的结果，可反映齿轮传动的准确性。

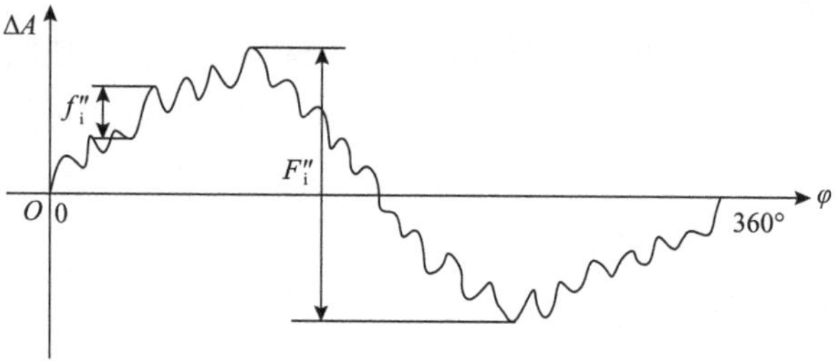

图 6.3　径向综合偏差

一齿径向综合偏差 f_i'' 是指一个齿距内的径向综合偏差值，即被测齿轮与测量齿轮做双面啮合传动时，被测齿轮一齿距角内实际安装距最大变动量与理论安装距变动量之间的差值[6](波纹的最大幅值)，如图 6.3 所示。f_i'' 通常由刀具制造和安装误差引起，可反映齿轮传动的平稳性。

3. 单项偏差项目

圆柱齿轮有公法线偏差，其左右齿廓形状在齿高方向上对称，二者基曲线重合为一个基圆，因此圆柱齿轮的齿形具有公切线与公法线，其公法线偏差可用来控制和测量齿厚偏差。对于非圆齿轮，其左右齿形不相等，在齿高方向上不存在对称关系，因此非圆齿轮的齿形不具有公切线和公法线，公法线偏差不再适用。非圆齿轮主要单项偏差如下。

1) 齿廓偏差

齿廓偏差是指实际齿廓偏离设计齿廓的量，如图 6.4 所示。齿廓偏差在齿廓的法线方向进行计值。其中，非圆柱齿轮在齿宽中部与其轴线相垂直的平面上进行测量，非圆锥齿轮在齿宽中部与其分度圆锥母线相垂直的平面上进行测量。

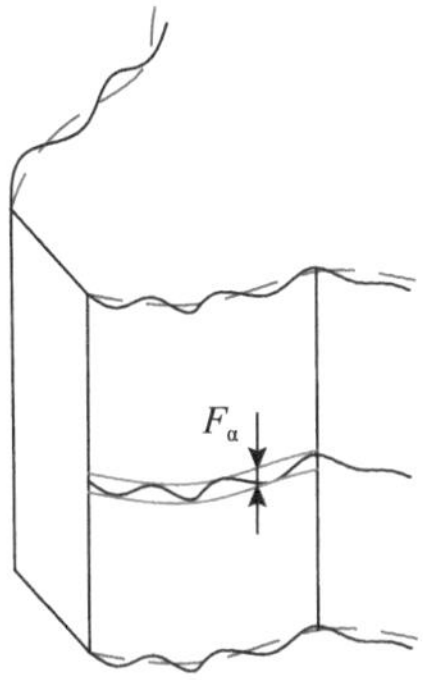

图 6.4　齿廓偏差示意图

齿廓偏差包括齿廓总偏差 F_α、齿廓形状偏差 $f_{f\alpha}$ 与齿廓倾斜偏差 $f_{H\alpha}$，如图 6.5 所示。其中，齿廓可用长度 L_{AF} 由齿顶(齿顶倒棱或齿顶倒圆)起始点 A 与齿根(齿根圆角)起始点 F 所限定；齿廓有效长度 L_{AE}，即有效齿廓，由齿顶(齿顶倒棱或

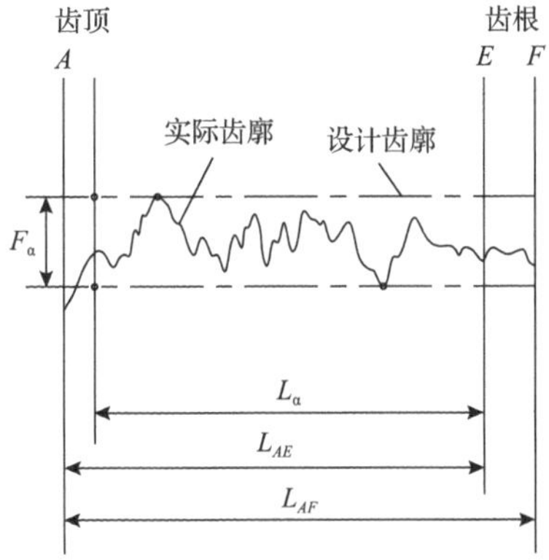

(a) 齿廓总偏差

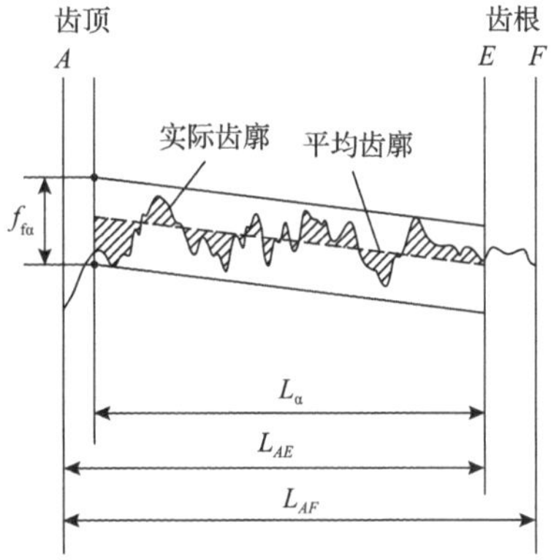

(b) 齿廓形状偏差

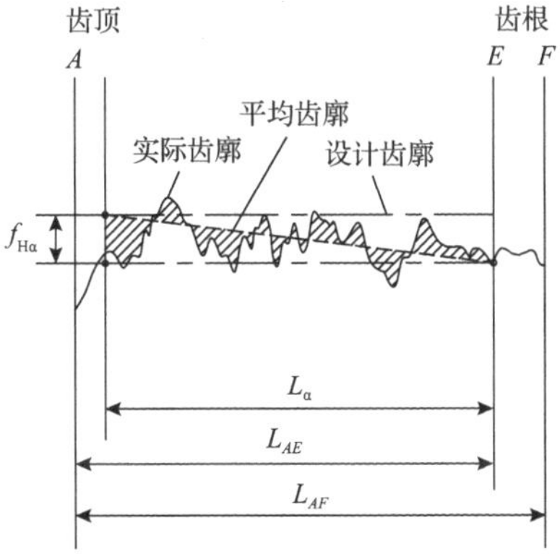

(c) 齿廓倾斜偏差

图 6.5　齿廓偏差

齿顶倒圆)起始点 A 与配对齿轮(或基本齿条)的有效啮合的终点 E 所限定；齿廓计值范围 L_α 是有效长度的一部分，其长度为从点 E 开始的有效长度 L_{AE} 的 92%，余下的 8%有效长度 L_{AE} 是齿顶附近的 L_{AE} 与 L_α 相差的部分。设计齿廓是指符合设计规定的齿廓，通常为端面齿廓；平均齿廓是指在计值范围内，使实际齿廓迹线相对于平均齿廓迹线的偏差的平方和最小的一条辅助线，用最小二乘法确定。

齿廓总偏差 F_α 是指在计值范围 L_α 内，包容实际齿廓迹线的两条设计齿廓迹线间的距离。齿廓形状偏差 $f_{f\alpha}$ 是指在计值范围 L_α 内，包容实际齿廓迹线的，与平均齿廓迹线完全相同的两条迹线间的距离，两条迹线与平均齿廓迹线的距离为常数。齿廓倾斜偏差 $f_{H\alpha}$ 是指在计值范围 L_α 内，两端与平均齿廓迹线相交的两条设计齿廓迹线间的距离[7]。

2)齿向偏差

非圆柱齿轮的齿向偏差是指在节曲线柱面或锥面上，在齿宽工作范围内，实际齿向偏离设计齿向的量，如图 6.6(a)所示。非圆锥齿轮的齿向偏差是指在齿宽工作范围内齿侧表面的实际方向与公称方向的最大偏差，如图 6.6(b)所示。齿向偏差在齿向的法线方向进行计值。其中，非圆柱齿轮在节曲线柱面上进行测量，非圆锥齿轮在与齿顶面平行的平面上进行测量。

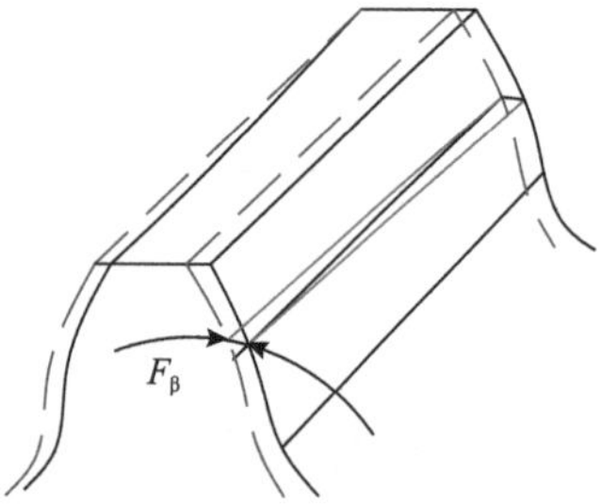

(a) 非圆柱齿轮

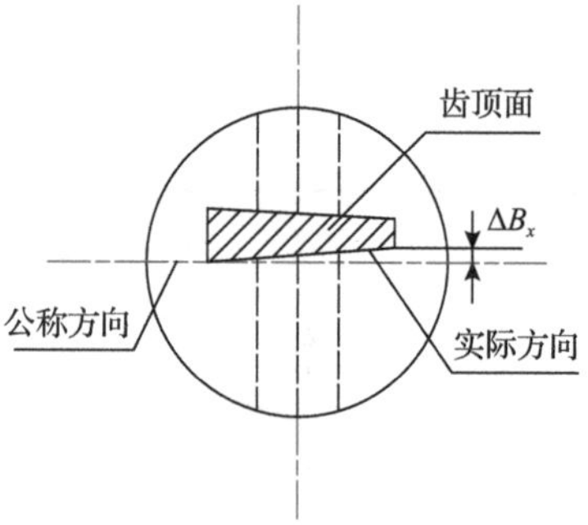

(b) 非圆锥齿轮

图 6.6　齿向偏差示意图

齿向偏差包括螺旋线总偏差 F_β、螺旋线形状偏差 $f_{f\beta}$ 与螺旋线倾斜偏差 $f_{H\beta}$，如图 6.7 所示。对于非圆柱齿轮，齿向计值范围 L_β 是在轮齿两端处各减去一部分长度后的迹线长度，减去部分的长度为 5%齿宽或一个模数长度，这两个数值中较小的一个。设计齿向(螺旋线)是指符合设计规定的螺旋线，未经修形的齿向迹线一般为直线；平均齿向(螺旋线)是指在计值范围内，使实际齿向迹线相对于平均齿向迹线偏差的平方和最小的一条辅助线，用最小二乘法确定。

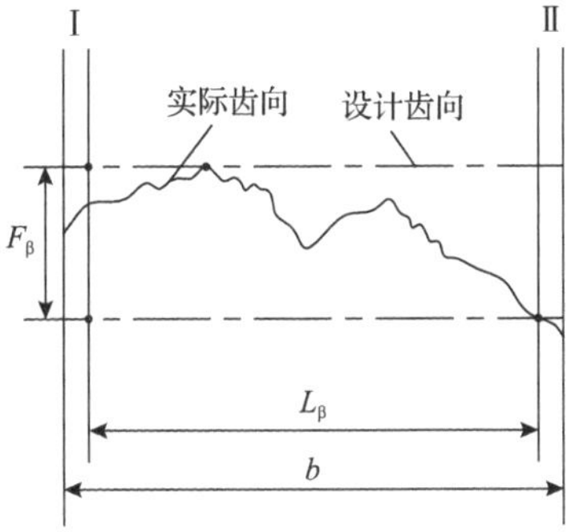

(a) 螺旋线总偏差

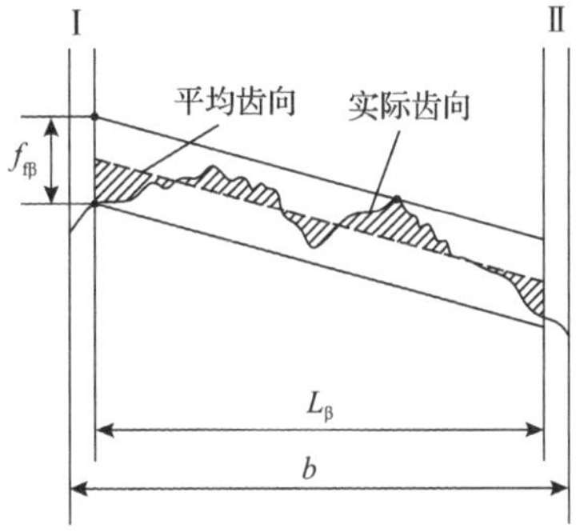

(b) 螺旋线形状偏差

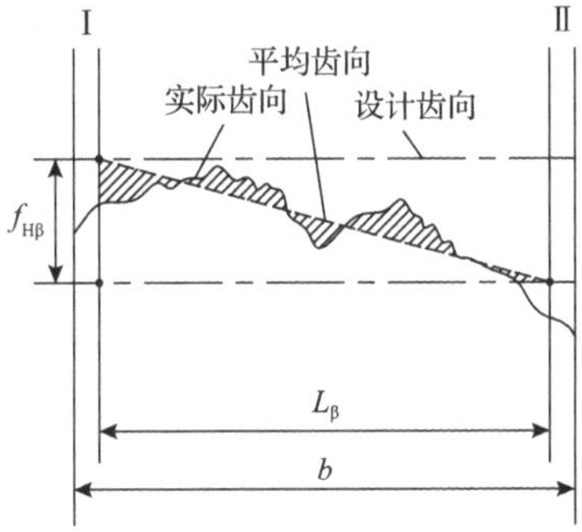

(c) 螺旋线倾斜偏差

图 6.7　齿向偏差

（Ⅰ为基准面；Ⅱ为非基准面）

螺旋线总偏差 F_β 是指在计值范围 L_β 内，包容实际齿向迹线的两条设计齿向迹线间的距离。螺旋线形状偏差 $f_{f\beta}$ 是指在计值范围 L_β 内，包容实际螺旋线迹线的，与平均齿向迹线完全相同的两条迹线间的距离，两条迹线与平均齿向迹线的距离为常数。螺旋线倾斜偏差 $f_{H\beta}$ 是指在计值范围 L_β 内，两端与平均齿向迹线相交的两条设计齿向迹线间的距离[7]。

3) 齿距偏差

齿距偏差反映了齿轮轮齿相对于回转中心分布的不均匀性，单个齿距偏差 f_{pt} 可以反映齿轮的工作平稳性，齿距累积偏差 F_{pk} 和齿距累积总偏差 F_p 可以反映齿轮的运动精度。齿距偏差是评定齿轮几何偏心与运动偏心的项目之一，可以反映齿距本身的误差以及齿轮的偏心误差。

非圆齿轮加工时节曲线与刀具节线（节圆）做纯滚动，因此非圆齿轮各轮齿的理论齿距在节曲线上是相等的。齿距偏差是指实际齿距偏离理论齿距的量，如图 6.8 所示。齿距偏差在节曲线或节曲线的等距曲线上进行计值。非圆柱齿轮与非圆锥齿轮都在齿宽中部与其轴线相垂直的平面上的节曲线上进行测量。

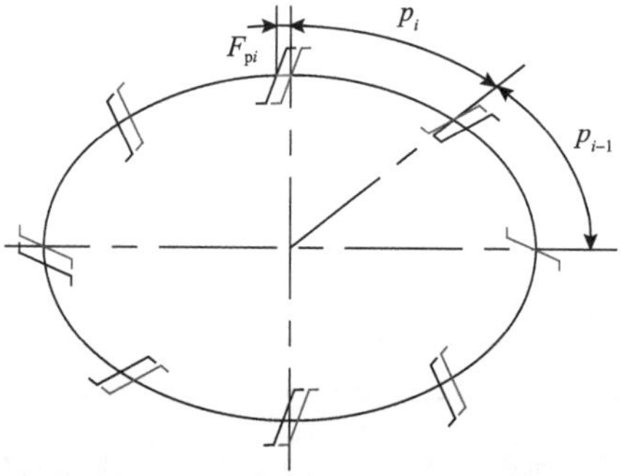

图 6.8　齿距偏差示意图

齿距偏差包括单个齿距偏差 f_{pt}、齿距累积偏差 F_{pk} 和齿距累积总偏差 F_p，如图 6.9 所示。单个齿距偏差 f_{pt} 是指在非圆齿轮端截面上，接近齿高中部的一个与齿轮同轴的节曲线等距线上，实际齿距与理论齿距的代数差。齿距累积偏差 F_{pk} 是指任意 k 个齿距的实际弧长与理论弧长的代数差，理论上其等于 k 个齿距的各单个齿距偏差的代数和。无特殊规定时，F_{pk} 的计值不超过节曲线的 1/8 弧段，因此 F_{pk} 的允许值适用于齿距数为 2～$z/8$ 的弧段内，通常取 $k_p \approx z/8$。齿距累积总偏差 F_p 是指齿轮同侧齿面任意弧段（$k_p = 1$ ～ z）内的最大齿距累积偏差，其表现为齿距累积偏差曲线的总幅值[7]。

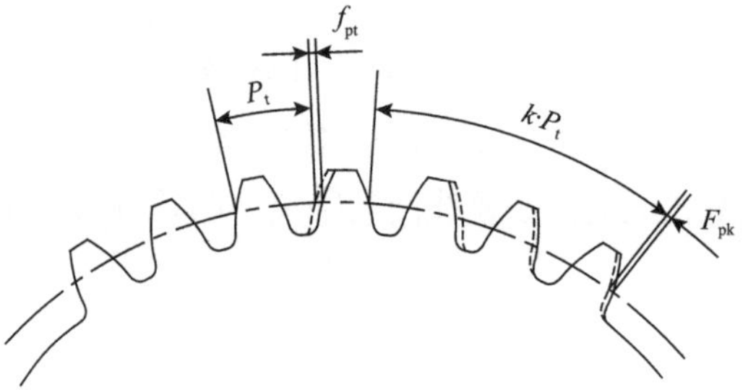

图 6.9　齿距偏差与齿距累积偏差

4）节曲线偏差

节曲线偏差 F_r 可反映加工时齿轮展成原点的偏移情况以及齿轮运动误差中由基曲线的几何偏心所引起的径向误差，如图 6.10 所示。单独控制时能评定 9 级以下的低精度齿轮，与齿距偏差组合时可评价 6～8 级精度齿轮。

节曲线偏差 F_r 是指在非圆齿轮一转范围内，实际极径值相对于理论极径值的最大当量变动量[6]，如图 6.11 所示。

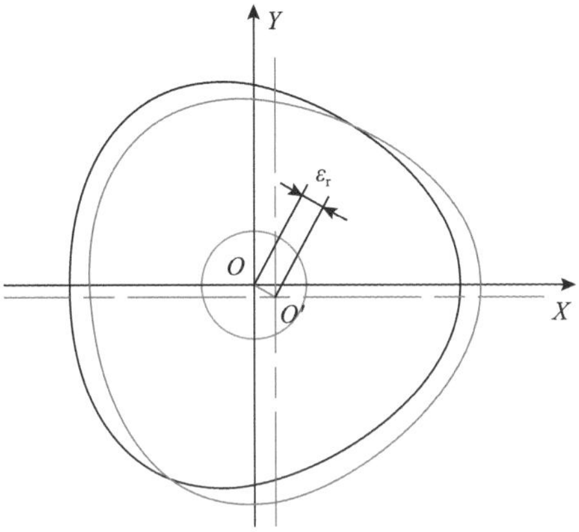

图 6.10　节曲线偏差示意图

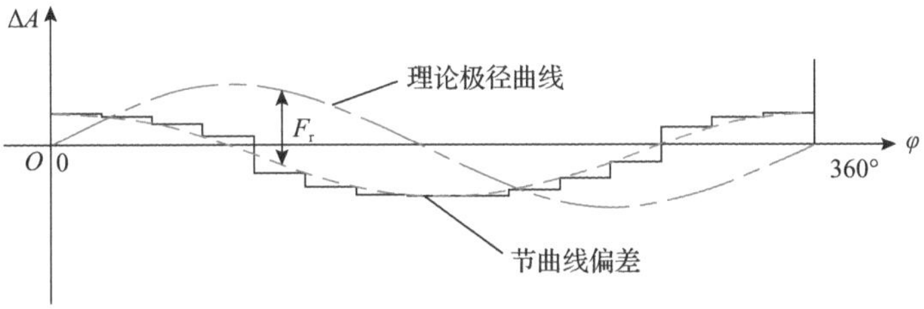

图 6.11　节曲线偏差

5）高阶相似度

高阶相似度偏差 F_{xsd} 是针对高阶（阶数 $N \geqslant 2$）多段变性椭圆齿轮提出的，如图 6.12 所示，高阶多段变性椭圆齿轮节曲线的各段曲线在连接处相切，形成极角 2π 范围内首尾相接、以 $2\pi / N$ 为周期的封闭曲线。节曲线的周期重现次数与阶数 N 相同，同周期的齿轮段传递相同的变传动比，因此它们的偏差量越接近，齿轮传动越平稳。

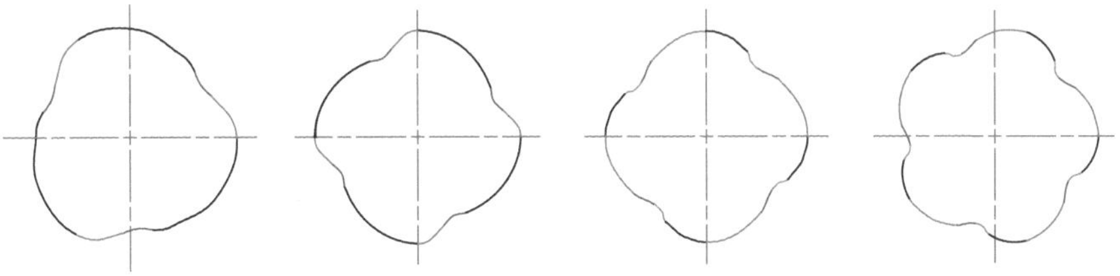

图 6.12　高阶多段变性椭圆齿轮

分别测量齿轮各个周期段的实际节曲线与理论节曲线的偏差，将各段偏差曲线按首尾进行叠加，在相同位置偏差曲线之间的最大偏差为高阶相似度偏差，如图 6.13 所示。

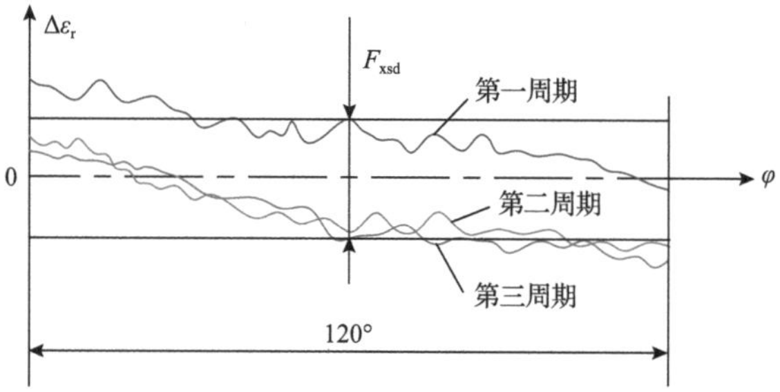

图 6.13　高阶相似度偏差

6.1.2　非圆齿轮精度评价体系

1. 二维精度评价体系

非圆齿轮二维精度评价体系是基于线测量方法提出的。如图 6.14 所示，在评价齿廓、齿向、齿距偏差等主要精度指标时，评价依据是测量所得的误差曲线。对于齿廓偏差和齿向偏差，选择齿轮上对称分布的 3～4 个轮齿，每个轮齿在左右齿面中部测量一条曲线；对于齿距偏差，在齿轮中段测量各齿面上节曲线附近的点，旋转一圈后得到一条测量曲线。获取的测量数据只是被测齿轮全部几何形状信息的一个非常小的样本，检测结果容易受到测量过程中环境等因素的影响，如齿面毛刺、齿面不洁会导致误差量突增，环境温度湿度的变化会导致测量结果变动等，较易引入非确定性的随机误差，因此二维测量对不确定度较为敏感，对设备、环境与操作的精度要求较高。

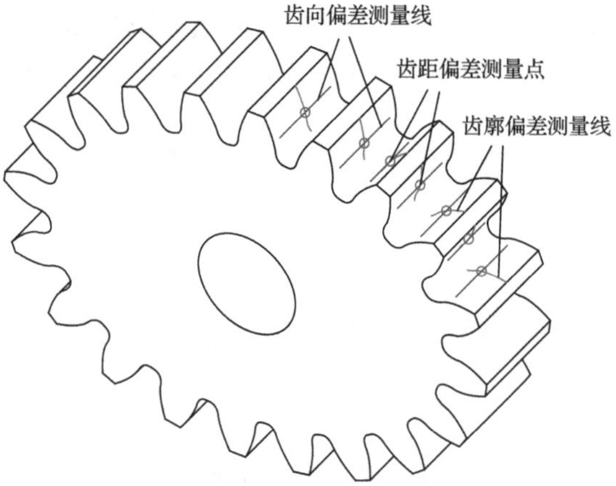

图 6.14　齿轮偏差的二维测量

齿轮精度标准中，各项齿轮精度指标按极值法进行精度计算与等级评定，能够快速对齿轮进行性能评价，由于精度分级结果不能反映偏差变化趋势，因此在分级评定的同时还需给出偏差曲线，以便根据偏差曲线的形状变化分析加工误差。

1) 齿廓偏差精度评价

选定需要测量的轮齿，测量该轮齿齿面中部某一端平面上的齿廓，每个被测齿面均可得到一条齿廓误差曲线。根据齿廓误差曲线，可对该轮齿的齿廓偏差进行二维精度评价，如图 6.15 所示。

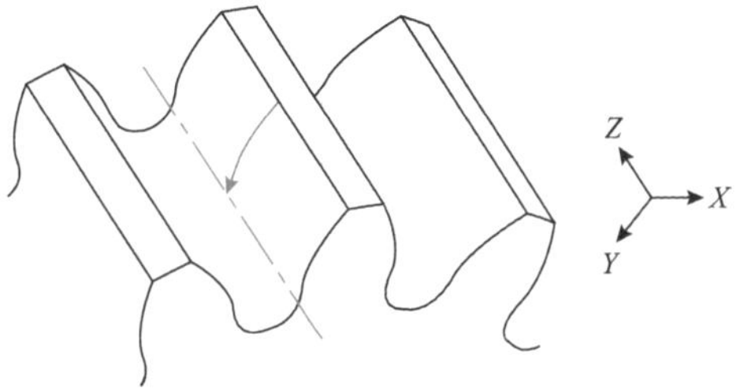

图 6.15　齿廓偏差二维测量

每条齿廓误差曲线由 M 个离散点组成，离散点集合为

$$A_{1(\alpha)}=\left\{(x_1,y_1,z_1)_{(\alpha)},(x_2,y_2,z_1)_{(\alpha)},\cdots,(x_M,y_M,z_1)_{(\alpha)}\right\} \tag{6.1}$$

每个齿廓的误差信息为

$$E_{1(\alpha)}=\left\{e_{1,1,1(\alpha)},e_{2,2,1(\alpha)},\cdots,e_{M,M,1(\alpha)}\right\} \tag{6.2}$$

2) 齿向偏差精度评价

选定需要测量的轮齿，测量该轮齿齿面中部的齿向，每个被测齿面均可得到一条齿向误差曲线。根据齿向误差曲线，可对该轮齿的齿向偏差进行二维精度评价，如图 6.16 所示。

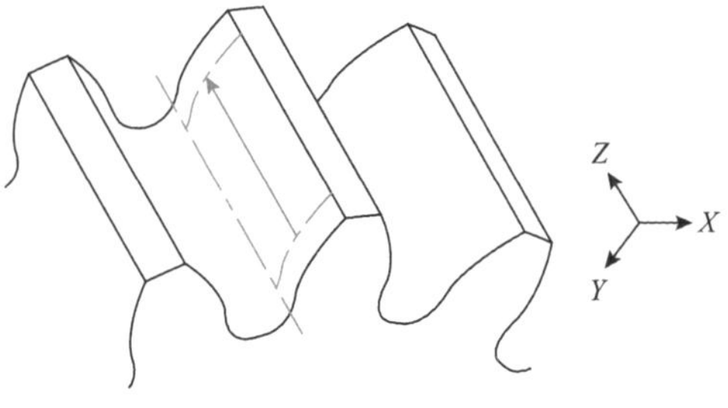

图 6.16　齿向偏差二维测量

每条齿向误差曲线由 M 个离散点组成，离散点集合为

$$A_{2(\beta)}=\left\{(x_1,y_1,z_1)_{(\beta)},(x_1,y_1,z_2)_{(\beta)},\cdots,(x_1,y_1,z_M)_{(\beta)}\right\} \tag{6.3}$$

每个齿向的误差信息为

$$E_{2(\beta)}=\left\{e_{1,1,1(\beta)},e_{1,1,2(\beta)},\cdots,e_{1,1,M(\beta)}\right\} \tag{6.4}$$

3）齿距偏差精度评价

选定需要测量的部分或全部轮齿，测量轮齿齿面在中部某一端平面上的左、右齿距，得到左、右齿距误差曲线。根据齿距误差曲线，可对齿轮的齿距偏差进行二维精度评价，如图 6.17 所示。

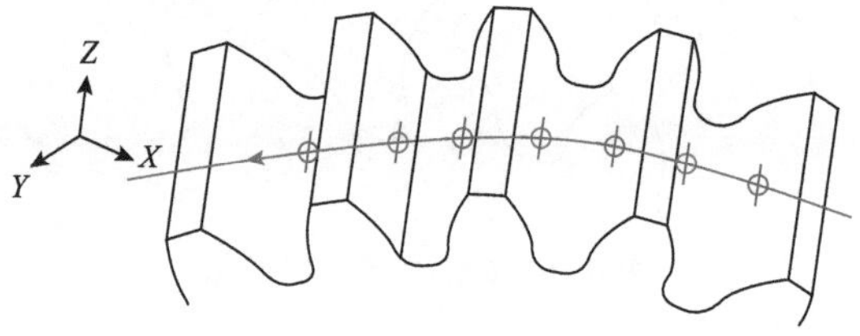

图 6.17　齿距偏差的二维测量

每条齿距误差曲线由 M 个离散点组成，左、右齿距离散点集合为

$$\begin{aligned}A_{3L(p)}&=\left\{(x_2,y_2,z_1)_{(p)},(x_4,y_4,z_1)_{(p)},\cdots,(x_{2M},y_{2M},z_1)_{(p)}\right\}\\A_{3R(p)}&=\left\{(x_1,y_1,z_1)_{(p)},(x_3,y_3,z_1)_{(p)},\cdots,(x_{2M-1},y_{2M-1},z_1)_{(p)}\right\}\end{aligned} \tag{6.5}$$

每个齿向的误差信息为

$$\begin{aligned}E_{3L(p)}&=\left\{e_{2,2,1(p)},e_{4,4,1(p)},\cdots,e_{2M,2M,1(p)}\right\}\\E_{3R(p)}&=\left\{e_{1,1,1(p)},e_{3,3,1(p)},\cdots,e_{2M-1,2M-1,1(p)}\right\}\end{aligned} \tag{6.6}$$

2. 三维精度评价体系

非圆齿轮三维精度评价体系基于面测量，将齿轮的精度评价拓展至三维，对非圆齿轮进行检测与评定时，测量的是同一齿面上的选定区域，偏差量是被测项目的实际形状相对于理论形状的误差。如图 6.18 所示，在评价齿廓偏差、齿向偏差、齿距偏差等主要精度指标时，评价依据是选定的测量区域内所得的数据点集，也可看作测量所得多条误差曲线的集合：对于齿廓偏差和齿向偏差，选择齿轮上对称分布的 3～4 个轮齿，每个轮齿在左右齿面中部附近选择一块测量区域，对该区域进行离散或扫描测量；对于齿距偏差，在齿轮上中下段各选择一个或多个端截面，测量各端截面上节曲线附近的点。

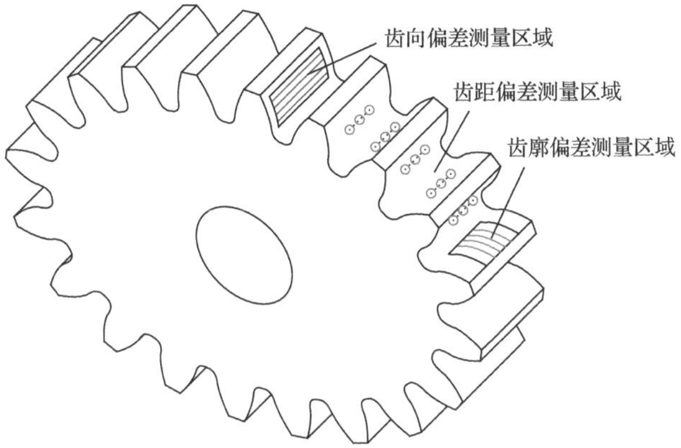

图 6.18　齿轮偏差的三维测量

三维精度评价体系通过面测量扩大被测齿轮几何形状信息的采样范围，降低测量过程中环境、齿面清洁度等因素对测量结果的影响，减小测量过程中引入的非确定性的随机误差，因此三维测量对不确定度的敏感性以及对设备、环境与操作的精度要求均低于二维测量。相较于二维精度评价体系，在相同的测量条件下，三维精度评价体系可以得到更为准确的测量与评价结果。

在二维、三维齿轮精度评价体系中，齿廓、齿向与齿距等所有偏差均是指在端截面内实际齿廓沿理论齿廓各点法线方向的偏差值，偏差以实体增大的方向为正，以实体减小的方向为负。

1) 齿廓偏差精度评价

选定需要测量的轮齿齿面，测量该齿面在不同端平面上的齿廓，得到 N 条齿廓误差曲线，选取多条或全部齿廓误差曲线，可进行三维精度评价，如图 6.19 所示。该方法除了反映齿轮几何精度，测量密度高时还可以反映加工过程中确定性误差的变动规律，提高精度评价结果的可信度与实用性。

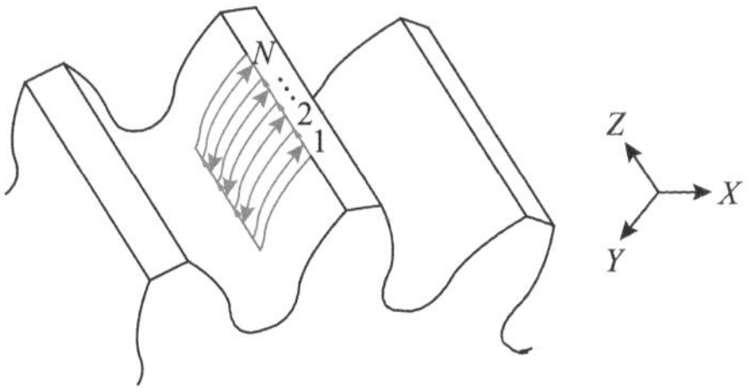

图 6.19　齿廓偏差三维测量

每条齿廓误差曲线由 M 个离散点组成，同一齿面上 N 条齿廓误差曲线合在一起就组成了一个齿廓误差曲线的随机过程，可以看作同一个随机函数的 N 次连续随机试验的结果，如图 6.20 所示。对 N 条曲线进行统计分析，得到齿廓偏差项目的最大值、最小值、标准差等统计量。

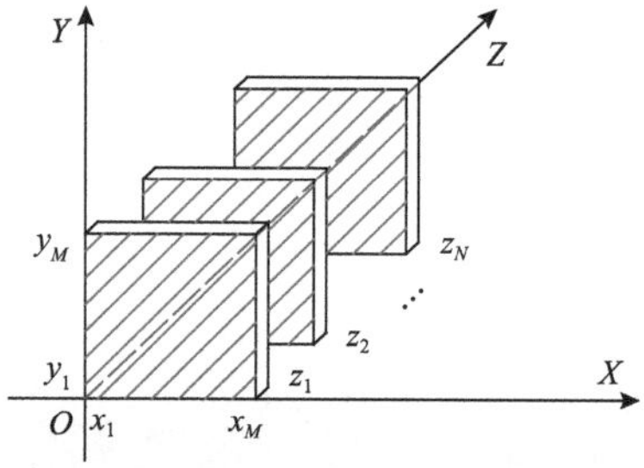

6.20　齿廓偏差三维测量数据集合

离散点集合为

$$A_1=\left\{\begin{matrix}(x_1,y_1,z_1)_{(\alpha)},(x_2,y_2,z_1)_{(\alpha)},\cdots,(x_M,y_M,z_1)_{(\alpha)},\\(x_1,y_1,z_2)_{(\alpha)},(x_2,y_2,z_2)_{(\alpha)},\cdots,(x_M,y_M,z_2)_{(\alpha)},\\\cdots\\(x_1,y_1,z_N)_{(\alpha)},(x_2,y_2,z_N)_{(\alpha)},\cdots,(x_M,y_M,z_N)_{(\alpha)}\end{matrix}\right\} \tag{6.7}$$

齿廓的误差信息为

$$E_1=\left\{\begin{matrix}e_{1,1,1(\alpha)},e_{2,2,1(\alpha)},\cdots,e_{M,M,1(\alpha)},\\e_{1,1,2(\alpha)},e_{2,2,2(\alpha)},\cdots,e_{M,M,2(\alpha)},\\\cdots\\e_{1,1,N(\alpha)},e_{2,2,N(\alpha)},\cdots,e_{M,M,N(\alpha)}\end{matrix}\right\} \tag{6.8}$$

2) 齿向偏差精度评价

选定需要测量的轮齿齿面，测量该齿面在不同位置上的齿向，得到 N 条齿向误差曲线，选取多条或全部齿向误差曲线，可进行三维精度评价，如图 6.21 所示。

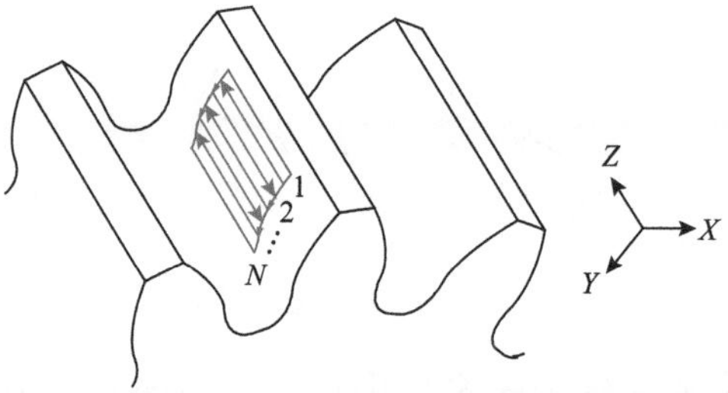

图 6.21　齿向偏差三维测量

每条齿向误差曲线由 M 个离散点组成，同一齿面上 N 条齿向误差曲线合在一起就组成了一个齿向误差曲线的随机过程，可以看作同一个随机函数的 N 次连续随机试验的结果，如图 6.22 所示。对 N 条曲线进行统计分析，得到齿向偏差项目的最大值、最小值、标准差等统计量。

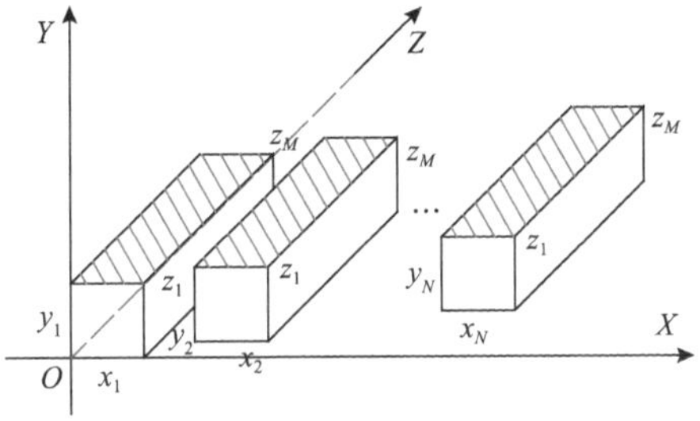

图 6.22　齿向偏差三维测量数据集合

离散点集合为

$$A_2=\begin{Bmatrix}(x_1,y_1,z_1)_{(\beta)},(x_1,y_1,z_2)_{(\beta)},\cdots,(x_1,y_1,z_M)_{(\beta)},\\(x_2,y_2,z_1)_{(\beta)},(x_2,y_2,z_2)_{(\beta)},\cdots,(x_2,y_2,z_M)_{(\beta)},\\\cdots\\(x_N,y_N,z_1)_{(\beta)},(x_N,y_N,z_2)_{(\beta)},\cdots,(x_N,y_N,z_M)_{(\beta)}\end{Bmatrix} \tag{6.9}$$

齿向的误差信息为

$$E_2=\begin{Bmatrix}e_{1,1,1(\beta)},e_{1,1,2(\beta)},\cdots,e_{1,1,M(\beta)},\\e_{2,2,1(\beta)},e_{2,2,2(\beta)},\cdots,e_{2,2,M(\beta)},\\\cdots\\e_{N,N,1(\beta)},e_{N,N,2(\beta)},\cdots,e_{N,N,M(\beta)}\end{Bmatrix} \tag{6.10}$$

3) 齿距偏差精度评价

选定需要测量的轮齿(部分或全部轮齿)，测量轮齿在不同端平面上的左、右齿距，得到 N 条左齿距误差曲线和 N 条右齿距误差曲线，选取多个端平面或全部端平面上的左、右齿距误差曲线，可进行三维精度评价，如图 6.23 所示。

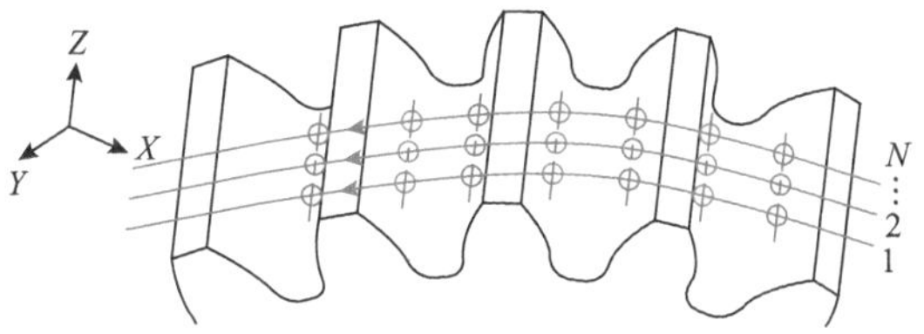

图 6.23　齿距偏差的三维测量

每条齿距误差曲线由 M 个离散点组成，N 个端平面上的左、右齿距误差曲线合在一起就组成了左、右齿距误差曲线的随机过程，分别可以看作随机函数的 N 次连续随机试验的结果，如图 6.24 所示。分别对左、右齿距的 N 条曲线进行统计分析，得到齿距偏差项目的最大值、最小值、标准差等统计量。

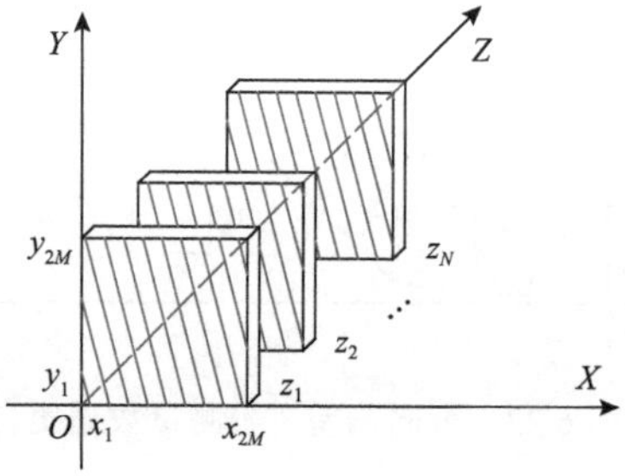

图 6.24　齿距偏差三维测量数据集合

左齿距离散点集合为

$$A_{3L}=\left\{\begin{matrix}(x_2,y_2,z_1)_{(p)},(x_4,y_4,z_1)_{(p)},\cdots,(x_{2M},y_{2M},z_1)_{(p)},\\(x_2,y_2,z_2)_{(p)},(x_4,y_4,z_2)_{(p)},\cdots,(x_{2M},y_{2M},z_2)_{(p)},\\\cdots\\(x_2,y_2,z_N)_{(p)},(x_4,y_4,z_N)_{(p)},\cdots,(x_{2M},y_{2M},z_N)_{(p)}\end{matrix}\right\} \tag{6.11}$$

左齿距的误差信息为

$$E_{3L}=\left\{\begin{matrix}e_{2,2,1(p)},e_{4,4,1(p)},\cdots,e_{2M,2M,1(p)},\\e_{2,2,2(p)},e_{4,4,2(p)},\cdots,e_{2M,2M,2(p)},\\\cdots\\e_{2,2,N(p)},e_{4,4,N(p)},\cdots,e_{2M,2M,N(p)}\end{matrix}\right\} \tag{6.12}$$

右齿距离散点集合为

$$A_{3R}=\left\{\begin{matrix}(x_1,y_1,z_1)_{(p)},(x_3,y_3,z_1)_{(p)},\cdots,(x_{2M-1},y_{2M-1},z_1)_{(p)},\\(x_1,y_1,z_2)_{(p)},(x_3,y_3,z_2)_{(p)},\cdots,(x_{2M-1},y_{2M-1},z_2)_{(p)},\\\cdots\\(x_1,y_1,z_N)_{(p)},(x_3,y_3,z_N)_{(p)},\cdots,(x_{2M-1},y_{2M-1},z_N)_{(p)}\end{matrix}\right\} \tag{6.13}$$

右齿距的误差信息为

$$E_{3R}=\begin{Bmatrix} e_{1,1,1(\mathrm{p})},e_{3,3,1(\mathrm{p})},\cdots,e_{2M-1,2M-1,1(\mathrm{p})}, \\ e_{1,1,2(\mathrm{p})},e_{3,3,2(\mathrm{p})},\cdots,e_{2M-1,2M-1,2(\mathrm{p})}, \\ \cdots \\ e_{1,1,N(\mathrm{p})},e_{3,3,N(\mathrm{p})},\cdots,e_{2M-1,2M-1,N(\mathrm{p})} \end{Bmatrix} \tag{6.14}$$

6.1.3　非圆齿轮标准体系

1. 基本参数

1）标准模数

非圆齿轮与圆柱齿轮使用相同的设备与刀具通过不同的展成运动进行加工，齿轮模数与刀具模数匹配，因此以齿轮刀具的标准模数为基础，对非圆齿轮标准模数进行设定，如表 6.1 所示。

表 6.1　非圆齿轮标准模数　（单位：mm）

非圆柱齿轮				非圆锥齿轮		
第 I 系列		第 II 系列		1	1.125	1.25
1	1.25	1.125	1.375	1.375	1.5	1.75
1.5	2	1.75	2.25	2	2.25	2.5
2.5	3	2.75	3.5	2.75	3	3.25
4	5	4.5	5.5	3.5	3.75	4
6	8	(6.5)	7	4.5	5	5.5
10	12	9	(11)	6	6.5	7
16	20	14	18	8	9	10
25	32	22	28	11	12	14
40	50	35	45	16	18	20

斜齿非圆齿轮的标准模数指的是法向模数，非圆锥齿轮的标准模数指的是大端模数。考虑到齿轮的互换性，建议设计与加工时优先采用第 I 系列中的模数，括号内的模数尽量避免使用。

2）标准基本齿廓

非圆柱齿轮的标准基本齿廓指的是齿轮法向截面上的齿廓，非圆锥齿轮的标准基本齿廓指的是锥齿轮大端面的法向截面上的齿廓，齿高未进行修正且齿廓未进行修形，如图 6.25 所示。

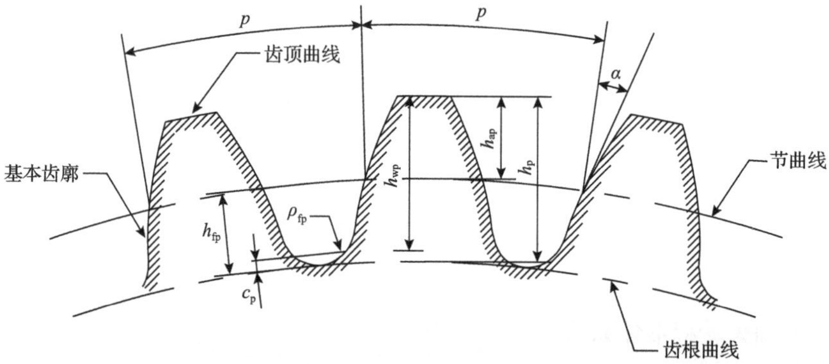

图 6.25　标准基本齿廓

对非圆齿轮标准基本齿廓的代号、意义和数值进行设定，非圆柱齿轮齿廓的代号、意义与数值如表 6.2 所示，非圆锥齿轮齿廓的代号、意义与数值如表 6.3 所示。

表 6.2　非圆柱齿轮齿廓的代号、意义与数值

序号	代号	意义	标准齿	短齿
1	h_{ap}	齿顶高	m	$0.8m$
2	h_{fp}	齿根高	$1.25m$	$1.1m$
3	h_{wp}	工作高	$2m$	$1.6m$
4	h_p	全齿高	$2.25m$	$1.9m$
5	c_p	顶隙	$0.25m$	$0.3m$
6	α	压力角	20°	20°
7	ρ_{fp}	齿根圆角半径	$0.38m$	$0.46m$
8	p	齿距	πm	πm

表 6.3　非圆锥齿轮齿廓的代号、意义与数值

序号	代号	意义	标准齿	小模数
1	h_{ap}	齿顶高	m	m
2	h_{fp}	齿根高	$1.2m$	$1.2m$
3	h_{wp}	工作高	$2m$	$2m$
4	h_p	全齿高	$2.2m$	$2.2m$
5	c_p	顶隙	$0.2m$	$\geqslant 0.25m$
6	α	压力角	20°	20°
7	ρ_{fp}	齿根圆角半径	$0.3m$	$\leqslant 0.2m$
8	p	齿距	πm	πm

2. 公差组划分

为满足不同的传动要求与工作要求，根据齿轮偏差与传动性能的映射关系，对偏差进行公差组划分：影响齿轮传动准确性的偏差为Ⅰ组，影响齿轮传动平稳性的偏差为Ⅱ组，影响齿轮载荷分布均匀性的偏差为Ⅲ组，如表 6.4 所示。根据实际使用要求，不同公差组可设定不同精度，来对齿轮进行有效评价。

表 6.4　非圆齿轮公差组

公差组	偏差项目	代号	误差特性	对传动的影响
Ⅰ	齿距累积偏差	F_{pk}	齿轮在一转范围内转角的误差	传动准确性
	齿距累积总偏差	F_p		
	节曲线偏差	F_r		
	高阶相似度偏差	F_{xsd}		
	切向综合总偏差	F_i'		
	径向综合总偏差	F_i''		
Ⅱ	单个齿距偏差	f_{pt}	齿轮在一齿距角范围内的误差	传动平稳性
	螺旋线形状偏差	$f_{f\beta}$		
	齿廓总偏差	F_α		
	一齿切向综合偏差	f_i'		
	一齿径向综合偏差	f_i''		
Ⅲ	齿向偏差(螺旋线总偏差)	F_β	齿面的接触痕迹误差	载荷分布均匀性
	接触线误差	F_b		
	轴向齿距偏差	F_{px}		

3. 等级精度划分与计算

1)精度等级划分

圆齿轮与非圆齿轮的加工设备相同，故误差的产生机理与性质也较为相近，参照圆齿轮精度等级划分方法，将非圆齿轮(副)划分为 13 个精度等级，分别用数字 0～12 表示，其中 0 级为最高精度，12 级为最低精度。若齿轮副中相互啮合的非圆齿轮精度不同，则精度由齿轮副中精度较低的齿轮决定。

规定 0～2 级非圆齿轮为超高精度等级，3～5 级为高精度等级，6～8 级为中等精度等级，9～12 级为低精度等级。其中，0～2 级精度齿轮的制造与检测均较难实现，应用范围也较小；6 级精度齿轮是设计、生产中最常用的。

齿轮精度等级的确定方法是：用 5 级精度公式乘以级间公比，得出各级精度的规定值，通过比较实测偏差值与规定值来确定齿轮精度等级。

2) 偏差允许值计算

齿轮偏差允许值用 5 级精度公式乘以级间公比计算得到。相邻精度的级间公比为 $\sqrt{2}$，某级精度的偏差允许值乘以或除以 $\sqrt{2}$ 即可得到相邻较高或较低精度等级的偏差允许值，q 级精度的偏差允许值为 $\sqrt[q-5]{2}$。

为了便于制定公差表，需将非圆齿轮参数范围进行整数划分，如表 6.5 所示。

表 6.5　非圆齿轮参数分界表

模数 m/mm		齿数 z				齿宽 b/mm	
0.5	2	25	28	35	40	4	10
3.5	5	56	64	100	112	20	40
6	10	140	150	160	200	80	160
16	25	240	250	280	320	250	400
40	70	400	500	560	600	650	1000
		800	1000				

计算齿轮公差时，若齿轮参数不是表 6.5 中的分界值，而是落在某段区间内，则参数应取分段界限值的几何平均值后再代入计算，而非直接代入参数本身。例如，齿轮实际模数 m 为 8mm，其分段界限值为 6mm 与 10mm，则代入计算的数值为 $m=\sqrt{6\times10}=7.746\text{mm}$。

非圆齿轮与圆柱齿轮不同，其极径是规律变化的，而现有 5 级精度计算公式中直径 d 为恒定值，对非圆齿轮并不适用。非圆齿轮能够确定的基本参数有模数 m、齿数 z、节曲线长度 L 和齿宽 b。直径 d 的替代算法有两种，一是定义 $d=L/\pi=pz/\pi$ 为当量直径，通过 L 求解出当量直径 d；二是根据非圆齿轮齿距相同的特性 $p=\pi m$，将 mz 作为当量直径代替 d 进行计算。第一种方法中节曲线 L 需要采用积分求解，计算上比第二种方法复杂，存在一定的计算误差，故选择第二种方法。拟定的非圆齿轮 5 级精度偏差允许值计算公式如表 6.6 所示。

表 6.6　非圆齿轮 5 级精度偏差允许值计算公式

齿轮偏差	允许值计算式
单个齿距偏差的极限偏差	$\pm f_{\text{pt}}=0.3m+0.12\sqrt{mz}+4$
齿距累积偏差的极限偏差	$\pm F_{\text{pk}}=f_{\text{pt}}+1.6\sqrt{(k_{\text{p}}-1)m}$
齿距累积总偏差的公差	$F_{\text{p}}=0.3m+1.25\sqrt{mz}+7$
齿廓总偏差的公差	$F_{\alpha}=3.2\sqrt{m}+0.22\sqrt{mz}+0.7$
齿廓形状偏差的公差	$f_{\text{f}\alpha}=2.5\sqrt{m}+0.17\sqrt{mz}+0.5$

续表

齿轮偏差	允许值计算式
齿廓倾斜偏差的极限偏差	$\pm f_{H\alpha}=2\sqrt{m}+0.14\sqrt{mz}+0.5$
螺旋线总偏差的公差	$F_{\beta}=0.1\sqrt{mz}+0.63\sqrt{b}+4.2$
螺旋线形状偏差的公差	$f_{f\beta}=0.07\sqrt{mz}+0.45\sqrt{b}+3$
螺旋线倾斜偏差的极限偏差	$\pm f_{H\beta}=0.07\sqrt{mz}+0.45\sqrt{b}+3$
节曲线偏差的公差	$F_{r}=0.8F_{p}=0.24m+\sqrt{mz}+5.6$
高阶相似度偏差的公差	$F_{xsd}=\dfrac{F_p}{N}=\dfrac{1}{N}\left(0.3m+1.25\sqrt{mz}+7\right)$
一齿切向综合偏差的公差	$f_i'=K\left(f_{pt}+F_{\alpha}+4.3\right)=K\left(0.3m+3.2\sqrt{m}+0.34\sqrt{mz}+9\right)$, $\begin{cases} K=0.2\dfrac{\varepsilon_r+4}{\varepsilon_r}, & \varepsilon_r<4 \\ K=0.4\dfrac{\varepsilon_r+4}{\varepsilon_r}, & \varepsilon_r\geqslant 4 \end{cases}$
切向综合总偏差的公差	$F_i'=F_p+f_i'$
一齿径向综合偏差的公差	$f_i''=2.96m+0.01\sqrt{mz}+0.8$
径向综合总偏差的公差	$F_i''=3.2m+1.01\sqrt{mz}+6.4$

齿轮偏差允许值计算出来后需进行圆整，当计算值≥10μm 时，圆整到最接近的整数；当计算值≥5μm 且≤10μm 时，圆整到最接近的尾数为 0.5 的小数或整数；当计算值≤5μm 时，圆整到最接近的 0.1 位小数或整数。

6.2　非圆齿轮综合偏差测量

6.2.1　单面啮合测量

被测非圆齿轮与标准齿轮在公称安装距下，做有侧隙的单面啮合传动，传动过程中，测量被测非圆齿轮实际转角与理论转角的差值，获得切向综合偏差测量结果。如图 6.26 所示，被测非圆齿轮安装在测量主轴上，通过中心孔键槽或定位销确定齿轮长轴位置，该轴上同轴安装精密圆光栅 1，测量主轴安装在径向滑板上，滑板上安装精密长光栅，通过伺服电机 1 驱动滑板径向运动。标准齿轮安装在回转主轴上，该轴上同轴安装精密圆光栅 2，回转主轴安装在固定床身上，通过伺服电机 2 驱动其回转，从而使标准齿轮带动与其单面啮合的被测非圆齿轮进行测量运动。

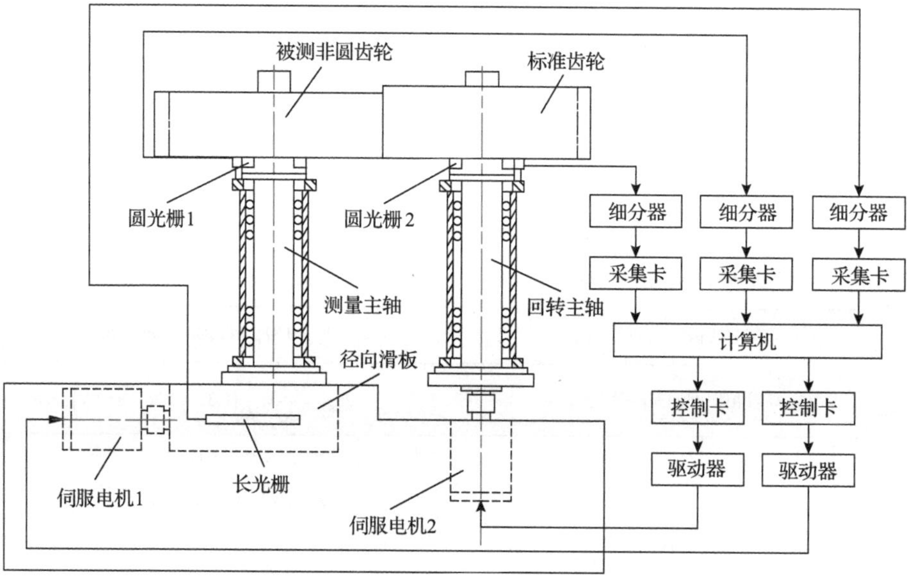

图 6.26 非圆齿轮单面啮合测量模型

非圆齿轮单面啮合测量流程如下：被测非圆齿轮、标准齿轮分别装夹在测量主轴、回转主轴上；确定起测位置后，伺服电机 1 驱动径向滑板运动，长光栅控制两齿轮的中心距按理论节曲线矢径变化；伺服电机 2 驱动回转主轴，标准齿轮转动并带动测量主轴上的被测齿轮与其进行单面啮合；安装在两个主轴上的精密圆光栅分别测出标准齿轮和被测非圆齿轮的转角，测量信号细分后传送到采集卡，经计算机处理数据后得到相关偏差。

与齿轮同轴安装的圆光栅分别测量两个齿轮的实际转角，设 φ_1、φ_2 分别为被测非圆齿轮、标准齿轮的角位移，二者之间的变传动比为 $i(\varphi)$，以被测非圆齿轮的理论角位移 φ_1 为基准，标准齿轮的理论角位移为 $\varphi_2=\varphi_1/i(\varphi)$，标准齿轮的实际角位移 φ_2' 与理论角位移 φ_2 之差 $\Delta\varphi=\varphi_2'-\varphi_2$ 为非圆齿轮的切向综合偏差。

6.2.2 双面啮合测量

被测非圆齿轮与标准齿轮在外力作用下，做无侧隙的双面啮合传动，传动过程中，测量被测非圆齿轮中心距实际变动量与理论变动量的差值，获得径向综合偏差检测结果，该结果反映了几何偏心引起的径向误差。非圆齿轮双面啮合测量模型如图 6.27 所示。被测非圆齿轮安装在测量主轴上，通过中心孔键槽或定位销确定齿轮长轴位置，该轴上同轴安装精密圆光栅，测量主轴安装在径向滑板 1 上，径向滑板 1 上安装精密长光栅 1，伺服电机 1 驱动径向滑板 1 进行径向运动。标准齿轮安装在回转主轴上，回转主轴安装在径向滑板 2 上，径向滑板 2 上安装精密长光栅 2，伺服电机 2 驱动回转主轴进行旋转运动。径向滑板 2 远离测量主轴的一侧装有弹簧，在弹簧的作用下，被测非圆齿轮与标准齿轮紧密接触，消除侧隙，通过伺服电机 2 驱动回转主轴，标准齿轮带动与其双面啮合的被测非圆齿轮进行测量运动。

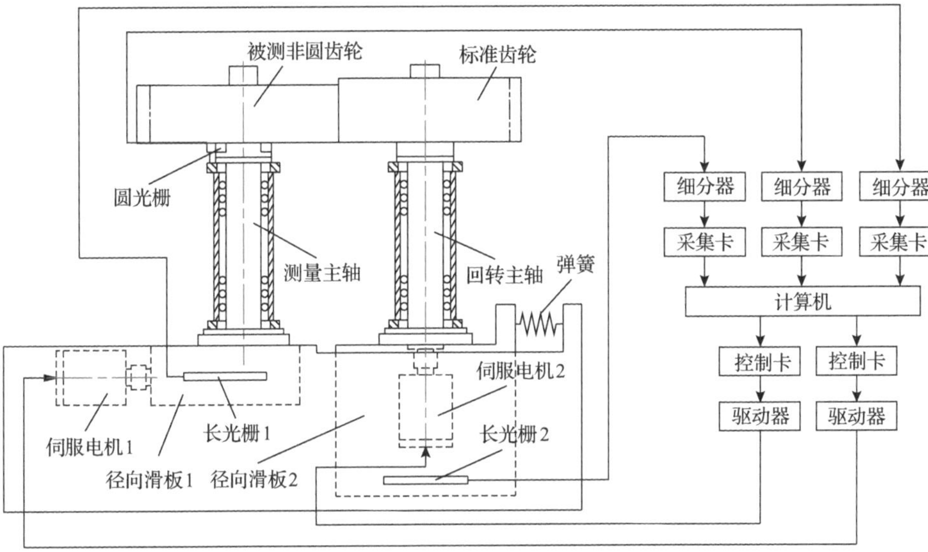

图 6.27　非圆齿轮双面啮合测量模型

非圆齿轮双面啮合测量流程如下：被测非圆齿轮、标准齿轮分别装夹在测量主轴、回转主轴上；确定起测位置后，伺服电机 1 驱动径向滑板 1，两齿轮接触后径向滑板 1 继续向前运动一段距离，向右推动径向滑板 2，使两齿轮在弹簧的作用力下压紧；随后长光栅 1 控制两齿轮的中心距按理论节曲线矢径变化，伺服电机 2 驱动回转主轴，标准齿轮转动并带动测量主轴上的被测齿轮与其进行双面啮合，传动过程中，被测非圆齿轮的转角由同轴安装的精密圆光栅检测出来，控制非圆齿轮转动的圈数(2 圈以上)，被测齿轮的径向偏差变动量由安装在径向滑板 2 上的长光栅 2 测出，测量信号细分后传送到采集卡，经计算机处理数据后得到相关偏差。

当被测非圆齿轮的最长极径和最短极径差值较小时，控制被测齿轮最短极径处与标准齿轮啮合无侧隙后，测量过程可将测量主轴的位置固定，此时与被测非圆齿轮同轴安装的圆光栅测出非圆齿轮转角 φ_1，中心距是 φ_1 的函数，可求出中心距的理论变动量 $A = A(\varphi_1)$，与压紧弹簧同轴系安装的长光栅测出中心距的实际变动量 A'，中心距实际变动量 A' 与理论变动量 A 之差 $\Delta A = A' - A$ 为非圆齿轮的径向综合误差。

6.2.3　全啮合测量

针对可以利用数学模型进行节曲线形状描述的非圆齿轮，将单面啮合、双面啮合的测量原理与非圆齿轮的节曲线特性相结合，可建立全啮合测量模型，通过一台设备的一次测量获得齿轮综合偏差。非圆齿轮全啮合测量模型如图 6.28 所示。被测非圆齿轮安装在测量主轴上，通过中心孔键槽或定位销确定齿轮长轴位置，该轴上同轴安装精密圆光栅 1，测量主轴安装在径向滑板 1 上，通过伺服电机 1 驱动径向滑板 1 进行径向运动。标准齿轮安装在回转主轴上，该轴上同轴安装精密圆光栅 2，回转主轴安装在径向滑板 2 上，径向滑板 2 上安装精密长光栅。径向滑板 2 远离测量主轴的一侧装有弹簧，在弹簧的作用下，被测非圆齿轮与标准齿轮紧密接触，轮齿间无侧隙，通过伺服电机 2 驱动回转主轴，使标准齿轮带动与其啮合的被测非圆齿轮进行测量运动。

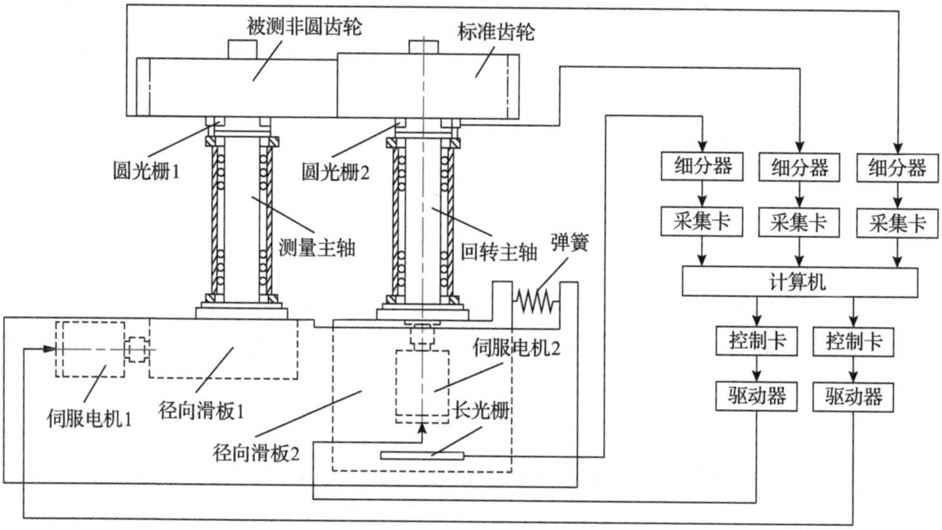

图 6.28　非圆齿轮全啮合测量模型

非圆齿轮全啮合测量流程如下：被测非圆齿轮、标准齿轮分别装夹在测量主轴、回转主轴上；确定起测位置后，伺服电机 1 驱动径向滑板 1，使被测齿轮最短极径处与标准齿轮啮合，此时伺服电机 1 继续驱动滑板 1 向右运动一段距离，使两齿轮在弹簧的作用力下压紧；伺服电机 2 驱动回转主轴，标准齿轮转动并带动测量主轴上的被测齿轮与其进行啮合，传动过程中，安装在两个主轴上的精密圆光栅分别测出标准齿轮和被测非圆齿轮的转角，两齿轮中心距变动量由安装在径向滑板 2 上的长光栅测出，测量信号细分后传送到采集卡，经计算机处理数据后得到相关偏差。

如图 6.29 所示，标准齿轮与被测非圆齿轮进行啮合传动，设啮合起始点为 B_1、B_2，当前啮合点为 P，A_1A_2 是啮合点 P 处的公切线，非圆齿轮极角为 θ_1，极径为 r_1，转角为 φ_1，标准圆柱齿轮极角为 θ_2，极径为 r_2，转角为 φ_2，极径 r_1、r_2 与公切线 A_1A_2 正方向的夹角为 μ_1、μ_2。

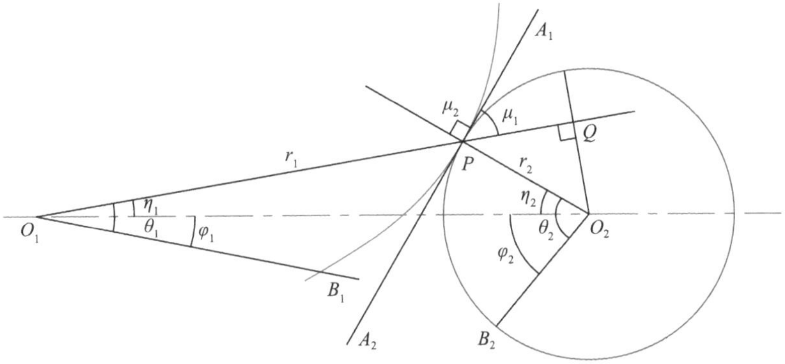

图 6.29　非圆齿轮全啮合测量原理图

啮合传动时，标准齿轮与非圆齿轮的节曲线做纯滚动，$\widehat{B_1P}=\widehat{B_2P}$，得

$$\int_0^{\theta_1}\sqrt{r_1^2+\left(\frac{\mathrm{d}r_1}{\mathrm{d}\theta_1}\right)^2}\,\mathrm{d}\theta_1=r_2\theta_2 \tag{6.15}$$

两齿轮节曲线极径与切线正方向夹角为

$$\begin{cases}\mu_1=\arctan\dfrac{r_1}{\mathrm{d}r_1/\mathrm{d}\theta_1}\\ \mu_2=\dfrac{\pi}{2}\end{cases} \tag{6.16}$$

由 ΔO_1PO_2 三角关系可得 $r_1r_2\sin\left(\mu_1+\mu_2\right)=r_1O_1O_2\sin\eta_1$，即

$$r_2\cos\mu_1=O_1O_2\sin\eta_1 \tag{6.17}$$

由 ΔO_1PO_2 三角关系可得

$$\mu_1+\eta_1+\eta_2=\frac{\pi}{2} \tag{6.18}$$

由 ΔO_1PQ 三角关系可得

$$\tan\eta_1=\frac{r_2\cos\mu_1}{r_1+r_2\sin\mu_1} \tag{6.19}$$

由式(6.16)、式(6.17)、式(6.19)得两齿轮中心距 A 与非圆齿轮极角 θ_1 的关系为

$$A = O_1O_2 = \frac{r_2 \cos \mu_1}{\sin \eta_1} = \frac{r_2 \cos\left(\arctan \dfrac{r_1}{\mathrm{d}r_1 / \mathrm{d}\theta_1}\right)}{\sin\left[\arctan \dfrac{r_2 \cos\left(\arctan \dfrac{r_1}{\mathrm{d}r_1 / \mathrm{d}\theta_1}\right)}{r_1 + r_2 \sin\left(\arctan \dfrac{r_1}{\mathrm{d}r_1 / \mathrm{d}\theta_1}\right)}\right]} \tag{6.20}$$

由式(6.16)～式(6.19)得两齿轮转角与非圆齿轮极角 θ_1 的关系为

$$\begin{cases} \varphi_1 = \theta_1 - \eta_1 = \theta_1 - \arctan \dfrac{r_2 \cos\left(\arctan \dfrac{r_1}{\mathrm{d}r_1 / \mathrm{d}\theta_1}\right)}{r_1 + r_2 \sin\left(\arctan \dfrac{r_1}{\mathrm{d}r_1 / \mathrm{d}\theta_1}\right)} \\ \varphi_2 = \theta_2 - \eta_2 \\ \quad = \dfrac{\int_0^{\theta_1} \sqrt{r_1^2 + \left(\dfrac{\mathrm{d}r_1}{\mathrm{d}\theta_1}\right)^2} \mathrm{d}\theta_1}{r_2} + \arctan \dfrac{r_1}{\mathrm{d}r_1 / \mathrm{d}\theta_1} + \arctan \dfrac{r_2 \cos\left(\arctan \dfrac{r_1}{\mathrm{d}r_1 / \mathrm{d}\theta_1}\right)}{r_1 + r_2 \sin\left(\arctan \dfrac{r_1}{\mathrm{d}r_1 / \mathrm{d}\theta_1}\right)} - \dfrac{\pi}{2} \end{cases} \tag{6.21}$$

已知非圆齿轮设计参数 θ_1，由式(6.20)、式(6.21)可确定转角 φ_1、φ_2 与中心距 A 的理论值。以标准齿轮转角为基准，通过圆光栅测量得到标准齿轮的转角 φ_2，反求得到 θ_1，即可求出非圆齿轮的理论转角 φ_1 与理论中心距 A，将理论值分别与光栅测量得到的实际值 φ_1'、A' 进行比较，得到的差值为非圆齿轮的切向综合偏差与径向综合偏差。

6.3 非圆齿轮单项偏差测量

6.3.1 初始转角偏差

1. 初始转角偏差的定义

圆柱齿轮各轮齿在理论上完全相同，以任何位置进行安装都可以实现传动，不存在初始安装位置，而非圆齿轮副在制造与使用时均要确定初始位置，才能进

行后续加工与传动，非圆齿轮的初始位置出现偏差会对齿轮的传动性能造成较大的影响，因此有必要对非圆齿轮的初始转角偏差进行测量。加工时，由于定位误差以及切削力等原因的影响，难以保证齿轮初始加工位置无偏移，产生偏移之后，这一初始偏差会对非圆齿轮的其他各项单项几何偏差产生较大影响。如图 6.30 所示，齿轮理论圆心为 O，实际加工时的圆心为 O'，存在初始偏差，这一初始偏差包括初始转角偏差 ε_θ 与初始位置偏差 ε_r，其中初始位置偏差就是节曲线偏差。

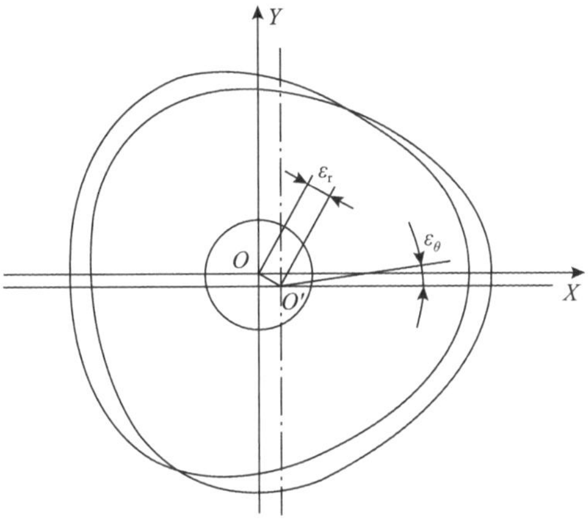

图 6.30　初始偏差

如图 6.31(a)所示，两个非圆齿轮进行啮合传动时，初始转角偏差会影响非圆齿轮的传动性能。随着初始转角偏差的增大，齿轮副会因为无法啮合而报废，如图 6.31(b)所示。若两个或多个相同的非圆齿轮在加工初始时存在相同的初始转角偏差，则这几个齿轮组成的齿轮副仍可以进行传动，只是传动比会根据偏差情况发生改变，如图 6.31(c)所示。

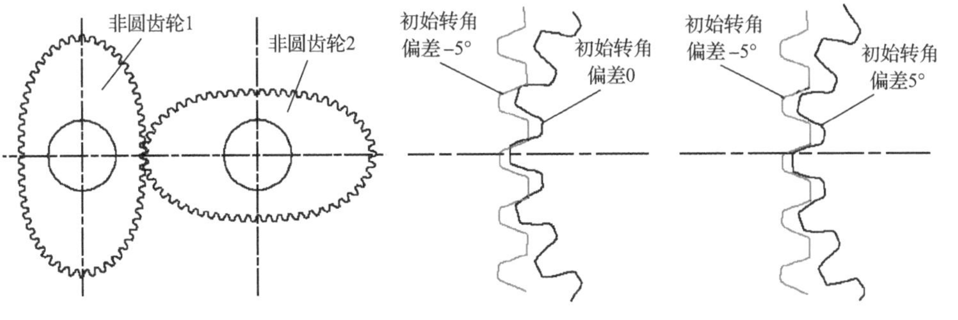

(a) 非圆齿轮啮合　(b) 初始转角偏差不同　(c) 初始转角偏差相同

图 6.31　非圆齿轮传动

此外，为了更准确地评价非圆齿轮的几何精度和使用性能，在进行单项偏差测量之前，最好将测得的初始转角偏差进行补偿，去除初始转角偏差对齿轮其他单项偏差的影响后，再进行测量与评价。

2. 初始转角偏差检测

转角偏差是相对于理论初始位置而言的，X 轴是基准零位，通过测量关于 X 轴对称的 N 对齿顶点来确定初始转角偏差，如图 6.32 所示。测量流程如图 6.33 所示：建立测量坐标系，将被测非圆齿轮装夹在工作台上，通过夹具对齿轮进行定位与夹紧，使齿轮极角为零处的实际极径与测量坐标轴重合；测头回零，建立测头坐标系，控制测头运动到起测位置，对选定轮齿的齿顶进行测量，输出齿顶点的实际坐标值，根据测量所得的齿顶点信息求解初始转角偏差。测量非圆锥齿轮时，需将被测齿轮或测头倾斜一个节锥角，使测头垂直于被测齿面。

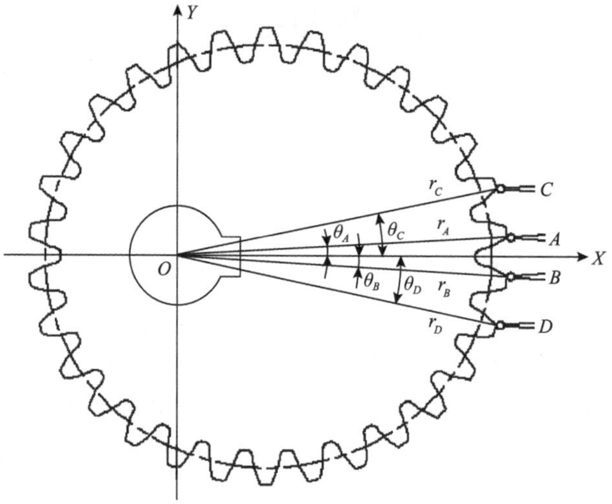

图 6.32　初始转角偏差测量原理

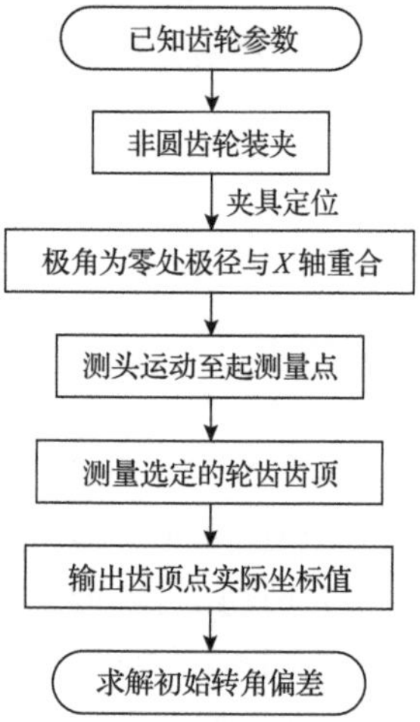

图 6.33　初始转角偏差测量流程

如图 6.33 所示，点 A 与点 B 是第一对测量点，点 C 与点 D 是第二对测量点，共选取 p 对测量点，则每对齿顶点的转角偏差为

$$\begin{cases} e_1 = \arctan\left|\dfrac{y_A}{x_A}\right| - \arctan\left|\dfrac{y_B}{x_B}\right| \\ e_2 = \arctan\left|\dfrac{y_C}{x_C}\right| - \arctan\left|\dfrac{y_D}{x_D}\right| \\ \quad\vdots \\ e_p = \arctan\left|\dfrac{y_{p1}}{x_{p1}}\right| - \arctan\left|\dfrac{y_{p2}}{x_{p2}}\right| \end{cases} \tag{6.22}$$

初始转角偏差为

$$E_{\mathrm{ir}}=\frac{1}{p}\sum_{k=1}^{p}e_k \tag{6.23}$$

6.3.2　齿廓偏差测量

1. 测量模型与测量流程

展成测量法具有各轴运动范围小、位置信息精度高、运动控制精密等优点。坐标测量法的测量运动不受被测件几何特征限制，具有良好的适用性。将两者的优点结合，针对符合齿廓偏差测量条件的渐开线非圆齿轮，设计齿廓偏差的间歇测量模型。如图 6.34 所示，C 轴控制被测非圆齿轮的转动，X 轴、Y 轴、Z 轴分别控制测量部件的径向运动、切向运动、轴向运动，测头部分集成有防撞机构与测微传感器。将非圆齿轮通过专用心轴装夹在工作台上，其中非圆锥齿轮的心轴应可以调整倾斜角度，使被测轮齿的齿面垂直于工作台端面。测量前先通过定位装置将被测齿轮转动到初始位置，转动 C 轴补偿初始转角偏差，再根据求解出的测量位置信息(起测点与终测点)，控制被测齿廓转动至 X 轴正方向上的起测位置，齿轮固定不动，测头按理论齿廓轨迹运动，测头测出齿廓偏差的误差值。

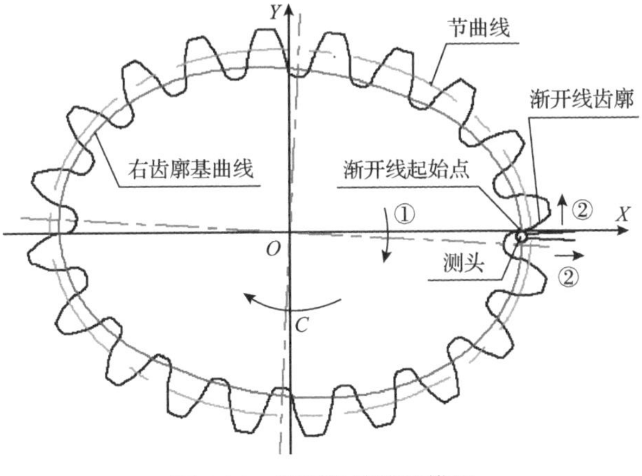

图 6.34　齿廓偏差测量模型

非圆齿轮齿廓偏差测量的具体步骤如下，流程如图 6.35 所示。

(1) 输入初始转角偏差，经 CAM 系统与程序计算得到初始转角偏差下的理论齿廓点。

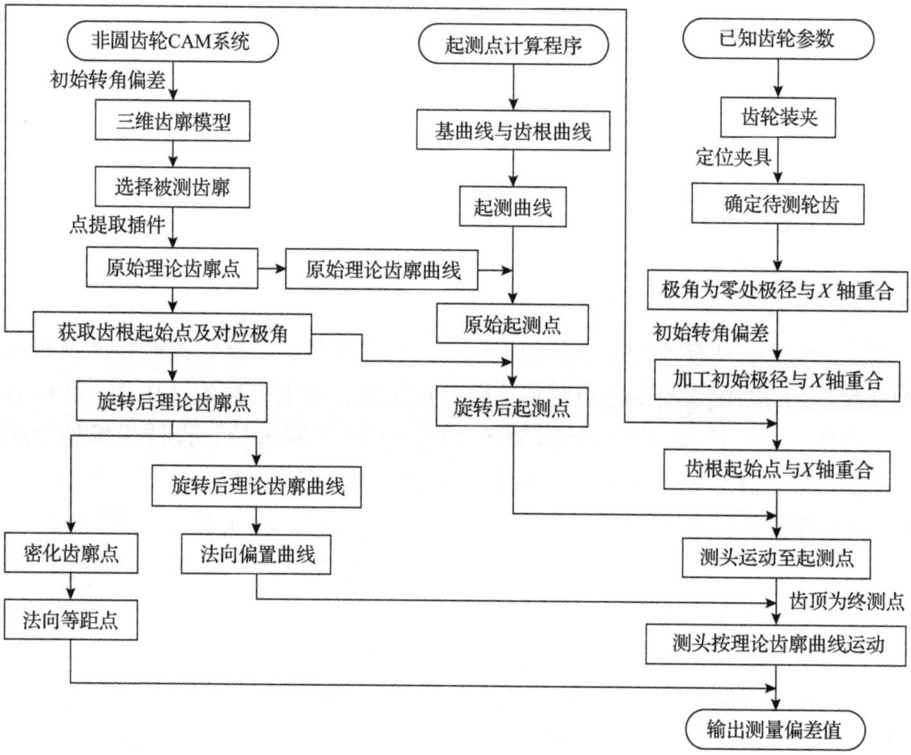

图 6.35　齿廓偏差测量流程

(2)经程序计算得到无初始转角偏差的齿根起始点与起测点。

(3)将被测齿轮装夹于工作台，选定待测齿廓。

(4)建立测量坐标系 $S(O\text{-}XY)$，使齿轮极角为零处的极径与 X 轴重合。

(5)按初始转角偏差转动工作台 C，使加工初始极径与 X 轴重合。

(6)按齿根起始点对应极角转动工作台 C，使被测齿廓的齿根起始点位于 X 轴上。

(7)按齿根起始点对应极角对理论齿廓进行旋转坐标变换，经计算处理得到测头运动轨迹与齿廓采样点。

(8)齿轮不动，测头运动到起测点，测头按运动轨迹扫描待测齿廓。

(9)测头在齿廓采样点处采集并输出偏差值。

2. 理论齿廓的旋转坐标变换

在 CAM 系统中设置范成次数为 600，生成理论三维模型后，通过点提取插件输出所选齿廓的理论齿廓点，如图 6.36 所示，图中非圆齿轮模数 $m=1.5\text{mm}$ 、齿数 $z=58$ 、阶数 $n=2$ 、偏心率 $k=0.2$ ，所选齿廓为 10 号轮齿的右齿廓。

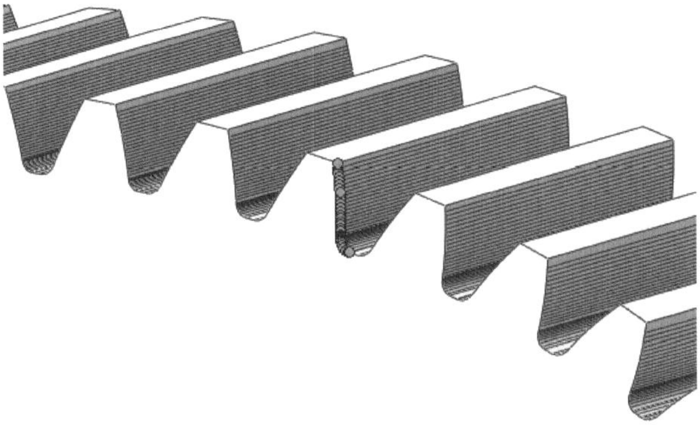

图 6.36　提取理论齿廓点

插件输出的理论齿廓点矩阵 A 为

$$A=\begin{bmatrix} x_0 & y_0 \\ \vdots & \vdots \\ x_n & y_n \end{bmatrix} \tag{6.24}$$

齿根起始点旋转至 X 轴正方向所对应的转角 θ_f' 为

$$\theta_f' = -\arccos\frac{x_0}{\sqrt{x_0^2+y_0^2}} \tag{6.25}$$

则理论齿廓点的旋转变换矩阵为

$$P=\begin{bmatrix} \cos\theta_f' & -\sin\theta_f' \\ \sin\theta_f' & \cos\theta_f' \end{bmatrix} \tag{6.26}$$

可得旋转后的理论齿廓点矩阵 B 为

$$B=\left(P\cdot A^{T}\right)^{T} \tag{6.27}$$

对提取的33个理论齿廓点进行旋转坐标变换，变换前后的坐标值如表6.7所示。

表 6.7　理论齿廓点坐标的旋转坐标变换　　(单位：mm)

变换前编号	X 轴	Y 轴	变换后编号	X 轴	Y 轴
1	24.7654	28.5796	1	37.8169	0.0000
2	24.7361	28.5896	2	37.8053	0.0287
3	24.7178	28.5963	3	37.7984	0.0469
4	24.5877	28.6698	4	37.7687	0.1934
5	24.4975	28.7624	5	37.7796	0.3222

续表

变换前编号	X轴	Y轴	变换后编号	X轴	Y轴
6	24.4435	28.8518	6	37.8118	0.4215
⋮	⋮	⋮	⋮	⋮	⋮
31	24.3349	31.7229	31	39.9105	2.3838
32	24.3208	31.8865	32	40.0249	2.5016
33	24.3007	32.1041	33	40.1762	2.6593

坐标变换前的齿廓如图 6.37(a)所示，变换后的齿廓如图 6.37(b)所示。

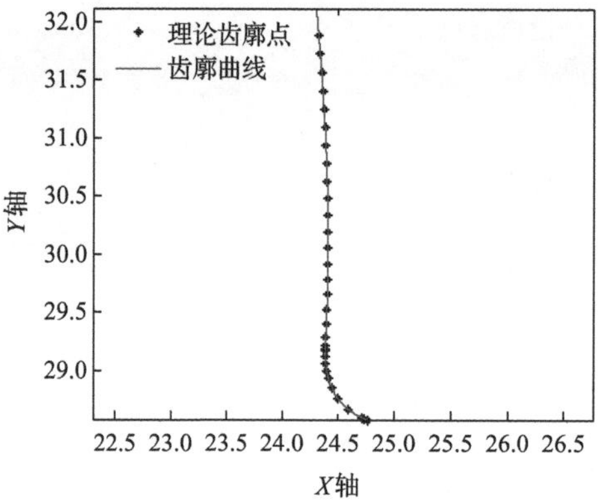

(a) 变换前

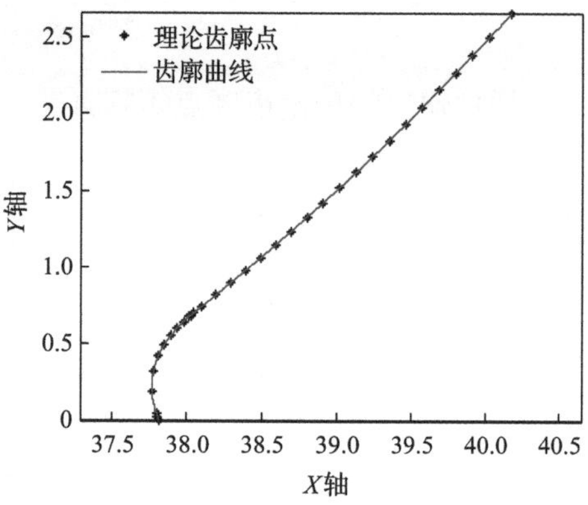

(b) 变换后

图 6.37　齿廓的旋转坐标变换

3. 起测点、终测点的确定

1)非圆齿轮起测曲线特征分析

齿廓偏差测量需要确定起测点与终测点，圆齿轮的终测点位于齿顶圆上，起测点由基圆半径 r_b 与齿根圆半径 r_f 决定[8]。当 $r_b \geqslant r_f$ 时($z \leqslant 33$)起测点在基圆上，当 $r_b < r_f$ 时($z > 33$)起测点在齿根圆上。非圆齿轮节曲线与齿根圆的位置关系不是固定的，当 $r_{bmin} \geqslant r_{fmax}$ 时，基曲线极径整体大于等于齿根曲线极径，此时起测曲线与基曲线重合；当 $r_{bmax} < r_{fmin}$ 时，基曲线极径整体小于齿根曲线极径，此时起测曲线与齿根曲线重合；以上两种情况中，齿数要么极少要么极多，常用齿数范围内的非圆齿轮基曲线与齿根曲线会出现交叉，如图 6.38 所示。二者的交叉关系受齿数 z 、偏心率 k 和阶数 n 的影响，设出现交点的最少齿数为 z_{min} 、最大齿数为 z_{max} ，经 MATLAB 分析可知，z 、k 不变，n 增大时 z_{min} 减小，z_{max} 基本不变；n 、k 不变，z 增大时 z_{min} 减小，z_{max} 基本不变；n 、z 不变，k 增大时 z_{min} 减小，z_{max} 基本不变。

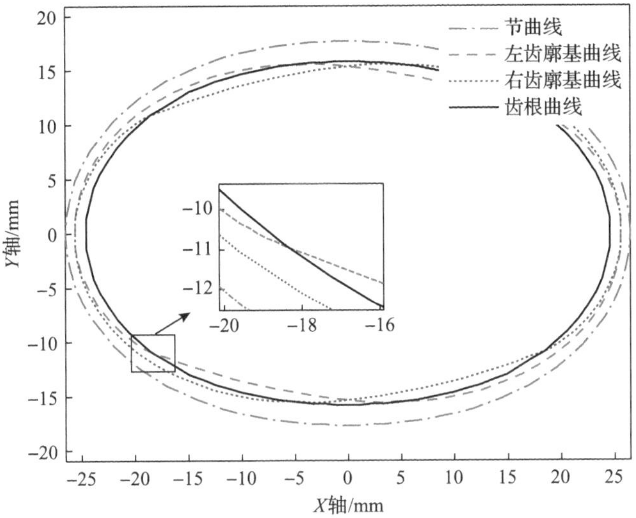

图 6.38　基曲线与齿根曲线交叉

2) 非圆齿轮起测点求解

非圆齿轮基曲线与齿根曲线出现交叉时，齿廓起测点会在基曲线与齿根曲线上交替出现，因此需要求解齿廓起测点，确定基曲线与齿根曲线的关系。非圆齿轮齿根曲线方程为

$$\begin{cases} r_{\mathrm{f}} = \sqrt{r^2 + h_{\mathrm{f}}{}^2 - 2rh_{\mathrm{f}}\sin\mu} \\ \theta_{\mathrm{f}} = \theta + \arcsin\dfrac{h_{\mathrm{f}}\cos\mu}{r_{\mathrm{f}}} \end{cases} \tag{6.28}$$

式中，$h_{\mathrm{f}} = \left(h_{\mathrm{a}}^* + c^*\right)m$，一般 $h_{\mathrm{a}}^* = 1$，$c^* = 0.25$。

非圆齿轮基曲线方程为

$$\begin{cases} x_{\mathrm{b}} = r\cos\theta \mp \rho_1\sin\alpha_0\cos\left(\mu + \theta \mp \alpha_0\right) \\ y_{\mathrm{b}} = r\sin\theta \mp \rho_1\sin\alpha_0\sin\left(\mu + \theta \mp \alpha_0\right) \end{cases} \tag{6.29}$$

式中，r 为非圆齿轮极径；θ 为非圆齿轮极角；ρ_1 为节曲线曲率半径；μ 为极切角；α_0 为刀具齿形角；$\mp$ 号中的 − 号对应的是左齿廓，+ 号对应的是右齿廓。

由式(6.28)和式(6.29)可求解出基曲线与齿根曲线的交点。

以交点为界限，当 $r_{\mathrm{b}} \geqslant r_{\mathrm{f}}$ 时起测点落在基曲线上，当 $r_{\mathrm{b}} < r_{\mathrm{f}}$ 时起测点落在齿根曲线上。模数 m=2mm、阶数 n=2、齿数 z=33、偏心率 k=0.15 的椭圆族齿轮的左齿廓起测曲线如图 6.39(a)所示，右齿廓起测曲线如图 6.39(b)所示，二者存在一定的对称关系。

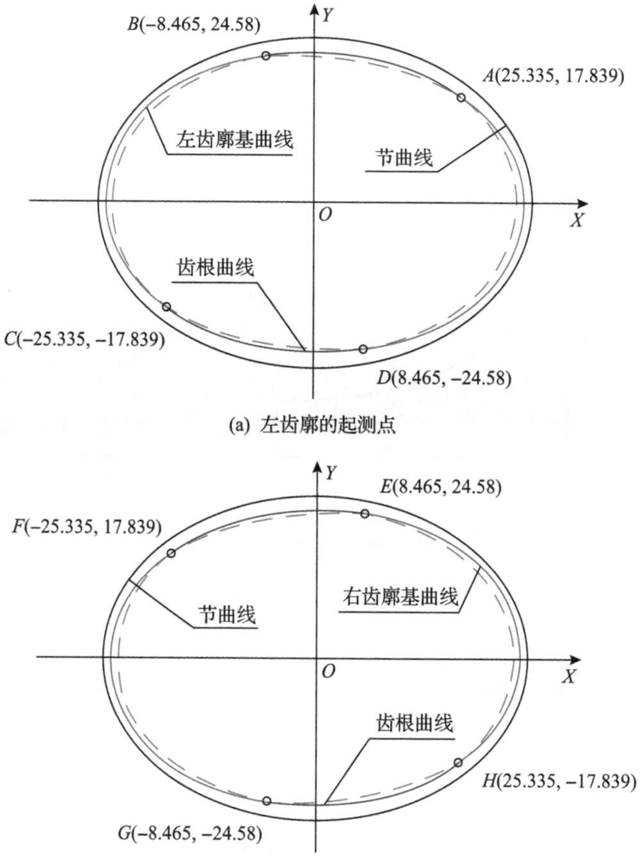

(a) 左齿廓的起测点

(b) 右齿廓的起测点

图 6.39　非圆齿轮齿廓起测曲线

对于起测曲线与齿根曲线重合部分的齿廓，起测点为齿根起始点，对于起测曲线与基曲线重合部分的齿廓，起测点为齿廓曲线与基曲线的交点。

6.3.3　齿向偏差测量

1. 测量模型与测量流程

将齿轮装夹在工作台上后，补偿初始转角偏差，在端平面上确定齿向起测位置，测头沿轴向对齿面进行测量，设计齿向偏差的测量模型如图 6.40 所示。C 轴控制被测非圆齿轮的转动，X 轴、Y 轴、Z 轴分别控制测量部件的径向运动、切向运动、轴向运动，测头部分集成有防撞机构与测微传感器。测量前先通过定位装置将被测齿轮转动到初始位置，C 轴转动补偿初始转角偏差，齿向起测点运动到 X 轴正方向上后，控制测头与齿轮进行联动，按理论螺旋线轨迹运动，运动过程中测头测出齿向偏差的误差值。

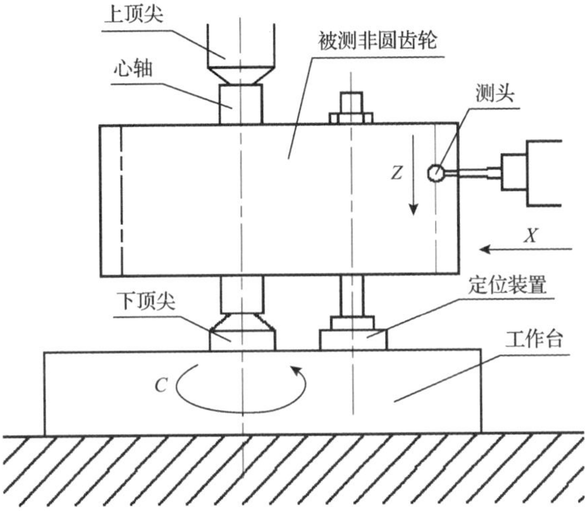

图 6.40　齿向偏差测量模型

非圆齿轮齿向偏差测量的具体步骤如下，流程如图 6.41 所示。

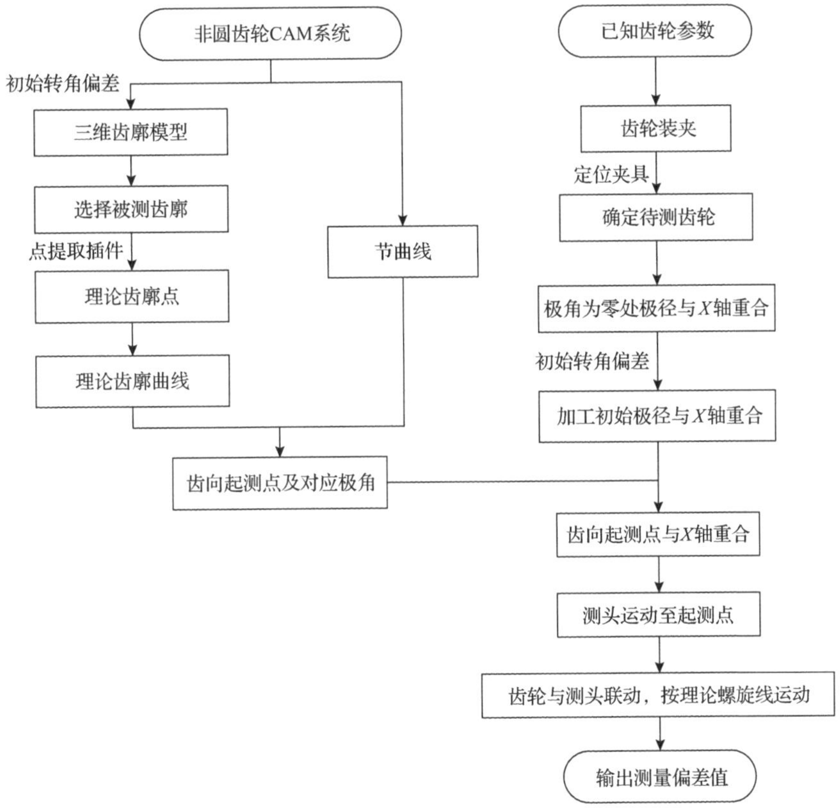

图 6.41　齿向偏差测量流程

(1)将被测齿轮装夹于工作台，选定待测齿向。

(2)建立测量坐标系 $S(O\text{-}XY)$，使齿轮极角为零处的极径与 X 轴重合。

(3)按初始转角偏差转动工作台 C，使加工初始极径与 X 轴重合。

(4)按齿向起始点对应极角转动工作台 C，使被测齿向起始点位于 X 轴上。

(5)齿轮工作台与测头运动轴联动，走出螺旋线理论轨迹。

(6)测头扫描待测齿面上的螺旋线轨迹，采集并输出偏差值。

2. 起测点、终测点的确定

齿轮装夹后，待测轮齿上端面齿廓与节曲线的交点为起测点，下端面齿廓与节曲线的交点为终测点，如图 6.42 所示。交点的位置信息可由非圆齿轮 CAM 系统获取齿廓曲线后通过计算得到。

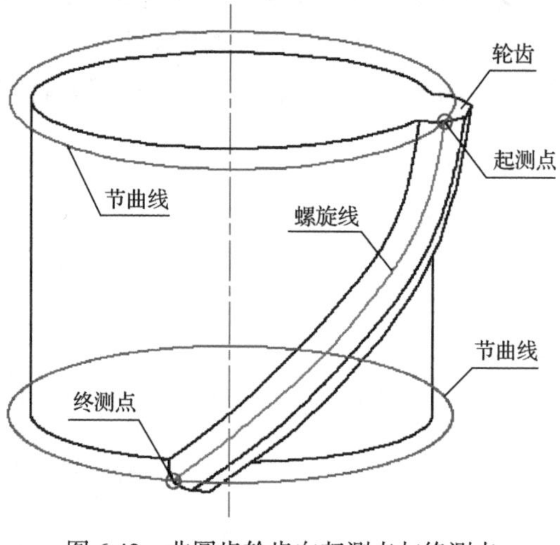

图 6.42　非圆齿轮齿向起测点与终测点

6.3.4　齿距偏差测量

1. 测量模型与测量流程

齿轮装夹在工作台上后，补偿初始转角偏差，确定测量截面，控制测头在测量截面上对齿距测量点逐一进行测量，设计齿距偏差的测量模型，如图 6.43 所示。C 轴控制被测非圆齿轮的转动，X 轴、Y 轴、Z 轴分别控制测量部件的径向运动、切向运动、轴向运动，测头部分集成有防撞机构与测微传感器。测量前先通过定位装置将被测齿轮转动到初始位置，转动 C 轴补偿初始转角偏差，再根据求解出的齿距测量点的位置信息(齿廓与节曲线的交点)，控制齿距测量点逐个转动至 X 轴正方向上的起测位置，每转动一次，测头按测量点对应的理论极径进行测量，得到各个齿距偏差的误差值。

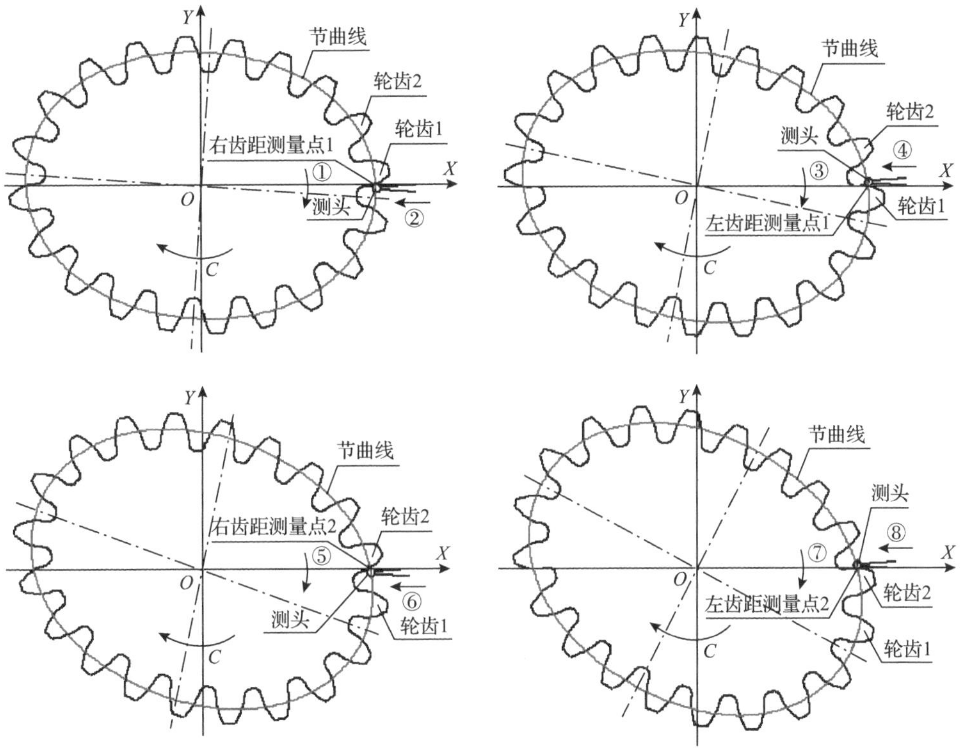

图 6.43　齿距偏差测量模型

非圆齿轮齿距偏差测量的具体步骤如下，流程如图 6.44 所示。

(1)将被测齿轮装夹于工作台，选定测量截面。

(2)建立测量坐标系 $S(O\text{-}XY)$，使齿轮极角为零处的极径与 X 轴重合。

(3)按初始转角偏差转动工作台 C，使加工初始极径与 X 轴重合。

(4)按右齿距测量点 1 对应极角转动工作台 C，使该测量点位于 X 轴上。

(5)齿轮固定，测头按右齿距测量点 1 对应理论极径进行运动，采集并输出偏差值。

(6)按左齿距测量点 1 对应极角转动工作台 C，使该测量点位于 X 轴上。

(7)齿轮固定，测头按左齿距测量点 1 对应理论极径进行运动，采集并输出偏差值。

(8)按右齿距测量点 2 对应极角转动工作台 C，使该测量点位于 X 轴上。

(9)齿轮固定，测头按右齿距测量点 2 对应理论极径进行运动，采集并输出偏差值。

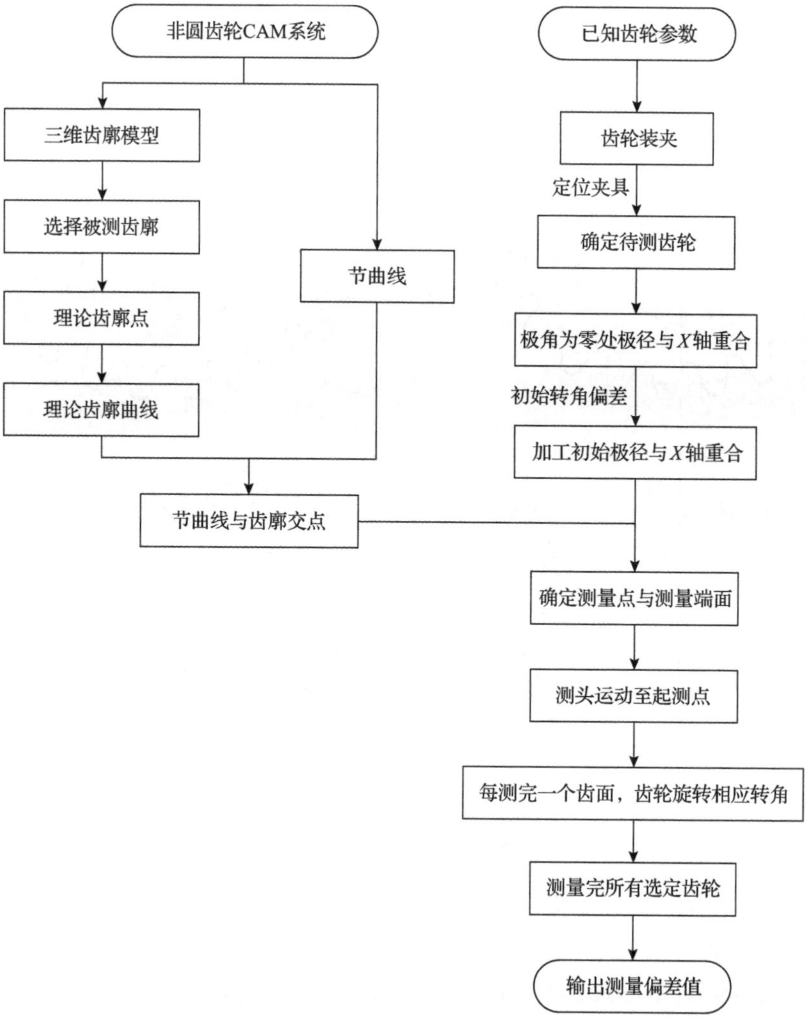

图 6.44　齿距偏差测量流程

(10)逐个对测量点进行测量。

(11)按左齿距测量点 N 对应极角转动工作台 C，使该测量点位于 X 轴上。

(12)齿轮固定，测头按左齿距测量点 N 对应理论极径进行运动，采集并输出偏差值。

2. 齿廓与节曲线交点求解

齿距偏差的测量点是被测轮齿齿廓与节曲线的交点，圆齿轮只需求出齿轮分度圆半径与任一轮齿的理论齿距角；非圆齿轮各轮齿特征不同，齿距测量点的理论信息也不一致，因此需要求出每一个待测轮齿左右齿廓与节曲线的交点。求解交点的方法有两种：一是求出的齿廓插值曲线与非圆齿轮节曲线方程，编写程序求解出交点坐标信息，求解流程如图 6.45 所示；二是通过 CAM 系统选择实体模型上的交点后，运行齿廓点提取插件输出交点坐标信息。

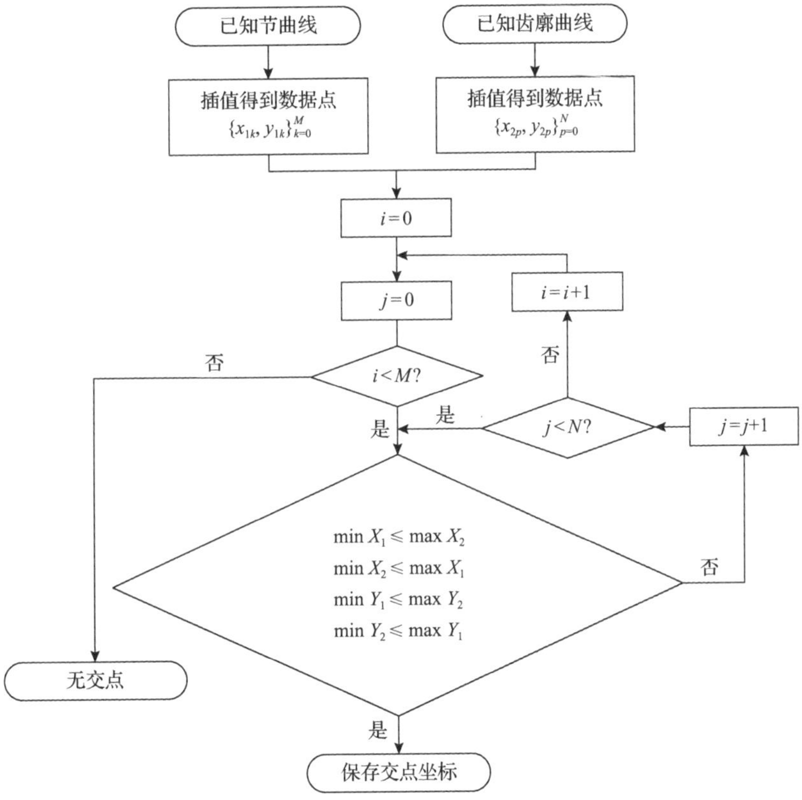

图 6.45　齿廓与节曲线交点求解流程

6.4　本 章 小 结

非圆齿轮的精度评价与偏差测量是保证齿轮质量的主要途径，精度评价体系与标准是分析偏差测量结果的主要依据，偏差测量结果可用于分析加工误差来源、监测工艺过程。

本章分析了非圆齿轮加工误差，根据加工误差的来源与性质确定了非圆齿轮偏差项，对综合偏差与单项偏差进行了定义；分别建立了非圆齿轮二维、三维精度评价体系，提出了相应的精度评价方法与误差信息求解方法；制定了非圆齿轮精度评价标准，设定了非圆齿轮基本参数，对偏差项进行了公差组与精度等级的划分。针对非圆齿轮节曲线特性提出了初始转角偏差，设计了初始转角偏差测量模型；分别设计了非圆齿轮单面啮合和双面啮合测量模型，在分析单面啮合和双面啮合测量原理的基础上，建立了非圆齿轮全啮合测量模型；提出了非圆齿轮重要的单项偏差测量方法，即齿廓偏差、齿向偏差、齿距偏差的测量方法，建立了测量模型并设计了测量流程。

参考文献

[1] Hartig F, Lin H, Kniel K, et al. Standard conforming involute gear metrology using an articulated arm coordinate measuring system[J]. Measurement Science and Technology, 2012, 23(10): 105011.

[2] 王笑一, 石照耀. 基于全信息的齿轮精度评价体系[J]. 中国科学: 技术科学, 2017, 47(1): 46-59.

[3] 唐德威, 徐晓俊, 李华敏. 非圆齿轮的单面啮合测量方法[J]. 中国机械工程, 2001, 12(10): 1098-1100.

[4] 唐德威, 徐晓俊, 李华敏, 等. 用双面啮合法测量非圆齿轮误差的研究[J]. 机械传动, 1997, 21(3): 35-38.

[5] 王笑一. 齿轮整体误差测量的基础理论及其应用研究[D]. 北京: 北京工业大学, 2016.

[6] 国家市场监督管理总局, 国家标准化管理委员会. GB/T 10095.2—2023 圆柱齿轮 ISO 齿面公差分级制 第 2 部分: 径向综合偏差的定义和允许值[S]. 北京: 中国标准出版社, 2024.

[7] 国家市场监督管理总局, 国家标准化管理委员会. GB/T 10095.1—2022 圆柱齿轮 ISO 齿面公差分级制 第 1 部分: 齿面偏差的定义和允许值[S]. 北京: 中国标准出版社, 2022.

[8] 张泰昌. 齿轮检测 500 问[M]. 北京: 中国标准出版社, 2007.